石油和化工行业"十四五"规划教材

 中国轻工业"十四五"规划立项教材

天然香料学

张玉玉
蒲丹丹 ｜ 主编
张莉莉

化学工业出版社
·北京·

内容简介

《天然香料学》分14章，分别讲述我国天然香料制备工艺和品质评价方法，天然香料的结构、理化性质和风味效应关系，天然香料衍生产品的分离提纯方法、天然食用香味物质和香味复合物的构效、量效和组效关系；详细介绍了目前用于天然香料加工和副产物制备技术的最新研究进展，涉及传统的水蒸气蒸馏、浸提法、压榨法、吸附法、超临界萃取法，以及最新的分子蒸馏、生物制备、膜分离、分子印迹等技术。

本书可供香料香精技术与工程专业、食品科学与工程专业本科生、研究生教学用书，同时也可供从事香料香精、食品科学、食品工艺、食品工程、肉制品加工、食品分析与检测、食品加工新技术等相关工作研究人员、专业技术工作者参考。

图书在版编目（CIP）数据

天然香料学 / 张玉玉，蒲丹丹，张莉莉主编．
北京 ：化学工业出版社，2024.9. --（石油和化工行业"十四五"规划教材）． -- ISBN 978-7-122-46178-0

Ⅰ. TQ65

中国国家版本馆CIP数据核字第2024X8388V号

责任编辑：李建丽　赵玉清　　　　文字编辑：李宁馨　刘洋洋
责任校对：宋　玮　　　　　　　　　装帧设计：王晓宇

出版发行：化学工业出版社
　　　　　（北京市东城区青年湖南街13号　邮政编码100011）
印　　装：大厂回族自治县聚鑫印刷有限责任公司
787mm×1092mm　1/16　印张13¾　字数325千字
2024年9月北京第1版第1次印刷

购书咨询：010-64518888　　　　售后服务：010-64518899
网　　址：http://www.cip.com.cn

定　　价：49.00元

序
FOREWORD

　　天然香料主要来源于动物、植物或微生物，在食品、药品、化妆品、烟草等多个领域具有广泛应用。我国天然香料资源丰富，使用历史悠久。充分挖掘我国天然香料资源，进行深入开发和利用，对我国轻工业的高质量发展和人民生活水平的提升具有重要作用。

　　天然香料学的研究范畴广泛，既包含了化学、生物学、分离科学，又涉及工艺学、感官科学、心理学等领域。多学科的交叉融合以及先进技术的集成是香料香精学科发展和高端复合型技术人才培养的基础保障，同时也是完善高等教育课程体系的重要支撑。《天然香料学》教材的编写和出版，对促进香料香精技术与工程专业的核心课程发展、改善教学效果和提升教学质量至关重要。

　　《天然香料学》作为理论和实践教学的必要补充，对我国香料香精技术与工程专业人才培养、科学研究、天然香料资源挖掘和附加值提升具有重要意义。该教材以我国天然香料资源特点及应用现状为切入点，对我国天然香料的前处理方法、天然香料的不同产物及其制作工艺、品质评价以及在食品领域中的应用、分离提取方法和纯化技术等进行深入介绍。本书较好地融入了新技术、新工艺、新规范、新理论及典型生产案例，为读者提供了新的研究思路。

　　该教材的编者们一直从事香料香精领域的教学和科研工作，他们根据学科特色编写了这本兼具科学理论与操作实践性能的实用性教材。相信《天然香料学》可以帮助读者更好地了解天然香料加工、应用及评价方面的内容，并衷心希望该教材能为我国香料香精技术与工程专业的教育与科研发挥重要作用。

中国工程院院士

2024年3月

前言
PREFACE

　　天然香料学课程是香料香精技术与工程专业和轻化工程等专业的核心课程，是一门融合应用实践和科学技术的综合性课程，对我国天然香料的科普推广、天然香料副产物的开发利用及天然香料加工技术的提升有着非常重要的推进意义。国内现有香料相关书籍主要以调味料配制、香料识别、香料精油成分解析内容为主，侧重于生产配方和品质评价，而国外教材以国外特色香料与应用为主。本教材以天然香料的简介和我国天然香料资源及应用现状为切入点，深入介绍我国天然香料的前处理方法、天然香料的不同产物及其制作工艺、品质评价及在食品领域中的应用，同时介绍常用和最新的分离提取方法以及纯化技术。本书扩展了已有教材的广度和深度，并结合了国内外教材的优点，增加了新技术、新工艺、新规范、新理论及典型生产案例。教材整体注重内容的时效性和新颖性，层次分明，囊括了企业生产和加工技术的图片。

　　本教材的编写对促进读者认识我国香料发展和相关领域的技术水平有重要意义。为推进香料香精技术与工程专业和轻化工程等专业的建设，培养更多的专业人才，本教材采用了线上线下混合式教学的创新理念，运用适当的数字化教学工具，在纸质教材的基础上配套数字化教学资源，丰富了教学方法和教学资源。

　　通过本课程的学习，可以拓展学生的知识面，帮助学生掌握天然香料加工的基本流程、天然香料的分类方法，了解天然香料的发展历史、我国天然香料的法律法规、天然香料的基本特点和开发利用现状等。

　　本教材各章节编写人员如下：第1章、第2章、第5章、第6章为北京工商大学张玉玉编写，第3章、第4章、第7章、第8章、第14章为北京工商大学蒲丹丹编写，第9章、第10章、第11章、第12章、第13章为北京工商大学张莉莉编写，全书由张玉玉负责制订编写大纲、统稿和定稿。参与本教材的内容修改、文字修改、数据处理及实验操作视频拍摄工作的人员有：刘玉平、梁莉、郑瑞仪、曹博雅、孟瑞馨、周雪巍、张远征、王茜、陈思航、莫焜翔、顾雨香、徐子康、何玮、罗进、张敬铖、张津诚、乔凯娜、武惠敏、牛亚杰、孙兴铭等。此外，本书的撰写还得到了上海交通大学肖作兵、北京工商大学王彦波、中国农业大学倪元颖、上海交通大学刘源、江南大学钟芳、上海应用技术大学田怀香、福州大学倪莉、中国标准化研究院赵镭、陕西师范大学田洪磊、渤海大学李学鹏、上海应用技术大学牛云蔚、上海应用技术大学易封萍、中国农业科学院茶叶研究所许勇泉、浙江工商大学田师一、郑州大学郑向东、北京林业大学张璐璐等老师的支持与帮助，在此一并表示衷心感谢。同时感谢中国植物图像库平台薛艳莉提供的图片素材以及上海爱普食品配料有限公司提供的实验指导。

本书稿的顺利完成离不开中国工程院院士、北京工商大学食品与健康学院孙宝国教授的指导和支持，孙宝国院士构建了肉香味含硫化合物分子特征结构单元模型，主持研发了系列重要肉香味食品香料制造技术，奠定了我国3-呋喃硫化物系列和不对称二硫醚类食品香料制造的技术基础；凝练出了"味料同源"的中国特色肉味香精制造新理念，主持研发了以畜禽肉、骨、脂肪为主要原料的肉味香精制造技术，奠定了我国肉味香精制造技术的基础。

编写过程中参阅了相关文献，在此谨向相关作者表示感谢，并向使用和关注本教材的师生及其他读者致以深深的谢意。

由于作者水平有限，书中不妥之处在所难免，敬请相关读者批评指正。

编　者
2024年1月
于北京工商大学

目录
CONTENTS

第1章 天然香料简介 …………………………………………………………… 001
  1.1 天然香料 ………………………………………………………………… 001
    1.1.1 天然香料的定义 ………………………………………………… 001
    1.1.2 天然香料的分类及特点 ………………………………………… 002
    1.1.3 天然香料的用途 ………………………………………………… 004
    1.1.4 天然香料的检测方法 …………………………………………… 005
  1.2 天然香料发展历史 ……………………………………………………… 006
    1.2.1 天然香料发展进程 ……………………………………………… 006
    1.2.2 天然香料国内外发展差距 ……………………………………… 008
  1.3 天然香料研究进展及发展方向 ………………………………………… 009
    1.3.1 国内外研究进展 ………………………………………………… 009
    1.3.2 天然香料的发展新方向 ………………………………………… 009

第2章 我国天然香料资源及应用现状 ……………………………………… 011
  2.1 植物性天然香料 ………………………………………………………… 011
    2.1.1 植物性天然香料概念及种类 …………………………………… 011
    2.1.2 天然香料在植物体内的分布及提取方式 ……………………… 012
    2.1.3 关键天然植物香料 ……………………………………………… 015
    2.1.4 67种天然香辛料风味活性成分鉴定 ………………………… 018
  2.2 动物性天然香料 ………………………………………………………… 032
    2.2.1 动物性天然香料概念及种类 …………………………………… 032
    2.2.2 关键天然动物香料 ……………………………………………… 033
  2.3 天然香料的开发与应用 ………………………………………………… 034
    2.3.1 我国天然香料发展情况 ………………………………………… 034
    2.3.2 我国天然香料行业发展建议与展望 …………………………… 034

第3章 我国天然香料加工前准备 …………………………………………… 037
  3.1 原料采摘 ………………………………………………………………… 037
    3.1.1 香料特点对采收的影响 ………………………………………… 037
    3.1.2 香料品种对采集的影响 ………………………………………… 037

   3.1.3　香料部位与精油组成差异 ································· 038

   3.1.4　成长期对精油组成的影响 ································· 038

   3.1.5　气候和时间对采收的影响 ································· 039

   3.1.6　株龄对精油的影响 ··· 039

  3.2　植物性天然香料加工前预处理 ·································· 040

   3.2.1　原料保存 ·· 040

   3.2.2　发酵处理 ·· 041

   3.2.3　破碎处理 ·· 041

   3.2.4　浸泡处理 ·· 042

   3.2.5　热烫处理 ·· 042

   3.2.6　干燥处理 ·· 043

第4章　天然原料的衍生产品 ······································· 044

  4.1　树脂状材料 ·· 044

   4.1.1　基本概念 ·· 044

   4.1.2　制备方式 ·· 044

   4.1.3　应用范围 ·· 045

  4.2　挥发性产品 ·· 045

   4.2.1　挥发性产品种类及概念 ··································· 045

   4.2.2　精油的性质 ··· 046

   4.2.3　精油的成分 ··· 048

   4.2.4　精油成分的分析方法 ······································ 050

   4.2.5　精油中香气成分与香气的关系 ··························· 052

   4.2.6　配制精油和重组精油 ······································ 054

   4.2.7　精油产品应用 ·· 054

  4.3　提取制品 ·· 055

   4.3.1　天然香料提取制品分类 ··································· 055

   4.3.2　天然香料提取制品的成分 ································· 056

   4.3.3　天然香料提取制品的理化性质及成分分析方法 ·········· 058

   4.3.4　天然香料提取制品应用 ··································· 060

第5章　天然食用香味物质和香味复合物 ················ 061

  5.1　天然食用香味物质 ································· 061

    5.1.1　天然食用香味物质的定义 ···················· 061

    5.1.2　天然食用香味物质的种类、来源及用途 ········ 061

    5.1.3　天然食用香味物质的生产及应用现状 ·········· 065

  5.2　天然食用香味复合物 ····························· 067

    5.2.1　天然食用香味复合物的定义 ·················· 067

    5.2.2　天然食用香味复合物的种类、来源及用途 ······ 068

    5.2.3　天然食用香味复合物的生产及应用现状 ········ 072

第6章　水蒸气蒸馏法 ······························· 074

  6.1　水蒸气蒸馏法原理 ······························· 074

  6.2　分类及特点 ····································· 076

  6.3　影响水蒸气蒸馏效率的因素 ······················ 078

    6.3.1　水散作用对水蒸气蒸馏效果的影响 ············ 078

    6.3.2　其他影响水蒸气蒸馏的因素 ·················· 079

  6.4　水蒸气蒸馏相关设备 ····························· 079

    6.4.1　蒸馏设备 ································· 079

    6.4.2　工艺要求 ································· 080

  6.5　应用实例 ······································· 082

    6.5.1　橙子皮精油的提取 ·························· 082

    6.5.2　柚子花精油的提取 ·························· 083

    6.5.3　木姜子精油的提取 ·························· 083

    6.5.4　神香草精油的提取 ·························· 084

    6.5.5　香樟精油的提取 ···························· 084

    6.5.6　生姜精油的提取 ···························· 085

第7章　浸提法 ··································· 086

  7.1　浸提法原理及溶剂选择 ··························· 086

    7.1.1　浸提法原理 ······························· 086

    7.1.2　浸提溶剂的选择 ···························· 087

  7.2　浸提法的优缺点 ································· 089

  7.3　影响浸提效率的因素 ····························· 090

  7.4　天然香料生产中常用的浸提方法 ·················· 091

7.5 浸提工艺操作 ·· 093

    7.5.1 浸提工艺流程图 ·· 094

    7.5.2 工艺说明 ··· 095

7.6 应用实例 ·· 097

    7.6.1 酊剂的制法 ·· 097

    7.6.2 浸膏的制法 ·· 099

第8章 压榨法 ·· 102

8.1 压榨法简介及其应用 ··· 102

    8.1.1 压榨法的定义及原理 ································· 102

    8.1.2 压榨法的步骤 ··· 103

    8.1.3 柑橘类植物精油的应用领域 ······················ 104

8.2 分类与特点 ·· 105

    8.2.1 海绵法 ·· 105

    8.2.2 锉榨法 ·· 105

    8.2.3 机械压榨法 ·· 106

8.3 影响压榨效率的因素 ·· 106

    8.3.1 橘皮海绵层阻碍精油分离 ·························· 106

    8.3.2 清水浸泡橘皮提高出油率 ·························· 106

    8.3.3 果胶和果皮碎屑影响油水分离 ···················· 106

8.4 压榨相关设备及工艺 ·· 107

    8.4.1 压榨法提取精油的工艺 ····························· 107

    8.4.2 压榨设备 ··· 109

8.5 应用实例 ·· 111

第9章 吸附法 ·· 114

9.1 吸附法简介 ·· 114

    9.1.1 吸附法基本原理 ······································· 115

    9.1.2 吸附及吸附平衡 ······································· 115

9.2 吸附法分类及特点 ·· 119

    9.2.1 非挥发性溶剂吸收法 ································· 120

    9.2.2 固体吸附剂吸收法 ···································· 121

9.3 影响吸附效率的因素 ·· 121

9.4 吸附相关设备 ··· 124

9.5　应用实例 ··· 126

9.6　吸附法的局限性 ··· 129

第10章　超临界流体萃取法 ······························· 130

10.1　超临界流体萃取法简介 ································· 130

10.1.1　超临界流体 ·· 130

10.1.2　超临界流体的性质 ····························· 130

10.1.3　超临界 CO_2 流体萃取的原理 ····· 131

10.2　超临界流体萃取的特点 ································· 132

10.3　影响萃取效率的因素 ····································· 132

10.4　超临界 CO_2 流体萃取设备 ····················· 134

10.5　应用实例 ·· 136

10.5.1　啤酒花有效成分的提取 ···················· 136

10.5.2　蛋黄油和蛋黄磷脂制备 ···················· 136

10.5.3　辣椒红色素的脱辣精制 ···················· 137

10.5.4　薄荷醇的提纯 ······································· 137

10.5.5　栀子花头香精油的萃取 ···················· 138

10.5.6　芫荽籽精油的萃取 ······························ 138

10.6　发展趋势及展望 ··· 139

第11章　分子蒸馏技术 ····································· 141

11.1　分子蒸馏技术简介 ··· 141

11.2　分子蒸馏技术原理 ··· 141

11.3　分子蒸馏技术的特点 ····································· 142

11.4　分子蒸馏设备 ··· 144

11.4.1　分子蒸馏器 ··· 144

11.4.2　冷凝器 ··· 147

11.4.3　转子系统 ··· 147

11.4.4　真空系统 ··· 147

11.5　分子蒸馏技术的基本流程 ···························· 147

11.5.1　工艺流程 ··· 147

11.5.2　分子蒸馏装置操作规程 ···················· 148

11.6　分子蒸馏的影响因素 ····································· 148

11.7　分子蒸馏技术应用实例 ································· 149

  11.7.1 在精细化工领域的应用 ……………………………………… 149

  11.7.2 精油的提纯 …………………………………………………… 150

  11.7.3 天然产物的分离和纯化 …………………………………… 150

 11.8 分子蒸馏技术的应用现状 …………………………………… 151

 11.9 分子蒸馏技术工业化应用存在的问题 ……………………… 151

第12章 生物技术 ………………………………………………… 153

 12.1 生物技术概述 ………………………………………………… 153

  12.1.1 生物技术的发展历程 ……………………………………… 153

  12.1.2 生物技术的应用 …………………………………………… 154

  12.1.3 生物技术的发展前景 ……………………………………… 156

 12.2 发酵工程在香料生产中的应用 ……………………………… 156

  12.2.1 发酵法生产奶香香料 ……………………………………… 156

  12.2.2 发酵法生产水果香型香料 ………………………………… 157

  12.2.3 发酵法生产复合香料 ……………………………………… 157

  12.2.4 发酵法生产其他香料 ……………………………………… 158

 12.3 酶工程在香料生产中的应用 ………………………………… 158

  12.3.1 酶法制备香兰素 …………………………………………… 158

  12.3.2 酶法制备咸味香精 ………………………………………… 158

  12.3.3 酶法制备奶味香精 ………………………………………… 159

  12.3.4 酶法处理烟草原料 ………………………………………… 159

 12.4 细胞工程在香料生产中的应用 ……………………………… 160

 12.5 基因工程在香料生产中的应用 ……………………………… 161

第13章 其他提取技术 …………………………………………… 163

 13.1 机械辅助萃取技术 …………………………………………… 163

  13.1.1 微波辅助萃取技术 ………………………………………… 163

  13.1.2 超声提取技术 ……………………………………………… 165

 13.2 快速溶剂萃取技术 …………………………………………… 165

 13.3 索氏提取技术 ………………………………………………… 166

 13.4 超高压萃取技术 ……………………………………………… 167

 13.5 亚临界萃取方法 ……………………………………………… 167

 13.6 低温连续相变萃取法 ………………………………………… 168

 13.7 同时蒸馏萃取法 ……………………………………………… 169

13.7.1　同时蒸馏萃取原理 ……………………………………………… 170

13.7.2　影响萃取效率因素 ………………………………………………… 171

13.7.3　同时蒸馏萃取的应用 ……………………………………………… 171

13.8　低共熔溶剂萃取法 …………………………………………………………… 173

13.9　冷等离子体辅助提取法 ……………………………………………………… 173

13.10　微波水扩散重力法 …………………………………………………………… 174

13.11　高压脉冲电场提取技术 ……………………………………………………… 174

第14章　分离纯化技术 ………………………………………………………………… 176

14.1　膜分离 ………………………………………………………………………… 176

14.1.1　反渗透过滤 ………………………………………………………… 177

14.1.2　微滤 ………………………………………………………………… 179

14.1.3　超滤 ………………………………………………………………… 182

14.1.4　纳滤 ………………………………………………………………… 182

14.1.5　集成膜技术 ………………………………………………………… 183

14.2　双水相萃取分离技术 ………………………………………………………… 184

14.3　微胶囊技术 …………………………………………………………………… 186

14.4　色谱分离技术 ………………………………………………………………… 188

14.4.1　毛细管电色谱法 …………………………………………………… 188

14.4.2　高速逆流色谱法 …………………………………………………… 189

14.5　分子印迹分离技术 …………………………………………………………… 191

14.5.1　分子印迹分离技术概述 …………………………………………… 191

14.5.2　分子印迹聚合物 …………………………………………………… 192

14.5.3　分子印迹分离技术的应用 ………………………………………… 192

14.6　大孔树脂分离技术 …………………………………………………………… 193

14.6.1　大孔树脂分离技术的原理 ………………………………………… 193

14.6.2　大孔树脂分离技术的应用 ………………………………………… 193

参考文献 ………………………………………………………………………………… 194

第1章

天然香料简介

1.1 天然香料

1.1.1 天然香料的定义

香料（fragrance and flavor ingredient, or fragrance and flavor material）是具有香气和（或）香味的材料。一般为天然香料 [包括天然原料的衍生品（树脂状材料、挥发性产品、提取产品）] 和合成香料的总称。香料在历史上最早的应用是从天然香料开始的，天然香料是指取自自然界的保持原有动植物香气特征的香料。美国食品药品监督管理局（FDA）在《美国联邦法规》（CFR）21第101部分食品标注中对天然香料定义为：由植物的花、叶、茎、根和果实或者树木的叶、木质、树皮和树根中提取的天然精油、油树脂、酊剂，以及动物肉类、海鲜、蛋、奶经焙烤、加热、酶解、发酵而得到的香味成分。采用生物技术酶解、发酵、反应制得的单体香料在一定条件下也可认定为天然等同香料，但需注明WONF（with other natural flavours，加有其他天然香料的香精）。相对于美国，欧盟在"天然香料"的定义上更为严格，仅对来源于动植物原料采用物理方法处理或酶解、发酵等微生物处理得到的香料予以认可，但近年来对天然香料的界定范围也在不断更新。我国《香料香精术语》（GB/T 21171—2018）中，对于天然香料的定义是以植物、动物或微生物为原料，经物理方法、酶法、微生物法或经传统的食品工艺法加工所得的香料。

天然香料又可分为植物性天然香料和动物性天然香料两大类。在配制日用品香精时，可供使用的动物性天然香料种类不多，常见的主要品种有麝香、灵猫香、海狸香和龙涎香四种。由于动物性天然香料种类稀少、产量极低，所以价格高昂，常作为高档香水和香精的重要原料。植物性天然香料是以各种芳香植物的花、果、叶、茎、根、皮、籽或树脂等为原料，依靠物理方法分离或提炼出来的有机物的混合物，大多数呈油状或膏状，少数为树脂或半固态。根据它们的形态和制法可分为：香辛料、油树脂、精油、浸膏、净油、香膏、酊剂等。生活中常见的几种香辛料如图1-1所示。

彩图

图1-1　生活中常见的香辛料

1.1.2　天然香料的分类及特点

自然界中存在的天然香料根据其来源主要分为动物性天然香料和植物性天然香料两大类。

动物性天然香料多分布于动物的腺囊或排泄物中，应用较多的有麝香、龙涎香、灵猫香和海狸香，来源见表1-1。动物性天然香料种类少，较珍贵，均是药材。除龙涎香为抹香鲸肠胃内不消化食物产生的病态产物外，其他三种均为腺体分泌的引诱异性的分泌物。这些香料在高浓度时带有不适的臭味，但是稀释后则散发出优美的香气，且留香力持久。在调香中除了起协调、增香等作用外，还具有定香作用，通常用作高级香精中的定香剂。动物性天然香料通常用乙醇制成酊剂，并存放待其圆熟后使用。

表1-1　动物性天然香料来源

名称	来源	产地
麝香	麝鹿	印度、尼泊尔、西伯利亚和中国云南
灵猫香	灵猫	埃塞俄比亚、印度、缅甸及中国云南、广西
海狸香	海狸	加拿大、西伯利亚
龙涎香	抹香鲸	南非、印度、巴西、日本

植物性天然香料是指从芳香植物的花、叶、果实等结构或树脂中提取的易挥发芳香物，是芳香植物的精华。大部分天然香料属植物性香料。植物性天然香料多无异味（极少数有辛辣味），适用范围广。我国植物性天然香料资源丰富，根据我国的气候特点、地势和植被类型可将其来源地分为七个区域，分别是东北地区、华北地区、华东地区、华中地区、华南地区、西南地区和西北地区。

① 东北地区：自南向北跨越中温带和寒温带，属于温带季风气候和温带大陆性气候，冬寒夏炎，是我国最寒冷的地区。年降水量350～1000mm，自东南到西北，分别为湿润区、半湿润区，后过渡为干旱区。土壤主要有黑钙土、腐殖质湿土、灰色森林土及泥炭质湿土。该地区所分布的多为耐寒耐旱的香料植物，种类较少，但香料植物的蕴藏量较大。常见的香料植物有落叶松、红松、杜香、铃兰、暴马丁香、樟子松、紫杉、五味子、玫瑰、啤酒花、莳萝、白桦、香青兰、青蒿、香附子等，其中杜香、铃兰、暴马丁香的蕴藏量甚大。该地区虽然香料植物的蕴藏量大，但该地区的香料工业基础较为薄弱，对香料植物的开发利用程度较低。

② 华北地区：四季分明，冬寒夏炎，春秋较短，冬燥夏湿，属于温带季风气候。该地区的香料植物种类也不多，但具有重要的地位，如白芷、小茴香、百里香等。该地区的香料植物主要集中在菊科、唇形科和蔷薇科，也有松科和樟科的其他植物，主要香料植物有玫瑰、啤酒花、薄荷、罗勒、留兰香、香薷、艾蒿、鸢尾、牛至、牡蒿、花椒、木姜子、百里香、薰衣草、油松、钓樟、侧柏等。

③ 华东地区：自然条件优越，其气候以淮河为分界线，淮河以北为温带季风气候，淮河以南为亚热带季风气候，水资源丰富，且降水量充足，年降水量1000～1800mm。该地区的香料植物种类极为丰富，约有800种，主要为樟科、芸香科和菊科，也有唇形科、金粟兰科等。主要香料植物有香榧、芳樟、木姜子、洋甘菊、玳玳、白兰、薰衣草、留兰香、金粟兰、万寿菊、栀子、月桂、茉莉、金银花等。

④ 华中地区：以河湖、盆地、平原和丘陵等地形为主，有温带季风气候和亚热带季风气候，其中河南省是温带季风气候和亚热带季风气候，湖北省、湖南省属于亚热带季风气候，该地区降雨量充足，香料植物资源非常丰富，据不完全统计有750余种，主要分布在伞形科、兰科、樟科、木兰科、杜鹃花科、唇形科、菊科。主要的香料植物有木姜子、桂花、山姜、观光木、含笑、茉莉、薄荷、牡丹、芳樟等。

⑤ 华南地区：位于我国的最南部，其北界限是南亚热带和中亚热带的分界线，其中广西属于南亚热带季风气候。该地区冬季温暖，夏季炎热，气候湿润，降雨量充分，年降水量高于1500mm。因此香料植物种类极其丰富，是我国香料植物资源的汇集地，分布于各个科，比较集中的是番荔枝科、唇形科、木兰科、芸香科、桃金娘科、伞形科、樟科、菊科等。主要的香料植物有肉桂、广藿香、含笑、胡椒、罗勒、马尾松、树兰、香茅、木姜子、茉莉、柠檬草、檀香、香荚兰、依兰等。

⑥ 西南地区：属于亚热带季风气候和高原山地气候，地貌复杂奇特，水资源丰富，植物种类繁多，香料植物数量多、分布广，云南省更有"香料王国"和"香料之乡"的美誉。主要的香料植物有栀子、素馨花、桂花、香叶、油樟、玫瑰、香茅、依兰、肉桂、木姜子、香荚兰、白兰、草果、天竺葵、柠檬、薄荷、灵香草、枫香等。

⑦ 西北地区：地处陆地深处，距离海洋较远，因降水稀少而气候干旱，冬季严寒而干燥。夏季高温，降水量自东向西呈递减趋势，大部分地区的年降水量低于500mm，且昼夜温差大。因此西北地区的香料植物资源不多，但有些著名的香料植物源于该地区，如甘肃的苦水玫瑰，新疆的大马士革玫瑰、孜然、椒样薄荷和薰衣草，新疆在西北地区有"中国薰衣草之乡"之称。除了前述植物外，该地区主要的香料植物还有七里香、小茴香、芹菜、芫荽、玉兰、金银花、薄荷、厚朴、艾蒿等。

1.1.3 天然香料的用途

（1）调味

在食物的烹饪和调制过程中，人们通常会根据自身的口味喜好在菜肴制作过程中加入不同香料，以调出与众不同的味道。

生姜是东方菜肴的基本配料之一。在烹饪菜肴时，尤其是鱼类菜肴，生姜的加入既可以为菜肴增添辛辣芳香的味道，又可以对鱼腥味进行遮掩。生姜不仅可以作为鱼、肉和蔬菜的配料，也可以添加在泡菜、酸辣酱和调味汁中。大蒜与生姜一样，被广泛用于增添各种肉类、鱼类和蔬菜类的味道，这两种香料是中国菜肴中最为重要的调味品，在大部分的菜肴中都可以加入。

红辣椒是世界上最为流行的香料之一，也是一种常见的家用调料，在世界各地被广泛应用到各种菜肴中，如中国川菜、东南亚菜肴、印度咖喱和法国浓味炖鱼等。

花椒的可食用部分是花椒树的红色或青色果实，是中国的川菜中最为重要的配料之一，尤其是四川火锅中必不可少的一种调料。在川菜中加入花椒可以增加辣味和香味，在烹饪过程中通常与姜、辣椒和芝麻油混合在一起，散发出其独特的辛辣香味。

（2）烟用

烟草类天然香料是植物类天然香料中特殊的存在，是由烟草的花、叶、茎、根和果实中提取的易挥发芳香组分的混合物。这类来源于烟草的香料可直接用于卷烟和烟草薄片加香，香气逼真、自然，可增强烟香，减除杂气，提高卷烟质量。烟草类天然香料不仅能增补各类烟草的特征香气，而且使烟草本香透发，其作用大大地超过以往调香使用的各种烟用香料。

除直接来源于烟草的香料外，烟草工业一般也选用一些植物的果实、花部、茎叶作为香料来源，这类香料对于卷烟具有较好的增香、保润效果，同时能够降低卷烟的辛辣感，丰富烟香，改善烟草的品质。

（3）日用化学品领域

植物性天然香料所含芳香成分种类繁多，其中芳樟醇、桉叶醇、柠檬醛、乙酸香叶酯、肉豆蔻醛和紫罗兰叶醛等物质含量较高，主要香型为果香、玫瑰香、薰衣草香、丁香味、木香、檀香和柏木香，这类香料是各种现代化妆品如香水、香皂、沐浴液等的基本原料，也是除臭剂、矫香剂和定香剂等的重要原料。

天然香料中包括挥发性的精油成分和非挥发性的生物碱等成分，它们在化妆品中不仅有很好的芳香功能，而且还有特殊的药用功效。目前许多化妆品中由于含有这类药用芳香植物精华，具有一定的抗菌、抗炎、抗氧化的特性，所以不仅能及时起到润肤、美肤作用，长期使用还有祛癣、祛斑、防皮肤老化等多种功效，因此倍受消费者青睐。

天然香料中含有大量的营养元素，如微量元素及维生素等，这些营养成分在化妆品中可增加皮肤营养，增强弹性，使皮肤更加健康、有光泽。

除以上几类主要成分外，大部分天然香料还含有抗氧化物质和抗菌、抑菌物质，这些成分不仅对皮肤具有美白、润泽、祛黑、祛斑、抗脂质氧化功能，还对改善皮肤粉刺、痤疮、老化，以及抵抗紫外线有一定的作用。

花类天然香料，主要是指来源于玫瑰、薰衣草、茉莉和紫罗兰等芳香植物花朵的天然精油。这类精油具有强烈的香味，并且对皮肤具有优良的亲和性和保湿性，对皮肤无刺激性、不致敏，安全性高，使用可靠，根据其本身具有的特殊功能，将其添加在化妆品中，可以使化妆品具有相应功效。花类天然香料是花香型化妆品的重要原料，也是香气清新的现代百花型香韵和素心兰型香水的主要原料，可用于调配各种洗发水、润肤露、沐浴皂等，可以起到使皮肤细腻、发质柔顺的功效。玫瑰是最早被应用在化妆品中的花类天然香料。《本草正义》中记载："玫瑰花，香气最浓，清而不浊，和而不猛，柔肝醒胃，流气活血，宣通窒滞而绝无辛温刚燥之弊。"从玫瑰中所提取出的玫瑰精油被誉为"鲜花油之冠"，具有幽雅、柔和、细腻、甜香若蜜的玫瑰花的香气，是一种高品质的香料。

除了玫瑰精油以外，薰衣草精油以其独特的香气和功效，应用广泛。薰衣草花期长、花色艳丽，因其拥有浓烈的香气，纵使没有开花，其枝叶所含的香气亦会徐徐散发。当植株受到碰触或摩擦时，香味愈加浓烈，枯而犹存，故有"芳香之王"的美誉。薰衣草精油具有滋润和使皮肤白嫩、促进皮肤细胞更新等功效，广泛应用在化妆品、洗涤用品等产品中。

植物性叶类天然香料，是仅次于花类天然香料，使用较多的香料。苦橙叶精油、香叶精油、迷迭香精油等均来源于植物叶。迷迭香叶带有茶香，味辛辣、微苦，常被用于烹饪，也可用来制作花草茶。目前亦广泛应用于化妆品，其美容的主要功能在于收缩和抗氧化，迷迭香提取液中的有效成分与天然有机脂具有很强的亲和性，因此，迷迭香常与有机脂结合制成凝脂产品。苦橙叶精油萃取自苦橙的叶及嫩枝，它的香味较浓重，木质香和果香交替散发，持续力强，且没有橙花的苦味；此外该精油成本低于橙花精油，且具有抑制皮脂分泌以及杀菌的功效，安全无刺激，没有光敏感性，因此被广泛应用于肌肤调理、泡澡、薰香类化妆品中。

用于化妆品中的果实类天然香料主要是芸香科柑橘属植物，主要包括甜橙、红橘、柑、葡萄柚、柠檬等。柑橘属植物果实的精油具有令人愉悦的天然柑橘香气，不仅具有调香赋香的作用，同时还有舒缓神经、杀菌消炎的作用，在化妆品工业上应用范围广泛，是美白、保湿、祛痘、祛斑类化妆品及香水等产品非常重要的天然香料。柠檬精油的香气十分清新宜人，含丰富的维生素C，特别有益于皮肤美白、收敛和平衡油脂分泌，缓解青春痘等油性皮肤常见症状，该精油常应用于美容护肤、身体保养的化妆品中，适用于各种肌肤，尤其是油性、混合性偏油，暗黄，色斑肌肤。此外，木瓜等果实类，因其独特的香气，也被作为原料提取天然香料。

1.1.4 天然香料的检测方法

（1）色谱法

气相色谱法是以惰性气体为流动相，利用各组分在色谱柱中分配系数的不同而达到分离效果的。其优点在于分析速度快、分析准确性高。例如对于不同黏度的香料样品可以采取气相色谱法来分析检测，能够利用色谱图与标准图谱进行对比以判定香料的质量状况。

高效液相色谱法是以液体为流动相，根据待测物质在色谱柱中的分配系数和吸附能力的不同来进行分离的。其中，薄层色谱法利用被测物中的各组分对某一物质的溶解性能或亲和作用的不同，以达到各组分分离的效果。该方法是一种快速、简便的方法，适用于检测挥发性小以及在高温中较易发生化学变化的物质，但是此方法重现性差，对操作人员的要求较高。

色谱-质谱联用法是以气相或液相色谱为分离系统、质谱为检测系统的方法，这是目前最主要的香精检测方法，它具有高分离能力、高灵敏度和高选择性的特点。运用气相色谱-质谱（GC-MS）方法能够对食品中香料香精等挥发性成分进行迅速的分析，并能够全面、完整、准确地反映出香料香精的整体质量情况，也是目前最为有效的检测和控制香料香精质量的手段。例如人工调配而成的具有多种组分的液体样品，如肉类香精等，这类物质是由几十甚至上百种成分组成的复杂混合体。对这类物质，常用气相色谱与质谱联用仪对香精成分及每种成分的含量进行分析。王超等（2006）通过气相色谱-质谱法对化妆品中16种香料香精进行了定量分析。

（2）光谱法

红外吸收光谱法是香精定性分析中较为常用的方法，通过分子振动与转动产生红外光谱，利用红外光谱检测可以掌握香精分子官能团和骨架情况。分子必须满足两个条件才能吸收红外光谱，一是分子转动或振动时必须有瞬间偶极矩的变化；二是辐射应具有刚好满足物质跃迁所需的能量。一些香料研究者分批研究和测定了150组普通香料香精的傅里叶变换衰减全反射红外指纹图谱，为红外光谱法研究香料含量提供了数据支持。

紫外吸收光谱法是根据待测物质对不同波长光的吸收程度进行物质成分、结构的分析。紫外吸收光谱是对香料成分进行指纹图谱的检测与分析，采取紫外光谱分析方法能够十分灵敏地反映待测香料香精样品的差异，能够迅速准确地检测到产品中香精的质量状况，以更好地控制香精产品的使用情况。对于由多种组分组成的固体，如可可粉、甘草粉、红糖等，这类物质是从天然植物中提取或分离出来的，可以采用紫外吸收光谱法检测分析。陈敏等人（2008）通过紫外吸收光谱法分析测定了茴香醇和茴香酸这两种香料成分的含量。

拉曼光谱法是通过分析待测物质的峰强度、拉曼峰的位置等因素来进行定量和定性分析的，它具有操作简单、样品无需前处理等特点，是近年来发展较快的香料检测方法。

1.2　天然香料发展历史

1.2.1　天然香料发展进程

（1）香料启蒙

使用天然香料的历史和草药一样悠久，在中国古代，大约5000年前的黄帝炎帝时代就采集树皮、草根作为医药用品来驱疫避秽。在世界范围内，上古时期人类对植物挥发出来的香气已经非常重视，因此，很多国家和民族把这些有香物质用于敬神祈福或者清净身心，同时也用于祭祀和丧葬，后逐渐用于医药、饮食、装饰和美容等。

考古学家更倾向于认为香料的应用是发源于中国境内帕米尔高原的游牧民族后传入东南亚、印度、埃及、以色列、希腊和罗马。早在先秦时期，我国夏、商、周三个朝代前就开始使用香料，并且开始种植香料作物和利用香料。在春秋战国时期，人们已经非常熟悉并利用香料为食品调味增香以及化妆品调香。考古学家在发掘公元前3500年埃及皇帝曼乃斯的陵墓时，发现油膏缸内的膏质物仍有香气，疑是树脂或香膏，说明在很早之前古埃及已经开始使用香料。

古埃及人早在公元前1350年就对香料的使用有所研究，他们在沐浴时加香油或者香膏，当时使用的有百里香油、芍药、乳香等，以芝麻油、杏仁油、橄榄油作为加香介质，既有益于肌肤，又能使身心愉悦。现在博物馆陈列的木乃伊，很多都是由香料等裹尸处理的。古希腊人的记载中，除了一些现在还在使用的香料提取方法之外，还提到了吸附、浸提等加工提炼方法。同时，古代中国也记载了关于天然香料的加工炮制方法，主要分为水制、火制及水火合制。水制可分为洗、漂、泡、渍等方法，火制包括煅、炮、炒、烘、焙、炙、燎等方法，水火合制包括蒸、煮、淬等方法。其中，每一种方法中又细分为若干种，具体方法内容极其丰富。加工过程中对温度和手法要求极其严格，炮制加工是否得当直接关乎香料的质量。

（2）古代香料贸易与生产的发展

我国自汉朝丝绸之路的兴起就开始了东西方经济文化的交流，班固的《汉武故事》中便有记载。至 14 世纪，阿拉伯人开始采用蒸馏法从花中提取玫瑰油和玫瑰水。在中世纪后亚欧常有贸易往来，香料作为我国重要物品之一，也随丝绸之路远销西方。13 世纪，意大利人马可·波罗对我国香料十分重视。15 世纪葡萄牙人麦哲伦和伽玛等环球旅行者也曾来中国探索香料。

1370 年，第一支用乙醇制备的香水——匈牙利水（Eaudela Reimed Hongarie）出现，开始只是从迷迭香中蒸馏制得，其后才逐渐从薰衣草和甘牛至等植物中制得；1420 年，在蒸馏中使用蛇形冷凝器后，精油发展迅速，然后在法国格拉斯（Grasse）生产花油和香水，从此成为世界著名的天然香料的生产基地，此后各地也逐步采用蒸馏方式提取精油。1670 年，马里谢尔都蒙（Marechale d'Aumont）制造了含香粉，这种产品闻名了两个世纪之多；1710 年，著名的古龙香水（Eau de Cologne）问世，"古龙"香型深受人们喜爱，流传至今；18 世纪起，由于有机化学的发展，人们开始对天然香料的成分与结构进行探索并逐渐利用化学合成法来仿制天然香料。

（3）近代香料发展

近代中国内忧外患，积贫积弱，与国外技术交流不多，加上国外长期经济侵略以及国内军阀混战，中国在天然香料加工技术方面，长期处于落后状态。所以在新中国成立前，天然香料主要是依靠进口，本地资源未曾被开发利用。当时，天然香料加工采用简单的蒸馏方法，所得精油也仅作为进口的补充。而国外，进入 19 世纪后，由于工业革命和科学技术的发展，许多新的香料相继被开发出来。法国是天然香料生产加工最发达的国家之一，主要集中在法国东部城市格拉斯。该地区有 20 多家天然香料企业，著名的有 P. Robertet 公司、V. Mahe Fils 公司、Lautiev Fils 公司和 Charabot 公司。

（4）我国香料香精发展现状

香料香精工业与人们生活水平的提高、食品工业的迅速发展密切相关。从世界范围来分析，现代香料香精工业的增长速度一直高于其他工业的发展速度。在多年的发展历程中，我国香料香精工业已经逐步实现快速而稳定的发展，已经从传统的进口依赖型过渡到出口型发展模式。作为一个独立的工业体系，香料香精工业以其大量的出口额有力推动了我国现代化建设。我国香料香精行业的销售收入以及工业总产值均呈现迅速增长的趋势，能够满足当代人民生活以及社会发展的需要。

2019 年以来，香料行业被列为鼓励类行业，受到国家政策的支持。《香料香精行业"十四五"发展规划》《全国林下经济发展指南（2021—2030 年）》等政策陆续发布，为行业的发展点明了方向。

据《2023年中国香精香料行业发展白皮书》显示，全球香料香精市场保持稳定增长，2018年全球香料香精市场收入在276亿美元，2022年增长至292亿美元，香料香精市场收入基本持平。亚洲作为主要发力市场，占据全球市场的40%。

中国作为香料香精出口大国，每年约有1/3的香料香精产品用于出口。面对国际国内市场挑战，特别是新冠肺炎疫情的严重冲击，我国香料香精行业保持了健康持续发展的趋势。2018—2022年，中国香料香精行业市场规模逐年增加，从2018年的427亿元达到2022年的560亿元，年产值达亿元以上的企业、上市公司数量继续增加，继续保持多种所有制共同发展、投资主体多元化的产业格局，实现需求和供给双向增长。据中国香料香精化妆品工业协会的不完全统计，2020年国内香料产量约21.8万吨，香精产量约31.7万吨，"十三五"期间行业年均复合增长率为3%，在国际贸易中保持顺差。目前，中国香料香精行业发展主要依靠食用香料香精的销售额增长，由于我国消费者口味多元化偏好趋势日益明显，中国香料香精行业的市场规模有望在2027年突破900亿元。

香料香精产业链的上游为原料供应商。与动物性天然香料相比，植物性天然香料具有来源广、经济适用的特点，因此市场占比高。但中国香料植物资源种植的区域性导致资源分散、香精企业直接采购难度大。天然香料种植模式传统、生产水平受限，而合成香料的化工原料日益受原油价格的影响，使得原料供应商在与下游香料企业议价过程中，优势相对较弱。

对于产业链中游的香料香精生产企业来讲，要求较高的生产技术提高了香料香精的附加价值，赋予了其更高的利润。为满足市场的差异化需求，香料产品种类繁多，而香精制备工艺复杂，对技术需求与研发能力要求高，利润也较高，生产商结合自身优势，针对某类香料进行创新研发以满足技术与利润的需求，涵盖食品及日化香精全领域。但香精赋值较高的技术与配方主要由发达国家掌握，我国香料香精生产市场被国外大型企业垄断严重，区域生产链间格局分散，未形成协同效应，大量中小企业竞争激烈。

另外，作为产业下游的终端市场，食品、日化、烟草行业的发展对带动产业链需求至关重要，2022年数据显示，食品饮料对香精需求占比为63%，日化占比17%，烟草占比16%，其他占比4%。食用香料香精赋予食物原料香气，弥补其本身香气不足，对不良气味具有矫正作用。目前国内发展出许多以食用香料香精和调味料的生产为主营业务的企业。随着经济状态的回暖，我国居民饮食消费将进一步提升，加上消费需求的多元化、差异化，食用香料香精需求将持续增加。在中国日化市场中，行业增速稳中有升，需求稳定，规模扩大，海外品牌尤其是个人护理品牌产品占据绝对优势份额，因此个人护理产品多采用海外香精，家居护理仍以本土品牌为主，多使用国内香精品牌。

1.2.2 天然香料国内外发展差距

在香料香精的发展阶段中，国内和国外在很多方面都存在着差距。客观上讲，中国是当之无愧的天然香料香精生产大国，原材料成本优势非常明显，而国外香料香精公司则将中国的原材料深加工，从中获取更多的利益。目前，我国香料香精行业仍处于发展阶段，同国际先进水平相比，科研投入少，未能结合我国实际与国际需求做有效开发，商品化和市场化程度较低，香料资源未能得到充分的发掘利用，对于新兴的医疗领域缺乏拓展应用。

1.3 天然香料研究进展及发展方向

1.3.1 国内外研究进展

食品香料香精是食品工业中不可或缺的食品添加剂之一，随着全球工业化水平的不断提高，食品香料香精的需求也呈现出逐步上升的趋势，极大地推动了有关食品香料香精领域的基础研究和应用研究。近些年国际上食品香料香精方面的研究主要集中在以下几个方面：食品香味成分的分析鉴定，包括样品前处理技术、分析技术、香味活性成分的鉴定等；香料香精缓释技术，包括各种包埋材料、包埋技术的研究；天然香料的制备，包括发酵、酶催化等生物转化方法的研究、天然香料萃取技术的研究等；手性香料的研究，包括高选择性的酶催化或不对称合成技术的研究；食品香料安全问题的研究。

我国香料香精行业整体水平较为落后，在四大类香料香精产品（精油类、单体香料、食品香精和日用香精）中我国只在单体香料方面具有绝对优势，拥有众多重要单体香料的生产商。在全球经济一体化和可持续发展的时代背景下，我国香料香精行业发展面临着巨大的挑战和机遇。加强高端产品的高水平技术研究、改进重要香料品种的生产工艺，成为我国香料香精行业保持已有的优势并进一步提升国际地位的迫切需要。今后，我国食品香料香精科学领域的研究方向建议如下：注重重要食品香料绿色制备技术研究，包括利用电解技术制备香料的研究、绿色催化剂的研究、传统工艺改进的研究；加大手性香料的研究力度，重点研究高选择性低成本的单一立体异构体的制备、立体异构体香气特性、天然手性香料对映体组成等；开发天然香料制备技术，包括生物转化方法的研究、天然香料提取技术研究等；拓宽香料香精应用技术，重点研究便于香料香精在食品中应用的具有良好稳定性能和缓释性能的各种包埋技术；提高食品香料香精安全性，研究建立完善的香料香精安全评价体系。

1.3.2 天然香料的发展新方向

（1）合理开发、有效保护天然香料资源

应采取利用和保护相结合的方针，走可持续发展之路。对资源再生能力低、砍伐后对水土流失和环境影响大的天然香料应限制砍伐和加工。充分利用天然香料植物的枝叶加工香料，以少砍树或不砍树，保护资源，生产天然香料。保护野生资源，加强良种选育，强化人工栽培基地建设。

（2）培育新品种、促进天然香料资源的优势利用

加大对我国优势天然香料植物（如安徽的薄荷、留兰香，云南的香叶、蓝桉，四川、贵州的香桂，广西的桂皮、八角、茴香，浙江的玳玳、柑橘，南方各省的木姜子等品种）的选育和推广新品种工作，制定相关激励政策，鼓励开展良性竞争，提高原油质量，提倡将原油深加工后再出口。对于我国特有的茉莉、桂花，国家更应支持当地开发新品种，保持资源优势。

（3）拓宽应用范围，加强新用途和安全性的研究

积极加强天然香料向功效型、缓释控制型和天然香味剂产品转换的应用研究，紧抓未来发展方向：一是运动营养类，主要有香草、巧克力和草莓口味蛋白质香精；二是果蔬类，

主要是开发混合了水果与蔬菜成分、可弥补日常饮食摄取中欠缺营养的产品；三是花香风味类，主要是开发新鲜的花香类风味产品，如薰衣草香味产品、接骨木香味产品、紫罗兰香味产品、橙花香味产品等。植物精油随着芳香疗法的兴起，逐渐形成新的发展重要机遇点，行业企业与科研院所加强合作加快完善芳疗精油类产品技术标准和使用标准体系建设，加大对精油类产品的安全性和功效性评价研究，推动芳疗精油纳入市场监管体系，为芳香芳疗产业发展去伪存真，去劣存优。此外，随着食品、化妆品、洗涤剂等行业天然、绿色、大健康的概念兴起，芳香植物精油的新用途持续扩大，包括防腐、抗菌、驱虫、药理作用等，可以继续加大天然香料产品应用效果研究，进一步提升产业附加值。

（4）优化传统工艺，注重技术攻关

传统大宗合成香料产品绿色工艺改造，开发新的香料品种。继续开发具有传统优势的大宗合成香料品种的绿色、安全合成工艺路线，对重点和高附加值合成香料开展重点技术攻关，开发高质量、低能耗、环境友好的绿色工艺。以连续化、微反应、有机电合成、分子氧氧化技术、固体酸/碱固定床、酶促催化等新型绿色反应技术实现绿色、安全工艺技术升级，加紧对苯乙醇、甲基柏木酮、二氢月桂烯醇、紫罗兰酮等合成香料产品的创新研究。开发微反应器、微波辅助技术、反应精馏等新的工艺设备及技术，融合生产信息化控制设备的创新和改良，提高香料产品生产效率，提升反应过程的稳定性、安全性。

开发新的香料品种，特别是关键性、附加值更高的香料，如具有降糖、降盐、降脂功能的新一代香料，填补国内空白。对重点高值合成香料品种如降龙涎香醚系列、脂环麝香系列、突厥酮系列、新型凉味剂、口感改良剂等实施重点攻关。利用发酵工程、酶工程、微生物培养、细胞工程等多种生物技术工艺开展天然香料香精的研究开发，重点可开展天然香兰素、丁二酮、叶醇、内酯、柑橘类原料等重要的香料产品的研发，还可以采用组织培养技术加速天然香料植物香味前体物的制备，再处理获得小分子香味成分，将生物技术、合成技术和分析分离技术相结合。寻找适用于工业化的菌株，寻找便宜、易得的底物，利用基因工程技术提高产量，解决生物合成法生产天然香料香精的技术难题。

第2章

我国天然香料资源及应用现状

2.1 植物性天然香料

2.1.1 植物性天然香料概念及种类

香料的使用源远流长，根据其来源，可分为天然香料与合成香料两大类。天然香料大多数来自芳香植物。植物性天然香料是以各种芳香植物的花、果、叶、茎、根、皮、籽或树脂等为原料，依靠物理方法分离或提炼出来的有机物的混合物，大多数呈油状或膏状，少数呈树脂或半固态。根据它们的形态和制法可分为：香辛料、油树脂、精油、浸膏、净油、香膏、酊剂。

我国植物性天然香料资源十分丰富，现有香料植物70余科，200余属，800余种，广泛分布于云南、广西、贵州、湖北、广东、新疆等地区。我国已经开发利用的天然香料约有140种，出口的天然香料近百种，主要品种有茶树油、大蒜油、薰衣草油、迷迭香油、柠檬油、丁香油、薄荷油、肉桂油、百里香油等，在国际香料市场上占有举足轻重的地位。但是相对于丰富的资源，我国精油深加工技术还处于比较落后的状态。由于工艺技术的限制，我国的精油资源只有部分被开发利用，很多植物性精油只能做到初步提取，提取后的粗产品运到国外进行深加工。

目前，云南省香料植物品种丰富，种类多样性和香气多样性均在全国名列前茅。云南素有"植物王国"之称，省内分布的植物有17000多种（约占全国总量的50%），云南拥有丰富与独特的香料植物资源，中国公开报道的香料植物有800余种，而在云南省发现或引种的香料植物不少于400种，品种丰富度居全国前列，无论是香料植物种类的多样性，还是香气的多样性以及名特性在全国乃至世界上都占有重要地位。目前，云南现有天然芳香作物种植面积约400万亩❶，从事天然香料种植和粗加工的人员超过200万人，香料香精植物主要品种有蓝桉树、香叶天竺葵、香茅草、薄荷、冬青、玫瑰花、万寿菊、迷迭香、茉莉

---

❶ 1亩=666.67m²。

花、紫罗兰、薰衣草、鸢尾花、晚香玉、白兰花、木姜子、金合欢、柠檬、柠檬桉等；香辛（调味料）香料植物主要品种为八角、草果、小黄姜、花椒、砂仁、茴香、山奈、桂皮、芥末、胡椒、香荚兰、肉桂等；野生香料品种主要有樟树、清香木、树苔、木姜子、芸香木等；还有菱叶、芸香草、狭叶阴香和毛脉青冈等化学成分独特的香料植物资源。云南具有复杂的地形地貌、独特的立体气候，使得世界上大多数香料植物都能在云南找到适宜栽种的地方，近年发展起来的香料植物玫瑰花，仅香水玫瑰品种的种植面积在近5年就以150%的增长率在大面积扩张。如今，云南省玫瑰花种植面积已接近全国总面积的25%，约6万亩。

新疆地处欧亚大陆腹部，位于我国西北地区，常年干旱型气候，地形地貌复杂，气温差异大，生态系统和物种复杂且多样，孕育了种类丰富的香料植物资源。新疆主栽的香料植物有薰衣草、玫瑰花、洋甘菊、神香草、百里香、孜然、紫苏、欧薄荷、迷迭香等。其中薰衣草在新疆的种植面积超3万亩，占全国种植总面积的95%以上，伊犁已成为薰衣草世界第三产地。玫瑰有300多年栽种历史，鲜花产量为300 ~ 400kg/亩。孜然种植面积稳定在10万亩以上，总产0.9万吨以上。新疆的紫苏种植面积近2万亩。欧薄荷在伊犁地区种植面积达1万亩，年产量在80 ~ 100吨之间。

广西素有"中国天然植物香料库"美誉，拥有香料植物270多种，广西特有的65种，其中，八角、肉桂、茉莉花、金花茶等优势香料稳定占据全球过半乃至七八成的产量；全国第一的沉香、桂花、罗汉果等特色香料，也呈现良好的发展势头。2022年，在广西玉林，最大的国际香料交易市场"南国香都"开业，形成日均亿元上下的交易额，呈现蓬勃发展、方兴未艾之势。目前，玉林全市包括八角、肉桂、沉香等在内的香料种植面积350多万亩，香料产业总产值约100亿元，香料年交易额约300亿元，香料生产、经营主体1000多家，产业链从业人员2万多人。

2.1.2 天然香料在植物体内的分布及提取方式

2.1.2.1 分布

植物性天然香料的制作原料通常是植物的根系、果实、花朵、茎叶，植物类别众多，比如可以从茎叶中提取香料的香叶、薄荷等，可从花朵中提取香料的薰衣草、茉莉等，可以从根系提取香料的香根，可从种子提取香料的茴香。

随着世界各国尤其是发展中国家经济的快速增长以及消费水平的不断提高，对食品和各式各样日用品的品质要求的提升带动并加速了世界香精工业的发展。我国近几十年香料香精的发展从产品数量、生产规模、管理体制和技术创新等方面都取得了突破性的进展。我国是植物性香料的主要供应国，全国20多个省（自治区、直辖市），尤其云南、广西等是植物性天然香料重要生产地，现已工业化生产的种类达100多种，年出口量达8万吨以上。但提取技术相对美国等发达国家还存在一定差距，如我国目前还是以水蒸气蒸馏等常规方法进行提取，下文中介绍的许多方法如微波辅助萃取、超声波萃取等还未实现工业化应用，生物工程领域仍然处于实验室阶段。因此，加强对新的提取技术的研究，进一步开发我国规模宏大的芳香植物资源，提高天然香料产品的国际竞争力，是我国香料工业的前进方向。

2.1.2.2　提取方式

（1）传统提取技术

① 水蒸气蒸馏法：在植物性天然香料的提取工业中，水蒸气蒸馏法是应用最广泛的一种技术，其操作简单、成本低、产量大，目前我国绝大多数植物香料的精油都是通过该方法制备的。其最大的缺点在于提取时间较长，温度较高，系统开放，容易造成部分易氧化、易分解的成分被破坏，且许多高沸点的物质不易被蒸出，影响收率。高宏建等人（2011）通过该方法从烟草中提取香料成分，并通过正交实验对料液比、浸泡时间、浸泡液浓度和蒸馏时间等因素进行了优化，最高产油率为 1.71%。

水蒸气蒸馏法有水中蒸馏、水上蒸馏和水汽蒸馏三种形式。除应用最广泛的水中蒸馏外，水上蒸馏和水汽蒸馏的提取效率更高，产品质量更好，其需要附设锅炉等设备，适合大规模生产。且水蒸气蒸馏法生产过程中的加热方式、调控温度和压力对出油率都会产生影响。因此加压串蒸、连续蒸馏、带复馏柱蒸馏以及涡轮式快速水蒸气蒸馏等形式被逐步设计出来。有研究者对装置进行了改装，不仅提高了收率，而且节省了能耗，减少了环境污染。

② 榨磨法（压榨法）：压榨法通过机械冷榨的方式从植物果皮中提取成分，再经离心机分离，获得纯度较高的产品。我国目前企业生产中主要有螺旋压榨法和整果冷磨法两种。该方法最大的优点是在常温下即可进行，保证了精油中萜烯类化合物的结构不被破坏，从而获得质量较好的精油。缺点在于应用范围较窄，只适用于柑橘类等含油量较高的植物，且出油率低，压榨后的残渣需用水蒸气蒸馏等方式继续提取。

③ 吸附法：利用某些动物油如猪油、牛油或橄榄油、麻油等植物油作吸附剂，从植物花叶中制取浸膏，能够保证植物芳香成分不被破坏，产品香气极佳。吸附法与浸提法的原理类似，不同之处在于采用非挥发性溶剂或利用某些固体吸附剂吸收香气物质，能够富集、固定某种特定成分。其缺点在于只能提取低沸点物质，而高沸点的组分一般产率较低。鲜花中较易挥发的香气成分宜采用吸附法进行捕集，但由于其操作步骤烦琐、生产周期较长且产率不高等因素，目前应用的并不多。

④ 挥发性溶剂浸提法：浸提法以相似相溶原理，通过浸泡的方式，使植物中的芳香物质溶解到易挥发的有机溶剂中，再通过蒸馏去除溶剂，获得精油。该方法的优点在于室温或低温下即可提取，保证了易挥发性组分的质量。工业上主要有固定浸提、搅拌浸提、转动浸提和逆流浸提四种。我国目前应用较广的是转动浸提，其他几种对设备要求较高，成本较大，因此该方法并未实现大规模生产。

（2）新型提取技术

① 水扩散法：水扩散装置分为装料室、萃取室和冷凝室，其工作原理不同于传统的水蒸气蒸馏法，蒸气在低压下从上向下运动，将提取成分从内向外扩散，受重力的作用将混合物带入冷凝器，从而实现香料的提取。其优点在于克服了以往水蒸气从下而上，蒸馏时间长而造成的产率低和纯度低等缺点，整个装置可移动性强，操作简单且节约能源。有研究者用公丁香和橘皮两种物料做了对比实验，发现传统的水蒸气蒸馏法还可能造成某些精油成分与水蒸气发生水解反应，或发生受热分解、氧化、聚合等副反应，造成收率低下。而水扩散法强化了扩散作用，抑制了水解和热解反应的发生。

② 液氮冷冻研磨技术：20世纪80年代国外专业人士的研究提出可利用液氮冷冻法来提炼精油含量较多的物质。该技术主要是利用液氮从液态转化为气态时可产生−112℃的低温这一特性，在加工物料时将液氮喷洒在物料的表面，使其温度在8s内迅速降到−70℃左右，从而使物料的物理性能（如脆性、韧性等）发生改变，使物料更加容易粉碎。与常温研磨相比，液氮冷冻研磨技术克服了在常温提取中出现的升温与打滑问题，具有以下优点：a.研磨时温度降低到−70℃，可使植物性天然香料中主要风味物质的挥发性降低，研究表明其芳香物质的损失仅为常温研磨下的1/400～1/300；b.液氮包围着香料，使风味成分的氧化变质作用降到最低；c.改变了研磨香料颗粒的物理结构，从而使其在产品中得到更好的保护。

③ 超临界CO_2流体萃取技术：20世纪80年代发展起来的一种新型分离技术，在有机化合物分离提纯中扮演着重要角色。CO_2具有无毒、无臭等特点，且价廉易得，临界压力为7.28MPa，最重要的是其临界温度在31℃左右，有效避免了因温度过高导致的化合物分解，特别适合用于树脂和热敏性植物香料的萃取，通过该方法所得产物能够保留住较多的含氧化合物和少量的单萜烯，产品底香较好，香气持久。梁呈元等人（2004）通过超临界CO_2萃取法对薄荷油的有效成分进行了提取，并与常规的水蒸气蒸馏法进行了对比，天然香料的得率分别为2.43%和1.15%。符史良（2002）等人利用该方法从香荚兰豆荚中提取了香兰素，得到了88.3%的收率，并用高效液相色谱（HPLC）测定了香料中的香兰素的含量，同时探究不同温度和压力对香兰素的提纯效果的影响，找到最佳工艺条件为45℃的萃取温度和35MPa的萃取压力。有研究者利用该方法从茴香中提取精油，并与水蒸气蒸馏法的效果进行了对比，发现超临界CO_2流体萃取法不仅在收率上远大于后者，且在精油的成分上也有很大不同，避免了有效成分的丢失。

超临界CO_2流体萃取法具有成本低、无污染、操作条件温和且工艺简单等特点，在植物性天然香料提取中具有重要意义。由于其发展时间较短、操作过程需要在高压下进行、设备投资与操作费用较高，常用于生产贵重的、高附加值的产品，因而与其他提取技术的联合应用还需进一步深入研究。

④ 微胶囊双水相萃取法：微胶囊技术自进入二十世纪有了很大的发展，将某些具有成膜性能的聚合物覆盖在需要包裹的物质表面，形成无缝薄膜，再通过分离、干燥等过程形成微胶囊，其直径和内壁厚度大约为几十微米。双水相萃取技术是将不同浓度的聚合物溶液混合，形成互不相溶的双水相体系，根据不同物质在两相的选择性分配从而达到分离纯化目的。我国近30年来对该技术的研究取得了突破性的进展，在蛋白质、核酸等生物产品分离纯化和植物中醇、醛、酮等弱极性或无极性香味成分的提取中有很大的应用。刘品华等人（2000）通过该方法从植物中提取香油，发现在低于50℃的条件下，将植物原料粉碎成50～100目，通过微胶囊法双水相萃取，经静置、分离得到了目标成分，避免了因高温而发生的氧化、聚合等反应，并探究了囊化萃取的最佳分配比。郭丽等人（2007）通过该方法从新鲜柑橘中提取柑橘油，以β-环糊精为包裹材料，以β-环糊精和硫酸钠水体系为实验环境，在萃取温度30℃、硫酸钠质量分数15%、β-环糊精质量浓度0.4kg/L的条件下萃取30min，得到最好效果，并发现温度是影响萃取效果的最大因素。

双水相萃取技术与微胶囊的结合，不仅提高了分离效果，还有效避免了氧化、聚合等反应的发生，能够保护更多的成分不被破坏，安全无毒，在植物性香料提取中具有重要意义。

⑤ 分子蒸馏法：大多数天然香料都属于热敏性物质，在高温下蒸馏会导致许多副反应（如热解、聚合）的发生，造成产品损失。分子蒸馏法较好地克服这一障碍，通过减压的方式来降低产品沸点，分离过程无沸腾、鼓泡等现象，蒸馏前后组分性质几乎不受影响，可将芳香油中的某一主要成分进行浓缩，并除去异臭和带色杂质，提高其纯度，特别适用于高沸点、易氧化和热敏性强的产物的分离。有研究人员通过该方法从烟草中提取香料成分，通过改变压力来降低馏分沸点，发现在接近真空（0.1Pa）以及60℃的条件下，得到的馏分纯度较高，为理想提纯香料。

⑥ 微波辅助萃取法：微波是一种波长短、频率高的电磁波，通过辐射作用使植物某些组织或细胞破裂从而释放具有香料性质的物质，再利用有机溶剂将其提取出来，进而达到从植物组织中提取香料的目的。由于植物组织中不同组分对微波吸收能力不同，因此加热效应表现出很好的选择性，被提取的物质与溶剂在微波作用下能够发生剧烈共振。因此该方法具有快速、节能、污染小的特点，在某些香料如乙酸芳樟酯和芳樟醇的提取中具有重要意义。

⑦ 超声波萃取法：超声波是频率大于20000Hz的机械波，其辐射产生的空化、扰动等多级效应，使得某些组织或细胞迅速破裂从而使有效成分被萃取剂捕获。该方法与传统的萃取技术相比，具有快速、成本低、效率高等优点。有研究者利用该方法从茴香中提取精油，发现在50℃的条件下，萃取30min能获得较大收率。有人通过正交实验发现在45℃条件下，所提取精油浓度在10g/50mL左右，超声震荡2h，比普通萃取效果提高40%左右。

超声波萃取以其提取温度低、提取率高、提取时间短的独特优势，被应用于各种动、植物有效成分的提取，是替代传统工艺方法以实现高效、节能、环保的现代高新技术手段之一。于海莲等（2009）利用超声波辐射萃取洋葱精油得到最佳优化工艺条件：用正己烷作为萃取剂，料液比为1∶3，超声波功率为250W，超声波萃取时间为7min，酶解时间为70min。用此优化工艺条件进行超声波萃取得到洋葱精油的收率为0.33%。

⑧ 生物法：植物细胞壁对细胞结构具有保护作用，而芳香成分大多存在于细胞质中，这便加大了芳香物质提取难度。纤维素酶的应用对破坏细胞壁结构从而更好地释放香料成分具有重要意义，酶法提取不仅避免了高温条件下副反应的发生，而且提取时间短，成本低，工艺操作简单。有研究人员通过该方法从杏仁中提取芳香油，优化工艺条件后收率可达43.24%。梅长松等（2001）通过该方法从松叶中提取芳香成分，优化工艺后收率可达40%以上。随着近年来生物工程领域的快速发展，除酶工程外，植物组织与细胞培养、微生物生产香料、膜分离技术等的研究也对香料提取技术的发展做出巨大贡献。

2.1.3 关键天然植物香料

香料的发展历史悠久，大约在8～10世纪，人们已经知道用蒸馏法分离香料。此后各地逐步采用蒸馏方式提取精油，将香料植物固体转变成液体，这是划时代的进展。

（1）薄荷

薄荷（图2-1）为唇形科薄荷属植物，又名水薄荷、土薄荷、鱼香草、野仁丹草、夜息香等。薄荷是一种重要的香料植物，其干燥地上部分可入药，是我国常用的传统中药之一。

彩图 　　　　　图2-1　薄荷

关于薄荷的记载最早见于《唐本草》，薄荷有疏风、散热、解毒的功效，用于治疗风热感冒、头痛、目赤、咽喉肿痛、牙痛等。现在广泛分布于北半球温带地区，少数见于南半球。世界薄荷属植物约有30种，薄荷包含了25个种，除了少数为一年生植物外，大部分均为具有香味的多年生植物。根据《中国植物志》记载，我国有薄荷属植物12种，主要分布于东北、华东、新疆地区。野生的薄荷有椒样薄荷、欧薄荷、留兰香等。

薄荷的化学成分主要包括挥发油类、黄酮类、萜类、酚酸类、醌类、苯丙素类等，其中挥发油类成分是薄荷的特征性成分。挥发油的提取工艺主要有水蒸气蒸馏提取法和超声波辅助蒸馏法，国外也有学者采用欧姆加热和微波加热工艺提取薄荷精油。黄酮类成分的提取技术主要包括有机溶剂提取法、超声波提取技术、超临界CO_2流体萃取技术。多酚物质存在于多种植物中，醇提法是多酚提取的主要方法。为了增强提取效果，也有学者在醇提法的基础上，采用酶法、超声波、微波等手段进行辅助提取。

薄荷是常用中药之一，现代药理学研究表明，薄荷的化学成分具有抗炎、抗病毒、抗氧化、抗菌、保肝利胆、抗肿瘤等多种药理活性。此外，薄荷还具有一定的毒副作用。有研究通过小鼠急性毒性试验发现薄荷挥发油的毒性较其他组分更强，进一步研究发现高剂量的薄荷挥发油和水提物对小鼠具有肝脏毒性，可造成急性肝损伤。但薄荷在临床和生活中应用广泛，在规定剂量范围内使用安全性高，具有极大的应用价值。

（2）小茴香

小茴香（图2-2），又名茴香、谷茴香、草茴香、怀香、怀香子等，始见于《唐本草》，属于伞形科茴香属草本植物，我国小茴香栽培历史悠久。在国内，小茴香嫩茎叶可作为蔬菜食用，果实成熟后是一种常见调味品及香料，同时也是我国传统的中药，在国际上小茴香主要用于提取精油。茴香精油作为植物次级代谢产物，广泛应用于医药、化妆品和食品添加剂中。

小茴香原产于地中海地区，喜湿润凉爽气候，因其适应性强，现在世界上大部分地区都普遍栽培。小茴香传入我国已有1000多年历史，各省份均有人工栽培或野生分布，目前主栽地在西北地区的山西、甘肃、内蒙古，以及东北地区的辽宁。有调查表明，北方和南方海拔1000m以上的山区、丘陵栽培的小茴香比海拔低的高温地区结果率高、病虫害少且不易徒长茎叶。

图2-2　小茴香　　　　　彩图

小茴香挥发油成分占3%～6%，所含成分较复杂。高莉等人（2007）通过GC-MS方法对提取小茴香挥发油的化学成分及各组分情况进行分析，结果表明鉴定出的13个化学成分中，主要包含萜烯、醚、酮类和少量酚醛类，占总挥发油的96.51%，其中以反式茴香脑（81.81%）、α-水芹烯（4.15%）、4-烯丙基苯甲醚（3.52%）等为主。此外，其他研究者在分析小茴香挥发油成分时中还鉴定出γ-松油烯、柠檬烯、莰烯、α-古巴烯、葑酮、甲基胡椒酚、茴香醛、1,8-桉叶素、4-松油醇、对伞花烃等挥发性成分。

不同方法提取的小茴香挥发油成分存在较大差异，且含量也不相同。魏泉增等人（2018）采用水蒸气蒸馏（WD）、同时蒸馏萃取（SD）、顶空固相微萃取（SPME）3种方法提取小茴香挥发油，结果发现WD法鉴定出93种化学成分，SD法39种，SPME法19种，且相同成分用不同方法提取含量有差异；朱亚杰等人（2018）对比了超临界CO_2流体萃取法与亚临界萃取法、乙醇浸提法所得小茴香挥发油成分的异同，发现超临界CO_2流体萃取法萃取挥发油成分种类最多、亚临界萃取法萃取弱极性物质效果较好。

小茴香具有抑菌、护肝、抗炎镇痛、抗氧化、利尿、利性激素分泌、抗肿瘤等生物活性作用，可作为食用香料、鲜食蔬菜、药材等，同时可用于化妆品、饲料添加剂等。小茴香作为一种天然的食用香料，在食用香料界占有重要位置，主要应用于食品加工及家庭日用方面。在食品加工中常作为增香剂、调味剂，用于提升食品香味、去除异味；在家庭日用中，小茴香是常见配料五香粉的重要组成部分，用于烹饪肉食、鱼类、凉拌、炒菜等各种食品。同时，小茴香嫩茎、嫩叶具有独特的芳香滋味，可鲜食、熟食、做馅等。此外，小茴香是药食同源的佳品，具有较强的食疗和药用价值。小茴香常被用于制作茴香汤、小茴香丸（《三因方》）、茴香生姜陈皮粥等食疗配方。针对小茴香药理作用开展研究，结果表明，小茴香具有较强药用活性，可用于治腹痛及胃痛、消化不良、腰痛、小肠气痛等疾病。

（3）八角

八角（图2-3），又称大茴香、八角茴香、八月珠，是木兰科八角属植物，是我国南方重要的"药食同源"的经济树种，主要分布在我国的广西、广东、云南等省（自治区、直辖市）。其干燥成熟果实含有蛋白质、树脂、芳香油、脂肪油等，是我国的特产香辛料和中药，也是居家必备的调料。八角在食品加工业及香料工业广泛应用，八角是抗流感特效药以及治疗H5N1禽流感药物磷酸奥司他韦的重要生产原料。

八角中主要含有挥发油、黄酮类、微量元素等化学成分。挥发油成分复杂，主要为萜类化合物、芳香化合物及有机酸类化合物。八角为我国的特产中药和香辛料，八角挥发油是其发挥药效的主要成分。八角挥发油的提取方法有水蒸气蒸馏法、索氏提取法、超临界CO_2流体萃取法等。

现代药理研究表明八角有抗菌、镇痛、抗病毒等作用。此外，还有研究表明其有明显的抗疲劳作用和抗癌能力。然而，另有研究者从八角中分离出来3种倍半萜类化合物混合毒八角素。一次给予小鼠混合毒八角素

图2-3　八角

彩图

3mg/kg时，即可表现出痉挛和致命的毒性作用；较低剂量时老鼠也会出现低体温，因此，使用八角时还应充分考虑用量。

2.1.4　67种天然香辛料风味活性成分鉴定

采用液固溶剂萃取法结合溶剂辅助风味蒸发（solvent-assisted flavor evaporation，SAFE）萃取法对《天然香辛料　分类》（GB/T 21725—2017）中67种香辛料香气成分进行分离提取，随后经仪器进行定性定量分析。新鲜的大蒜、大葱、小葱、姜、韭葱、椒样薄荷、薄荷（野薄荷）等样品采购后，用粉碎机快速粉碎成泥，于-20℃条件下保存备用。干制香辛料如白欧芥、白胡椒、木姜子、花椒、阿魏、香茅、砂仁、高良姜、荜茇、黑芥子、辣椒、辣根等采用粉碎机粉碎备用。重蒸分析级二氯甲烷作为萃取溶剂，取20.00g香辛料加80mL二氯甲烷置于250mL锥形瓶中，超声萃取15min（500W，10℃），离心收集有机相，重复萃取3次，收集有机相。在萃取过程中添加内标物100μL（1,2-邻二氯苯，2500μg/mL；2-辛醇，2900μg/mL；3-甲基苯乙酮，3000μg/mL；4-环戊烯-1,3-二酮，3400μg/mL），将收集的有机相进行SAFE萃取，SAFE气化端温度为40℃，真空度为$10^{-6} \sim 10^{-5}$Pa（爱德华涡轮分子泵）。经SAFE萃取得到的样品加入无水硫酸钠置于-20℃冰箱冷冻过夜除水，旋转蒸发浓缩至3～5mL，随后氮吹至1mL待上样分析。

香辛料萃取物经气相色谱-串联质谱仪（GC-MS）和气相色谱-串联质谱仪/嗅闻仪（GC-MS/O）定性分析，对稀释因子大于9的香气活性成分进行定量分析，采用标准曲线法和内标法半定量计算其浓度。GC-MS分析条件：色谱柱为TG-5MS毛细管柱（30m×0.25mm×0.25μm），进样口温度250℃。升温程序为初始温度40℃，以3℃/min升温至100℃，以1.5℃/min升温至125℃，以1℃/min升温至170℃，保持1.0min，以5℃/min升温至230℃；载气（He，99.999%）流速1.2mL/min，分流比30：1，进样量1.0μL。GC-MS/O（赛默飞Trace1310）色谱条件：色谱柱为TG-WAX毛细管柱（30m×0.25mm×0.25μm），进样口温度250℃。升温程序：起始温度40.0℃，保持2.0min，以4℃/min升温至100.0℃，保持1.0min，以2.0℃/min升温至170℃，保持1.0min，以5.0℃/min升温至230.0℃，保持5.0min。载气（He，99.999%）流速2.0mL/min；进样量1.0μL；不分流进样模式。

质谱条件：电子轰击离子源（EI）；电子能量70eV；离子源温度230℃；传输线温度230℃；接口温度250℃；质量扫描范围m/z 35～350；扫描模式为全扫描；调谐文件为标准调谐。

定性分析：①嗅闻分析，将浓缩样品用色谱级二氯甲烷稀释9倍，经由有经验的3位感官评价人员对稀释后样品进行嗅闻，将两位及以上的评价人员都嗅闻到的香气化合物做记录，获得FD（风味稀释因子）≥9的香气活性成分；②通过对比香气化合物的质谱图、保留指数、香气特征及标准品对香气化合物进行定性分析。采用NIST 20质谱数据库对各色谱峰进行定性分析，选择匹配度最高的物质作为定性结果。在相同的色谱条件下，以正构烷烃（$C_6 \sim C_{30}$）的保留时间为标准，计算各化合物的保留指数（retention index，RI），并与参考文献中相关化合物的RI值进行对比分析。化合物保留指数计算公式如下：

$$RI = \left(\frac{\lg t_{Ri} - \lg t_{Rz}}{\lg t_{R(z+1)} - \lg t_{Rz}} + n \right) \times 100$$

式中，RI 为待测组分的保留指数；n 为碳原子的个数；t_{Rz} 和 $t_{R(z+1)}$ 为紧邻香气化合物 i 前后的 2 个正构烷烃的保留时间；z 为正构烷烃的碳原子数；t_{Ri} 为待测组分 i 的保留时间。

定量分析：①内标标准曲线法，将每种鉴定的香气活性物质的标准品用色谱级二氯甲烷配制成一定浓度的混标母液，将母液按照 2 倍逐步梯度稀释，最后在每一个梯度的混标溶液中添加与样品相同含量的内标物，通过浓度比与面积比建立标准曲线，通过香气化合物的标准曲线对香气活性物质进行定量分析；②半定量法，采用外标法建立各化合物的标准曲线进行定量分析，根据各化合物的标准曲线得出对应化合物在各香料中的质量浓度，部分化合物使用内标法进行定量，根据化学结构接近程度挑选对应内标计算半定量浓度，定量公式如下：

$$c_i = c_{is} \times \frac{A_i}{A_{is}}$$

式中，c_i 为化合物的质量浓度，μg/mL；c_{is} 为内标物的质量浓度，μg/mL；A_i 为化合物的色谱峰面积；A_{is} 为内标物色谱峰面积。所有数据均需进行 3 次平行试验而得。

67 种天然香辛料香气活性成分鉴定结果如下。

（1）丁香

丁香中共鉴定到 24 种香气活性化合物，其中含量最高的挥发性化合物为丁香酚，含量为 22317.00mg/kg，具有丁香、木香、辛香的香气特征；随后含量较多的依次是 1,2,3,4,6,8α-六氢 -1-异丙基 -4,7-二甲基萘（15223.49mg/kg）、乙酸芳樟酯（941.91mg/kg）、（-）-α-荜澄茄油烯（810.27mg/kg）、对甲氧基苯甲醛（517.88mg/kg）、β-石竹烯（433.88mg/kg）。其中 1,2,3,4,6,8α-六氢 -1-异丙基 -4,7-二甲基萘具有草本、葡萄、香料、木香的香气特征；乙酸芳樟酯具有花香、甜香、柠檬、木香、青香的香气特征；对甲氧基苯甲醛具有甜香、八角、辛香的香气特征，β-石竹烯具有香脂、肉桂、花香、水果、蜂蜜的香气特征。

（2）八角茴香

八角茴香中共鉴定到 24 种香气活性化合物，其中浓度较高的化合物为茴香脑、丁香酚、4-甲氧基苯甲醛及芳樟醇，浓度分别为 795.96mg/kg、118.08mg/kg、80.23mg/kg、64.58mg/kg，其中茴香脑具有茴香、药草、甜香的香气特征；丁香酚具有丁香、木香、辛香的香气特征；4-甲氧基苯甲醛具有甜香、八角、辛香的香气特征；芳樟醇具有花香、甜香、椒麻、木香、青香的香气特征。含量最低的化合物是榄香醇，其浓度为 103.92μg/kg，具有清香、木香、辛香、花香的香气特征。八角茴香整体呈现木香、花香、青香、辛香。

（3）小豆蔻

小豆蔻中共鉴定到 41 种香气活性化合物，其中浓度较高的化合物为桉叶油醇（30186.40mg/kg）、乙酸芳樟酯（3688.88mg/kg）、（R）-4-甲基 -1-（1-甲基乙基）-3-环己烯 -1-醇（1607.55mg/kg）及（E）-3,7,11-三甲基 -1,6,10-十二碳三烯 -3-醇（574.82mg/kg），其中桉叶油醇具有桉树、草本、樟脑、迷迭香的香气特征；乙酸芳樟酯具有花香、甜香、柠檬、木香、青香的香气特征；（R）-4-甲基 -1-（1-甲基乙基）-3-环己烯 -1-醇具有土腥、发霉、鱼腥的香气特征；（E）-3,7,11-三甲基 -1,6,10-十二碳三烯 -3-醇具有苹果、玫瑰、甜香、木香的香气特征。含量最低的化合物是 4- 异丙基苯甲醛，其浓度为 0.04mg/kg，具有辛香、孜然香、青香、药草的香气特征。小豆蔻香料整体呈现木香、青香、甜香、花香。

（4）小茴香

小茴香中共鉴定到 29 种香气活性化合物，其中茴香脑（16079.80mg/kg）、4-烯丙基苯甲醚（11373.95mg/kg）、D-柠檬烯（10496.53mg/kg）、月桂烯（2905.85mg/kg）、邻-异丙基苯（1804.68mg/kg）、葑酮（5357.82mg/kg）、香芹酮（4883.54mg/kg）为小茴香中含量比较高的香气物质。茴香、花香、甜香、水果香、酸香为小茴香的主要香气。

（5）大清桂

大清桂中共鉴定到 27 种香气活性化合物，其中含量最高的挥发性化合物为乙酸桂酯，其含量为 106.30mg/kg，具有花香、水果、蜂蜜的香气特征；其次是 α-红没药醇，含量为 101.19mg/kg，具有干草、香脂、木香的香气特征；随后含量较多的依次是 γ-衣兰油烯（88.17mg/kg）、反式肉桂醛（86.73mg/kg）、β-石竹烯（84.30mg/kg）、α-衣兰油醇（62.61mg/kg）、邻甲氧基肉桂醛（34.96mg/kg）。其中 γ-衣兰油烯具有药草、辛香、木香的香气特征；反式肉桂醛有肉桂香；β-石竹烯具有辛香、木香、干草的香气特征；α-衣兰油烯具有甜香、桂皮、木香、辛香的香气特征；邻甲氧基肉桂醛具有甜香、桂皮、木香、辛香的香气特征。

（6）牛至

牛至中共鉴定到 23 种香气活性化合物，其中浓度较高的化合物为乙酸芳樟酯（322.48mg/kg）、芳樟醇（71.95mg/kg）、对甲氧基苯甲醛（47.40mg/kg）及 α-松油醇（40.82mg/kg），其中乙酸芳樟酯具有花香、甜香、柠檬、木香、青香的香气特征；芳樟醇具有花香、甜香、椒麻、木香、青香的香气特征；对甲氧基苯甲醛具有杏仁、青香的香气特征；α-松油醇具有松香、木香、植物、药草的香气特征。含量最低的化合物是 2-甲基-5-（1-甲基乙基）-苯酚，其浓度为 0.22mg/kg，具有香菜、辛香、百里香的香气特征。牛至整体呈现甜香、木香、花香。

（7）龙蒿

龙蒿中共鉴定到 41 种香气活性化合物，定量结果表明 4-烯丙基苯甲醚（174.92mg/kg）、茴香脑（191.90mg/kg）、香芹酮（134.88mg/kg）、丁香酚（110.89mg/kg）、对甲氧基肉桂酸乙酯（106.80mg/kg）、甲基丁香酚（54.76mg/kg）、α-律草烯（50.33mg/kg）、肉桂酸乙酯（54.28mg/kg）、肉豆蔻醚（57.23mg/kg）为龙蒿中含量较高的化合物。木香、花香、水果香、甜香、坚果香为主要的香气。

（8）百里香

百里香中共鉴定到 34 种香气活性化合物，其中浓度较高的化合物为 2-甲基-5-（1-甲基乙基）-苯酚（6026.26mg/kg）、冰片（2561.67mg/kg）、百里酚（2393.88mg/kg）及茴香脑（246.26mg/kg），其中 2-甲基-5-（1-甲基乙基）-苯酚具有葛缕子香、香料、百里香的香气特征；冰片具有中药、藿香、清香的香气特征；百里酚具有药草、烟熏、植物、木香、辛香的香气特征；茴香脑具有茴香、药草、甜香的香气特征。含量最低的化合物是（+）-荜澄茄油烯醇差向异构体，其浓度为 0.14mg/kg，具有木香、甜香的香气特征。百里香整体呈现清香、药香、草本的香气特征。

（9）阴香

阴香中共鉴定到36种香气活性化合物，其中含量最高的挥发性化合物为反式肉桂酸，其含量为320.44mg/kg，具有肉桂香的香气特征；其次是桉叶油醇，含量为310.63mg/kg，具有桉树、草木、樟脑、迷迭香的香气特征；再次是香豆素，含量为209.44mg/kg，具有药香、干草、香茅的香气特征；随后含量较多的依次是茴香脑（181.94mg/kg）、乙酸松油酯（130.51mg/kg）、（Z）-3-（2-甲氧基苯基）丙-2-烯醛（16.47mg/kg）、γ-衣兰油烯（15.72mg/kg）、香芹酚（12.75mg/kg）。其中乙酸松油酯具有药草、木香的香气特征；茴香脑具有茴香、药草、甜香的香气特征；（Z）-3-（2-甲氧基苯基）丙-2-烯醛具有肉桂香、青香、辛香的香气特征；γ-衣兰油烯具有药草、辛香、木香的香气特征；香芹酚具有葛缕子、百里香的香气特征。

（10）多香果

多香果中共鉴定到33种香气活性化合物，定量结果表明4-烯丙基苯甲醚（1249.62mg/kg）、乙酸芳樟酯（17343.37mg/kg）、茴香脑（1193.02mg/kg）、甲基丁香酚（1076.93mg/kg）、肉豆蔻醚（7722.23mg/kg）、芳樟醇（593.18mg/kg）、（-）-4-萜品醇（852.64mg/kg）、丁香酚（696.19mg/kg）、乙酸香叶酯（569.73mg/kg）、顺式-甲基异丁香油酚（809.81mg/kg）、肉桂酸乙酯（690.40mg/kg）、姜烯（401.68mg/kg）为多香果中含量较高的香气物质，酚类、酯类化合物为主要的香气物质。木香、果香、青香、坚果香、辛香、甜香为多香果的主要香气。

（11）肉豆蔻

肉豆蔻中共鉴定到29种香气活性化合物，其中浓度较高的化合物为黄樟素（61671.35mg/kg）、丁香酚（2198.49mg/kg）、草蒿脑（546.52mg/kg）及茴香脑（444.49mg/kg），其中黄樟素具有麦壳、谷物的香气特征；丁香酚具有丁香、木香、辛香的香气特征；草蒿脑具有茴香、香樟、青香、药草的香气特征；茴香脑具有茴香、药草、甜香的香气特征。含量最低的化合物是麝香草酚，其浓度为1.74mg/kg，具有木香、甜香的香气特征。肉豆蔻整体呈现木香、甜香、辛香。

（12）芹菜籽

芹菜籽中共鉴定到17种香气活性化合物，主要成分为甲基苯甲酸乙酯（16.39mg/kg）、γ-松油烯（9.76mg/kg）、苯丙酸（3.29mg/kg）、香兰素（2.47mg/kg）、丁香酚（2.29mg/kg）、香芹酮（1.84mg/kg）。花香、辛香、果香、青香、烤香为芹菜籽的主要香气。

（13）芫荽

芫荽中共鉴定到22种香气活性化合物，其中含量最高的挥发性化合物为芳樟醇，其含量为44494.41mg/kg，具有花香、甜香、椒麻、木香、青香的香气特征；其次是香叶醇，含量为1818.33mg/kg，具有花香、玫瑰香、果香的香气特征；随后含量较多的依次是4-烯丙基苯甲醚、桉叶油醇、茴香脑、α-蒎烯、左旋香芹酮。其中4-烯丙基苯甲醚具有茴香、甘草、药草的香气特征；桉叶油醇具有桉树、草本、樟脑、迷迭香的香气特征；茴香脑具有茴香、药草、甜香的香气特征；α-蒎烯具有木香、青香、香菜的香气特征；左旋香芹酮具有罗勒、苦、葛缕子、茴香、薄荷的香气特征。

（14）葛缕子

葛缕子中共鉴定到30种香气活性化合物，其中定量结果表明左旋香芹酮

天然香料学

（320021.91mg/kg）、α-蒎烯（23285.64mg/kg）、D-柠檬烯（19786.60mg/kg）、左旋-β-蒎烯（3436.26mg/kg）、γ-松油烯（2476.24mg/kg）、4-烯丙基苯甲醚（797.58mg/kg）、香芹酚（1358.98mg/kg）、β-石竹烯（1946.75mg/kg）为含量较高的香气物质。木香、辛香、水果香、药香为葛缕子主要的香气。

（15）莳萝

莳萝中共鉴定到24种香气活性化合物，定量结果显示茴香脑（1933.22mg/kg）、α-蒎烯（1167.03mg/kg）、石竹烯（774.44mg/kg）、莳酮（317.67mg/kg）、桉树油醇（251.83mg/kg）、丁香酚（131.88mg/kg）、水合桧烯（78.07mg/kg）、芳樟醇（52.98mg/kg）、4-异丙基苯甲醇（62.10mg/kg）为含量较高的化合物。木香、药香、甜香、果香、辛香是莳萝的主要香气。

（16）香豆蔻

香豆蔻中共鉴定到31种香气活性化合物，其中含量最高的挥发性化合物为甲基丁香酚，其含量为3038.71mg/kg，具有木香、丁香、辛香的香气特征；随后含量较多的依次是茴香脑、顺式-1-甲基-4-（1-甲基乙烯基）-环己醇（796.80mg/kg）、榄香素（625.89mg/kg）、香豆素（594.58mg/kg）、（－）-4-萜品醇（509.35mg/kg）。其中顺式-1-甲基-4-（1-甲基乙烯基）-环己醇具有清香、薄荷、药草的香气特征；榄香素具有木香、青香、药草的香气特征；茴香脑具有茴香、药草、甜香的香气特征；（－）-4-萜品醇具有土腥、发霉、鱼腥的香气特征；香豆素具有药香、干草、香茅的香气特征。

（17）桂皮

桂皮中共嗅闻到27种香气活性化合物，其中反式肉桂醛具有典型桂皮的辛香，含量最高为15847.08mg/kg，其次为γ-茂丁烯、α-蒎烯、5,6-二氢-6-戊基-2H-吡喃-2-酮，浓度分别为11238.32mg/kg、5796.59mg/kg、1864.54mg/kg、381.16mg/kg，其中γ-茂丁烯具有药草、辛香、木香的香气特征；α-蒎烯具有木香、青香、香菜的香气特征；5,6-二氢-6-戊基-2H-吡喃-2-酮具有甜香、奶油、椰子、桃子的香气特征。含量最低的化合物是香豆素，其浓度为1.05mg/kg，具有药香、干草、香茅的香气特征。桂皮整体呈现木香、甜香、青香、药草。

（18）甜罗勒

甜罗勒中共鉴定到18种香气活性化合物，定量结果表明芳樟醇（393.96mg/kg）、4-烯丙基苯甲醚（354.50mg/kg）、甲基丁香酚（189.67mg/kg）、丁香酚（85.94mg/kg）、（Z）-3,7-二甲基-1,3,6-辛三烯（17.52mg/kg）、4-烯丙基苯酚（4.08mg/kg）、肉桂酸乙酯（5.68mg/kg）、（1S,5S）-4-亚甲基-1-[（R）-6-甲基庚-5-烯-2-基]双环[3.1.0]己烷（4.10mg/kg）、（1S,2E,6E,10R）-3,7,11,11-四甲基双环[8.1.0]十一烷-2,6-二烯（5.68mg/kg）为含量较高的化合物。甜罗勒嗅闻的主要香气为烤香、花香、甜香、木香、药香。

（19）大蒜

大蒜中共鉴定到26种香气活性化合物，2-乙烯基-4H-1,3-二噻烯（1638.96mg/kg）、二烯丙基二硫（1063.52mg/kg）、3-乙烯基-1,2-二硫代环己基-4-烯（450.48mg/kg）、硫化丙烯（157.41mg/kg）、烯丙基甲基二硫醚（44.43mg/kg）、四氢噻吩（20.79mg/kg）、甲基硫代磺酸甲酯（10.92mg/kg）、3-甲基-3氢-1，2-二硫醇（11.20mg/kg）、（Z）-1-烯丙基-2-（丙烯基）二硫（19.68mg/kg）、二烯丙基三硫醚（51.08mg/kg）为定量含量较高的化合物。蒜香、辛辣、硫味、刺激、肉味、烂白菜味为大蒜嗅闻到的主要香气。

（20）大葱

大葱中共鉴定到20种香气活性化合物，定量结果显示，二丙基二硫（220.09mg/kg）、四氢噻吩（84.57mg/kg）、甲基丙基二硫醚（11.08mg/kg）、（E）-1-（丙烯基）-2-丙基二硫化物（13.39mg/kg）、二丙基三硫醚（26.87mg/kg）、甲基丙基三硫醚（4.34mg/kg）、乙酸（3.16mg/kg）、硫化丙烯（2.39mg/kg）、3,4-二甲基噻吩（3.04mg/kg）含量较高，主要为含硫的化合物。大葱的主要香气为酸香、洋葱、硫化物、烤香、刺鼻。

（21）小葱

小葱中共鉴定到26种香气活性化合物，定量结果显示，二丙基二硫（59.43mg/kg）、芳樟醇（4.93mg/kg）、香芹酮（4.40mg/kg）、愈创木酚（2.43mg/kg）、对甲氧基苯甲醛（2.33mg/kg）、甲基丁香酚（4.28mg/kg）、4-烯丙基苯甲醚（2.50mg/kg）、肉桂酸乙酯（1.92mg/kg）、2-十三烷酮（1.39mg/kg）、苯丙酸（1.20mg/kg）为含量较高的化合物。小葱的主要香气为烟熏、花香、刺激、咸香、薄荷、果香、辛香。

（22）白欧芥

白欧芥中共鉴定到16种香气活性化合物，其中浓度较高的化合物为茴香脑、（-）-香芹酮、4-烯丙基苯甲醚及间甲酚，浓度分别为69.92mg/kg、11.25mg/kg、7.08mg/kg、2.39mg/kg，其中茴香脑具有茴香、药草、甜香的香气特征；（-）-香芹酮具有罗勒、葛缕子、茴香、薄荷的香气特征；4-烯丙基苯甲醚具有茴香、草本、青香的香气特征；间甲酚具有烟熏、皮革的香气特征。含量最低的化合物是丙位戊内酯，其浓度为0.06mg/kg，具有甜香、烟草、木香、可可、药香的香气特征。白欧芥整体呈现木香、甜香、药草的香气特征。

（23）白胡椒

白胡椒中共鉴定到24种香气活性化合物，其中浓度较高的化合物为丁香酚、茴香脑、4-乙烯基-4-甲基-3-（1-甲基乙烯基）-1-（1-甲基乙基）-环己烯及4-烯丙基苯甲醚，浓度分别为235.48mg/kg、174.42mg/kg、108.13mg/kg、91.74mg/kg，其中丁香酚具有丁香、木香、辛香的香气特征；茴香脑具有茴香、药草、甜香的香气特征；4-乙烯基-4-甲基-3-（1-甲基乙烯基）-1-（1-甲基乙基）-环己烯具有药草、木香的香气特征；4-烯丙基苯甲醚具有茴香、草本、青香的香气特征。含量最低的化合物是苯甲醛，其浓度为0.20mg/kg，具有苦杏仁、青香的香气特征。白胡椒整体呈现木香、青香、甜香。

（24）木姜子

木姜子中共鉴定到30种香气活性化合物，其中浓度较高的化合物为芳樟醇（360.84mg/kg）、D-柠檬烯（333.32mg/kg）、3,7-二甲基-2,6-辛二烯醛（251.98mg/kg）、（Z）-3,7-二甲基辛烷-2,6-二烯醛（189.37mg/kg）、β-月桂烯（179.80mg/kg），其中芳樟醇具有花香、甜香、木香、清香的香气特征；D-柠檬烯具有柑橘、清凉、甜香的香气特征；3,7-二甲基-2,6-辛二烯醛具有柠檬、甜香、柑橘的香气特征；（Z）-3,7-二甲基辛烷-2,6-二烯醛具有花香、甜香、柑橘香、柠檬香的香气特征。含量最低的化合物是茴香酮，其浓度为0.10mg/kg，具有清凉、木香的香气特征。木姜子香料整体呈现柠檬、甜香、辛辣、薄荷、清凉香气。

（25）花椒

花椒中共鉴定到23种香气活性化合物，其中含量最高的挥发性化合物为橙花醇

（375.72mg/kg），具有玫瑰花、甜香的香气特征；随后含量较多的依次是茴香脑（152.33mg/kg）、（－）-4-萜品醇（124.08mg/kg）、芳樟醇（123.74mg/kg）、α-松油醇（113.43mg/kg）、桉叶油醇（101.18mg/kg）。其中茴香脑具有茴香、药草、甜香的香气特征；（－）-4-萜品醇具有土腥、发霉、鱼腥的香气特征；芳樟醇具有花香、甜香、椒麻、木香、青香的香气特征；α-松油醇具有茴香、清香、薄荷的香气特征；桉叶油醇具有桉树、草本、樟脑、迷迭香的香气特征。

（26）阿魏

阿魏中共鉴定到29种香气活性化合物，其中浓度较高的化合物为乙酸松油酯（93.93mg/kg）、β-瑟林烯（35.02mg/kg）、茴香脑（15.87mg/kg）及桉树油醇（14.88mg/kg），其中乙酸松油酯具有药草、薰衣草、柠檬的香气特征；β-瑟林烯具有药草、青香的香气特征；茴香脑具有茴香、药草、甜香的香气特征；桉树油醇具有桉树、草本、樟脑、迷迭香的香气特征。含量最低的化合物是苯甲醛，其浓度为0.07mg/kg，具有苦杏仁、青香的香气特征。阿魏整体呈现青香、甜香、药草、木香的香气特征。

（27）姜

姜中共鉴定到27种香气活性化合物，其中含量较高的为α-姜烯（55439.12mg/kg）、倍半水芹烯（16968.64mg/kg）、香芹酮（5619.01mg/kg）、β-红没药烯（4309.75mg/kg）、（－）-4-萜品醇（3161.37mg/kg）、α-桉叶醇（296.88mg/kg）、β-乙酸（213.35mg/kg）、γ-萜品醇（234.05mg/kg）、反式-薄荷醇（125.59mg/kg）、γ-衣兰油烯（102.67mg/kg）。姜主要的香气为辛香、青香、药香、花香。

（28）洋葱

洋葱中共鉴定到24种香气活性化合物，其中含量较高的化合物为二丙基二硫（12.03mg/kg），具有强烈的大蒜、洋葱、辛辣香气，其次为（1E）-1-丙烯基丙基二硫化物（1.49mg/kg）、（E）-1-甲基-3-（丙烯基）三硫（1.12mg/kg）、二丙基三硫醚（8.61mg/kg）、硫化丙烯（2.25mg/kg）、2-甲基-2-戊烯醛（2.94mg/kg）、3,4-二甲基噻吩（2.60mg/kg）。洋葱香料中含硫的化合物占比较高（76%），硫化物、洋葱、刺鼻、蒜香味、青香是洋葱的主要香气。

（29）香茅

香茅中共鉴定到43种香气活性化合物，其中含量最高的挥发性化合物为茴香脑，含量为1068.69mg/kg，具有茴香、药草、甜香的香气特征；其次是丁香酚，其含量为1203.16mg/kg，具有丁香、木香、辛香的香气特征；随后含量较多的依次是（－）-4-萜品醇（370.18mg/kg）、2-（4-甲基苯基）丙-2-醇（157.17mg/kg）、对烯丙基苯甲醚（197.78mg/kg）、α-科泊烯（152.69mg/kg）、肉豆蔻醚（83.99mg/kg）。其中（－）-4-萜品醇具有土腥、发霉、鱼腥的香气特征；2-（4-甲基苯基）丙-2-醇具有葡萄醪、柑橘的香气特征；对烯丙基苯甲醚具有茴香、草本、青香的香气特征；α-科泊烯具有木香、青香、香菜的香气特征。香茅具有辛香、木香、香油的香气特征。

（30）砂仁

砂仁中共鉴定到37种香气活性化合物，其中浓度较高的化合物为肉豆蔻醚、茴香脑、3-苯基-乙酯-2-丙酸及大根香叶烯D，浓度分别为898.50mg/kg、716.25mg/kg、327.19mg/kg、326.66mg/kg，其中肉豆蔻醚具有辛香、木香、香油的香气特征；茴香脑具有茴香、药草、甜香的香气特征；3-苯基-乙酯-2-丙酸具有葡萄、香醋、果香、浆果的香气特征；大根香叶烯D具有花香、青香、肥皂的香气特征。含量最低的化合物是香兰素，其浓度为0.33mg/kg，具有甜香、奶香的香气特征。砂仁整体呈现木香、甜香、青香、药草。

（31）韭葱

韭葱中共鉴定到27种香气活性化合物，其中浓度较高的化合物为（-）-葛缕醇、丁香酚、肉豆蔻醚及芳樟醇，浓度分别为84.68mg/kg、61.76mg/kg、38.21mg/kg、26.42mg/kg，其中（-）-葛缕醇具有薄荷、青香、药草的香气特征；丁香酚具有丁香、木香、辛香的香气特征；肉豆蔻醚具有辛香、木香、香油的香气特征；芳樟醇具有花香、甜香、椒麻、木香、青香的香气特征。含量最低的化合物是二甲基三硫，其浓度为0.12mg/kg，具有洋葱、咸香、烂白菜、硫化物的香气特征。韭葱整体呈现木香、甜香、辛香、药草。

（32）高良姜

高良姜中共鉴定到29种香气活性化合物，其中含量最高的挥发性化合物为丁香酚，其含量为4049.24mg/kg，具有丁香、木香、辛香的香气特征；其次是茴香脑，含量为1533.74mg/kg，具有茴香、药草、甜香的香气特征；随后含量较多的依次是桉叶油醇（772.61mg/kg）、肉豆蔻醚（567.05mg/kg）、对甲氧基苯甲醛（447.27mg/kg）、甲基丁香酚（431.00mg/kg）、4-烯丙基苯甲醚（313.29mg/kg）、乙酸丁香酚酯（407.94mg/kg）。其中桉叶油醇具有桉树、草本、樟脑、迷迭香的香气特征；肉豆蔻醚具有辛香、木香、香油的香气特征；对甲氧基苯甲醛具有杏仁、八角、薄荷的香气特征；甲基丁香酚具有木香、丁香、辛香的香气特征；乙酸丁香酚酯具有清香、甜香、丁香、花香、辛香的香气特征。

（33）荜茇

荜茇中共鉴定到31种香气活性化合物，其中浓度较高的化合物为大根香叶烯D、反式石竹烯、丁香酚及黄樟素，浓度分别为1364.71mg/kg、873.64mg/kg、333.86mg/kg、164.02mg/kg，其中大根香叶烯D具有花香、青香、肥皂的香气特征；反式石竹烯具有香料、木香、干草的香气特征；丁香酚具有丁香、木香、辛香的香气特征；黄樟素具有麦壳、谷物类的香气特征。含量最低的化合物是4-烯丙基苯酚，其浓度为0.14mg/kg，具有中药、草本的香气特征。香料整体呈现青香、木香、甜香、药草、花香。

（34）黑芥子

黑芥子中共鉴定到22种香气活性化合物。定量结果中乙酸叔戊酯（408.12mg/kg）、桉叶油醇（82.55mg/kg）、茴香脑（45.22mg/kg）、芳樟醇（13.26mg/kg）、β-倍半水芹烯（9.89mg/kg）、丁香酚（6.10mg/kg）、α-香柠檬烯（5.23mg/kg）、左旋香芹酮（5.00mg/kg）含量较高。黑芥子的主要香气为木香、青香、药香、果香、茴香。

（35）椒样薄荷

椒样薄荷中共鉴定到32种香气活性化合物，乙酸叔戊酯（436.30mg/kg）、香芹酮（119.05mg/kg）、茴香脑（102.37mg/kg）、（$1\alpha,2\alpha,5\beta$）-2-甲基-5-（1-甲基乙烯基）-环己醇（53.91mg/kg）、α-二氢松油醇（47.63mg/kg）、芳樟醇（34.25mg/kg）、甲基丁香酚（29.76mg/kg）、丁香酚（29.71mg/kg）、异薄荷醇（18.95mg/kg）、2-甲基-5-（1-甲基乙烯基）环己酮（23.65mg/kg）、麝香草酚（11.51mg/kg）、薄荷内酯（71.24mg/kg）、α-姜烯（15.10mg/kg）、芳姜黄酮（10.90mg/kg）含量较高。椒样薄荷的主要香气为薄荷、清凉、花香、木香、甜香、青香、辛香。

（36）辣椒

辣椒中共鉴定到38种香气活性化合物，其中含量最高的挥发性化合物为4-异丙基苯甲醛，含量为1319.04mg/kg，具有辛香、孜然香、青香、药草的香气特征；其次α-松油醇，其含量为590.47mg/kg，具有丁香、木香、发霉、土腥的香气特征；随后含量较多的依次是4-烯丙基苯甲醚（509.41mg/kg），具有茴香、甘草、药草的香气特征；α-蒎烯（464.92mg/kg）、黄樟素（371.04mg/kg）、α-姜烯（320.06mg/kg）。其中α-蒎烯具有木香、青香、香菜的香气特征；黄樟素具有麦壳、谷物类的香气特征；α-姜烯具有辛香、辛辣、青香、木香特征。

（37）辣根

辣根中共鉴定到19种香气活性化合物，其中浓度较高的化合物为乙酸芳樟酯、肉豆蔻醚、茴香脑及芳樟醇，浓度分别为95.18mg/kg、42.12mg/kg、40.33mg/kg、33.10mg/kg，其中乙酸芳樟酯具有花香、甜香、柠檬、木香、青香的香气特征；肉豆蔻醚具有辛香、木香、香油的香气特征；茴香脑具有茴香、药草、甜香的香气特征；芳樟醇具有花香、甜香、椒麻、木香、青香的香气特征。含量最低的化合物是芳姜黄酮，其浓度为0.40mg/kg，具有木香、甜香的香气特征。辣根整体呈现木香、甜香、青香、药草。

（38）薄荷

薄荷中共鉴定到22种香气活性化合物，其中浓度较高的化合物为二氢香芹醇、左旋香芹酮、反式香芹酚及桉叶油醇，浓度分别为247.21mg/kg、196.17mg/kg、56.29mg/kg、15.00mg/kg，其中二氢香芹醇具有薄荷、香料的香气特征；左旋香芹酮具有薄荷、青香、药草的香气特征；反式香芹酚具有罗勒、葛缕子、茴香、薄荷的香气特征；桉叶油醇具有桉树、草本、樟脑、迷迭香的香气特征。薄荷醇含量为3.97mg/kg，具有清凉、薄荷香气特征。含量最低的化合物是肉桂酸乙酯，其浓度为0.02mg/kg，具有葡萄、香醋、果香、浆果的香气特征。薄荷整体呈现木香、甜香、青香、药草。

（39）山奈

山奈中共鉴定到32种香气活性化合物，其中含量最高的挥发性化合物为茴香脑，其含量为132.13mg/kg，具有茴香、药草、甜香的香气特征；其次是4-烯丙基苯甲醚，含量为123.69mg/kg，具有茴香、草本、青香的香气特征；随后含量较多的依次是左旋香芹酮（116.40mg/kg）、顺式肉桂醛（62.29mg/kg）、石竹素（60.26mg/kg）、对甲氧基苯甲醛（52.90mg/kg）、黄樟素（51.56mg/kg）。其中左旋香芹酮具有罗勒、苦味、香菜、茴香、薄荷的香气特征；顺式肉桂醛具有辛香、桂皮的香气特征；石竹素具有木香、辛香、甜香的香气特征；对甲氧基苯甲醛具有甜香、八角、辛香的香气特征；黄樟素具有麦壳、谷物类的香气特征。

（40）调料九里香

调料九里香中共鉴定到26种香气活性化合物，其中浓度较高的化合物为茴香脑、β-瑟林烯、丁香酚及桉叶油醇，浓度分别为160.75mg/kg、124.19mg/kg、74.03mg/kg、70.62mg/kg，其中茴香脑具有茴香、药草、甜香的香气特征；β-瑟林烯具有药草、青香的香气特征；丁香酚具有丁香、木香、辛香的香气特征；桉叶油醇具有桉树、草本、樟脑、迷迭香的香气特征。含量最低的化合物是顺式-3-己烯醇苯甲酸酯，其浓度为0.27mg/kg，具有清香、青草、树叶、兰花的香气特征。调料九里香整体呈现青香、辛香、药草。

（41）月桂叶

月桂叶中共鉴定到30种香气活性化合物，其中含量最高的挥发性化合物为α-松油醇，其含量为14070.98mg/kg，具有茴香、清香、薄荷的香气特征；其次是桉叶油醇，含量为6499.11mg/kg，具有桉树、草本、樟脑、迷迭香的香气特征；随后含量较多的依次是4-异丙基苯甲醛（3471.25mg/kg）、丁香酚（1854.51mg/kg）、左旋香芹酮（1494.50mg/kg）、（-）-4-萜品醇（1289.94mg/kg）、茴香脑（1240.64mg/kg）。其中4-异丙基苯甲醛具有辛香、孜然香、青香、药草的香气特征；丁香酚具有丁香、木香、辛香的香气特征；左旋香芹酮具有罗勒、葛缕子、茴香、薄荷的香气特征；（-）-4-萜品醇具有土腥、发霉、鱼腥的香气特征；茴香脑具有茴香、药草、甜香的香气特征。

（42）甘草

甘草中共鉴定到28种香气活性化合物，其中含量最高的挥发性化合物为（1R,4S）-rel-1,2,3,4-四氢-1,6-二甲基-4-（1-甲基乙基）-萘，其含量为435.69mg/kg，具有药草、青香的香气特征；其次是芳樟醇，含量为310.80mg/kg，具有花香、甜香、椒麻、木香、青香的香气特征；随后含量较多的依次是茴香脑、丁香酚、反式肉桂酸乙酯、黄樟素、香芹酮。其中茴香脑具有茴香、药草、甜香的香气特征；丁香酚具有丁香、木香、辛香的香气特征；反式肉桂酸乙酯具有花香、蜂蜜、红酒的香气特征；黄樟素具有麦壳、谷物类的香气特征；香芹酮具有薄荷、葛缕香的香气特征。

（43）石榴

石榴中共鉴定到35种香气活性化合物，其中含量最高的挥发性化合物为茴香脑，其含量为136.07mg/kg，具有茴香、药草、甜香的香气特征；其次是苯乙酸，含量为124.23mg/kg，具有蜂蜜、甜香、花香的香气特征；随后含量较多的依次是丁香酚、4-烯丙基苯甲醚、α-蒎烯、香芹酮、肉桂酸乙酯。其中丁香酚具有丁香、木香、辛香的香气特征；4-烯丙基苯甲醚具有茴香、草本、青香的香气特征；α-蒎烯具有木香、青香、香菜的香气特征；香芹酮具有薄荷、葛缕香的香气特征；肉桂酸乙酯具有葡萄、甜香、浆果的香气特征。

（44）甘牛至

甘牛至中共鉴定到29种香气活性化合物，γ-松油烯（43.44mg/kg）、芳樟醇（269.32mg/kg）、α-松油醇（48.24mg/kg）、4-烯丙基苯甲醚（32.41mg/kg）、4-异丙基苯甲醛（34.42mg/kg）、乙酸芳樟酯（36.60mg/kg）、茴香脑（69.62mg/kg）、δ-榄香烯（94.79mg/kg）、丁香酚（17.99mg/kg）、反式肉桂酸乙酯（40.90mg/kg）、百里酚（13.27mg/kg）是含量比较高的香气物质。甘牛至的主要香气为青香、果香、花香、药香、辛香。

（45）香椿

香椿中共鉴定到30种香气活性化合物，其中乙偶姻（62.06mg/kg）、β-石竹烯（27.92mg/kg）、4-异丙基苯甲醛（17.09mg/kg）、1-辛烯-3-醇（2.39mg/kg）、1-甲基乙基丙基二硫醚（4.29mg/kg）、4-烯丙基苯甲醚（7.51mg/kg）、苯乙酸（1.56mg/kg）、茴香脑（2.80mg/kg）、（E）-β-金合欢烯（2.35mg/kg）、1-（1-丙烯基硫基）丙基甲基二硫醚（1.90mg/kg）含量较高。香椿的主要香气呈现为青椒、奶香、茴香、青香、辛香、大蒜。

（46）芝麻

芝麻中共鉴定到23种香气活性化合物，其中浓度较高的化合物为4-烯丙基苯甲醚、茴

天然香料学

香脑、莳酮及（1α,2α,5α）-2-甲基-5-（1-甲基乙基）双环［3.1.0］己-2-醇，浓度分别为1072.18mg/kg、498.60mg/kg、212.91mg/kg、158.97mg/kg，其中4-烯丙基苯甲醚具有茴香、草本、青香的香气特征；茴香脑具有茴香、药草、甜香的香气特征；莳酮具有清凉、樟脑、薄荷、松香的香气特征；（1α,2α,5α）-2-甲基-5-（1-甲基乙基）双环［3.1.0］己-2-醇具有青草香的香气特征。含量最低的化合物是3-甲基丁酸，具有酸臭、汗臭、酸的香气特征。芝麻香料整体呈现木香、辛香、甜香、青香特征。

（47）芒果

芒果中共鉴定到24种香气活性化合物，其中浓度较高的化合物为柠檬醛（4.62mg/kg）、对甲酚（3.13mg/kg）、苯乙酸（2.62mg/kg）、对甲氧基苯甲醛（2.30mg/kg）、顺式-柠檬醛（2.23mg/kg）及香兰素（2.25mg/kg），其中柠檬醛具有柠檬、青香、木香的香气特征；对甲酚具有皮革、毛发、动物臭的香气特征；苯乙酸具有蜂蜜、甜香、花香的香气特征；对甲氧基苯甲醛具有杏仁的香气特征。含量最低的化合物是肉桂酸乙酯，具有葡萄、香醋、果香、浆果的香气。芒果整体呈现甜香、木香、果香。

（48）香旱芹

香旱芹中共鉴定到20种香气活性化合物，定量分析含量较高的挥发性化合物为3-羟基-2-丁酮（98.70mg/kg）、芳樟醇（33.94mg/kg）、甲基丁香酚（27.69mg/kg）、β-石竹烯（46.94mg/kg）、肉豆蔻醚（59.26mg/kg）、左旋香芹酮（4.07mg/kg）、苯乙酸（2.62mg/kg）、肉桂酸乙酯（1.86mg/kg）。香旱芹的主要香气为青椒、花香、木香、甜香、薄荷、药香、蜂蜜、辛香。

（49）杨桃

杨桃中共鉴定到23种香气活性化合物，其中浓度较高的化合物为水杨酸甲酯、对甲酚、苯乙醛及对甲氧基苯甲醛，浓度分别为3.76mg/kg、3.11mg/kg、2.90mg/kg、2.30mg/kg，其中水杨酸甲酯具有花香、甜香、酯香的香气特征；对甲酚具有皮革、毛发、动物臭的香气特征；苯乙醛具有蜂蜜、花香、甜香的香气特征；对甲氧基苯甲醛具有杏仁、茴香、薄荷的香气特征。含量最低的化合物是苯甲酸顺式-己酸-3-己烯醇酯，其浓度为0.01mg/kg，具有菠萝、葡萄、青香的香气特征。杨桃整体呈现甜香、木香、花香。

（50）豆蔻

豆蔻中共鉴定到37种香气活性化合物，定量结果表明，桉叶油醇（502.06mg/kg）、莳萝油脑（130.89mg/kg）、α-松油醇（456.49mg/kg）、4-烯丙基苯甲醚（223.55mg/kg）、香芹酮（131.34mg/kg）、反式肉桂醛（65.34mg/kg）、茴香脑（188.89mg/kg）、丁香酚（380.45mg/kg）、异丁香酚甲醚（39.31mg/kg）、大根香叶烯（13.76mg/kg）、肉豆蔻醚（24.06mg/kg）、芳樟醇（40.69mg/kg）分别为含量较高的香气物质。豆蔻的主要香气为桉树、青香、木香、花香、椒麻、药香、辛香。

（51）菖蒲

菖蒲中共鉴定到33种香气活性化合物，水杨酸甲酯（507.78mg/kg）、茴香脑（801.68mg/kg）、γ-细辛醚（115.11mg/kg）、别罗勒烯（82.84mg/kg）、香芹酮（94.60mg/kg）、对甲氧基苯甲醛（75.60mg/kg）、百里酚（83.71mg/kg）、香芹酚（74.17mg/kg）、甲基丁香酚（72.77mg/kg）、肉豆蔻醚（65.53mg/kg）分别为含量较高的香气物质。菖蒲的主要香气为药香、青香、木香、醛香、果香。

（52）枫茅

枫茅中共鉴定到28种香气活性化合物，其中含量最高的挥发性化合物为香叶醇，其含量为1946.31mg/kg，具有花香、玫瑰香、果香的香气特征；其次是（E）-柠檬醛，含量为103.99mg/kg，具有青香、柠檬、柑橘的香气特征；随后含量较多的依次是β-石竹烯、香茅醇、乙酸香叶酯、石竹素、（Z）-柠檬醛。其中β-石竹烯具有香料、木香、干草的香气特征；香茅醇具有柑橘、青香、玫瑰的香气特征；乙酸香叶酯具有薰衣草、玫瑰的香气特征；石竹素具有甜香、木头、香料的香气特征；（Z）-柠檬醛具有青香、柠檬、柑橘的香气特征。

（53）细叶芹

细叶芹中共鉴定到20种香气活性化合物，其中含量最高的挥发性化合物为（Z）-3,7-二甲基-1,3,6-十八烷三烯，其含量为57.53mg/kg，具有花香、药草、甜香的香气特征；其次是甲基丁香酚，含量为27.75mg/kg，具有木香、丁香、辛香的香气特征；随后含量较多的依次是芳樟醇、香芹酮、4-烯丙基苯甲醚、洋川芎内酯A、邻-异丙基苯。其中芳樟醇具有花香、甜香、椒麻、木香、青香的香气特征；香芹酮具有薄荷、葛缕香的香气特征；4-烯丙基苯甲醚具有茴香、草本、青香的香气特征；洋川芎内酯A具有焦香、药香、草本的香气特征；邻-异丙基苯具有刺鼻的香气特征。

（54）侧柏

侧柏中共鉴定到26种香气活性化合物，其中浓度较高的化合物为茴香脑、4-烯丙基苯甲醚、大牛儿烯D及月桂烯，浓度分别为6961.66mg/kg、2442.32mg/kg、1050.88mg/kg、226.75mg/kg，其中茴香脑具有茴香、药草、甜香的香气特征；4-烯丙基苯甲醚具有茴香、草本、青香的香气特征；大牛儿烯D具有花香、肥皂、清香的香气特征；月桂烯具有香脂、果香、本草、发霉的香气特征。含量最低的化合物是侧柏香，具有侧柏香气。香料整体呈现木香、辛香、甜香、药草。

（55）刺山柑

刺山柑中共鉴定到27种香气活性化合物，其中浓度较高的化合物为乙酸松油酯、香芹酮、（$1\alpha,2\alpha,5\beta$）-2-甲基-5-（1-甲基乙烯基）-环己醇和荜澄茄油宁烯，浓度分别为1239.92mg/kg、181.52mg/kg、69.14mg/kg、11.29mg/kg，其中乙酸松油酯具有药草、木香的香气特征；香芹酮具有薄荷、葛缕香的香气特征；（$1\alpha,2\alpha,5\beta$）-2-甲基-5-（1-甲基乙烯基）-环己醇具有木香、丁香、青香的香气特征；荜澄茄油宁烯具有药草、蜡质的香气特征。含量最低的化合物是1,2,3-三甲氧基-5-（2-丙烯基）苯和α-细辛脑，分别呈现木香、青香、药草和草本、青香的香气特征，刺山柑整体呈现木香、辛香、草本、甜香、药草。

（56）罗晃子

罗晃子中共鉴定到32种香气活性化合物，其中含量最高的挥发性化合物为丁香酚，其含量为82.18mg/kg，具有丁香、木香、辛香的香气特征；其次是桉叶油醇，含量为52.22mg/kg，具有桉树、草本、樟脑、迷迭香的香气特征；随后含量较多的依次是α-松油醇、甲基丁香酚、β-石竹烯、榄香素、左旋香芹酮。其中α-松油醇具有茴香、清香、薄荷的香气特征；甲基丁香酚具有木香、丁香、辛香的香气特征；β-石竹烯具有辛香、木香、干草的香气特征；榄香素具有木香、青香、药草的香气特征；左旋香芹酮具有罗勒、葛缕子、茴香、薄荷的香气特征。

（57）欧芹

欧芹中共鉴定到32种香气活性化合物，其中浓度较高的化合物为乙酸松油酯、丁香酚、茴香脑及4-烯丙基苯甲醚，浓度分别为249.88mg/kg、63.50mg/kg、49.20mg/kg、39.48mg/kg，其中乙酸松油酯具有烤香、蒸煮香的香气特征；丁香酚具有焦香、丁香、香料的香气特征；茴香脑具有茴香、药草、甜香的香气特征；4-烯丙基苯甲醚具有茴香、草本、青香的香气特征。含量最低的化合物是β-细辛脑，其浓度为0.15mg/kg，具有草本、青香的香气特征。欧芹整体呈现木香、甜香、青香、药草。

（58）孜然（枯茗）

孜然中共鉴定到19种香气活性化合物。月桂烯（1274.67mg/kg）、邻-异丙基苯（1733.95mg/kg）、桉叶油醇（267.93mg/kg）、γ-松油烯（4299.55mg/kg）、4-（1-甲基乙基）-3-环己烯-1-甲醛（605.58mg/kg）、4-异丙基苯酚（231.33mg/kg）、4-异丙基苯甲醛（10231.54mg/kg）、4-（1-甲基乙基）-1,4-环己二烯-1-甲醛（9710.75mg/kg）为孜然中含量比较高的香气物质。木香、辛香、孜然、药香为孜然的主要香气。

（59）葫芦巴

葫芦巴中共鉴定到27种香气活性化合物，其中含量最高的挥发性化合物为丁香酚，其含量为1489.32mg/kg，具有丁香、木香、辛香的香气特征；其次是洋芹脑，含量为542.87mg/kg，具有芹菜、药草、青香的香气特征；随后含量较多的依次是4-烯丙基苯甲醚、对甲氧基苯甲醛、反式-4-（异丙基）-1-甲基环己-2-烯-1-醇、姜黄新酮、百里酚。其中4-烯丙基苯甲醚具有茴香、草本、青香的香气特征；对甲氧基苯甲醛具有甜香、八角、辛香的香气特征；反式-4-（异丙基）-1-甲基环己-2-烯-1-醇具有青香、薄荷的香气特征；姜黄新酮具有药草、青香的香气特征；百里酚具有药草、烟熏、植物、木香、辛香的香气特征。

（60）姜黄

姜黄中共鉴定到31种香气活性化合物，其中浓度较高的化合物为α-姜黄烯、芳姜黄酮、茴香脑及4-烯丙基苯甲醚，浓度分别为1305.00mg/kg、684.18mg/kg、481.32mg/kg、259.94mg/kg，其中α-姜黄烯具有辛香、药草、青香的香气特征；芳姜黄酮具有木香、甜香的香气特征；茴香脑具有茴香、药草、甜香的香气特征；4-烯丙基苯甲醚具有茴香、草本、青香的香气特征。含量最低的化合物是（1α,2β,5β）-5-甲基-2-（1-甲基乙基）-环己醇乙酸酯，其浓度为0.23mg/kg，具有木香、甜香的香气特征。姜黄整体呈现木香、青香、甜香、辛香。

（61）草果

草果中总共鉴定到27种香气活性化合物，其中反式-橙花叔醇（163.16mg/kg）、肉豆蔻醚（264.59mg/kg）、香叶醇（106.72mg/kg）、桉叶油醇（84.50mg/kg）、（Z）-3,7-二甲基-2,6-辛二烯醛（67.55mg/kg）、茴香脑（88.00mg/kg）、（3R,3aR,3bR,4S,7R,7aR）-4-异丙基-3，7-二甲基八氢-1H-环戊烷［1，3］环丙烷［1，2］苯-3-醇（52.02mg/kg）、反式肉桂醛（65.20mg/kg）为草果中含量比较高的香气物质。肉桂、果香、甜香、花香为草果的主要香气。

（62）香荚兰

香荚兰中共鉴定到15种香气活性化合物，其中含量最高的挥发性化合物为香兰素，其含量为11326.29mg/kg，具有甜香、奶香的香气特征；其次是2-甲氧基-4-甲基苯酚，含量为179.55mg/kg，具有烟熏、木香的香气特征；随后含量较多的依次是愈创木酚、对甲酚、2-吡咯烷酮、椰子醛、γ-戊内酯。其中愈创木酚具有烟熏、木香、甜香、酸的香气特征；对甲酚具有皮革、毛发、动物臭的香气特征；2-吡咯烷酮具有焦香、烤香的香气特征；椰子醛具有椰子、奶油、甜香、油腻的香气特征；γ-戊内酯具有甜香、烟草、木香、可可、药香的香气特征。

（63）迷迭香

迷迭香中共鉴定到22种香气活性化合物，其中含量最高的挥发性化合物为（-）-4-萜品醇，其含量为3090.96mg/kg，具有土腥、发霉、鱼腥的香气特征；其次是2-甲基-5-（1-甲基乙烯基）环己酮，含量为1977.07mg/kg，具有清香、薄荷、木香的香气特征。此外含量较多的依次是β-瑟林烯（1541.80mg/kg）、洋芹脑（1401.16mg/kg）、β-红没药烯（662.19mg/kg）、L-α-松油醇（635.55mg/kg）和桧烯（475.22mg/kg）。其中β-瑟林烯具有药草、青香的香气特征；洋芹脑具有芹菜、药草、青香的香气特征；β-红没药烯具有干草的香气特征；L-α-松油醇具有丁香、木香、发霉、土腥的香气特征；桧烯具有木香、辛香的香气特征。

（64）留兰香

留兰香中共鉴定到30种香气活性化合物，其中含量最高的挥发性化合物为香芹酮，其含量为318.50mg/kg，具有薄荷、葛缕香的香气特征；其次是茴香脑，含量为100.04mg/kg，具有茴香、药草、甜香的香气特征。其次含量较多的依次是胡薄荷酮（37.66mg/kg）、α-蒎烯（32.12mg/kg）、芳樟醇（29.49mg/kg）、香芹醇（18.86mg/kg）、异薄荷酮（17.77mg/kg）以及桉叶油醇（16.70mg/kg）。其中胡薄荷酮具有薄荷、清香、木香的香气特征；α-蒎烯具有木香、青香、香菜的香气特征；芳樟醇具有花香、甜香、椒麻、木香、青香的香气特征；香芹醇具有香菜、脂肪、薄荷的香气特征；异薄荷酮具有薄荷、清香、清凉的香气特征；桉叶油醇具有桉树、草本、樟脑、迷迭香的香气特征。

（65）圆叶当归

圆叶当归中共鉴定到24种香气活性化合物，其中浓度较高的化合物为石竹烯（511.03mg/kg）、α-荜澄茄油烯（502.39mg/kg）、丁香酚（271.66mg/kg）及茴香脑（132.82mg/kg），其中石竹烯具有甜香、木香、辛香、干草的香气特征；α-荜澄茄油烯具有药草、青香的香气特征；丁香酚具有丁香、木香、辛香的香气特征；茴香脑具有茴香、药草、甜香的香气特征。含量最低的化合物是δ-乙酸松油酯，其浓度为0.32mg/kg，具有花香、木香的香气特征。圆叶当归整体呈现木香、甜香、青香、花香。

（66）蒙百里香

蒙百里香中共鉴定到26种香气活性化合物，其中浓度较高的化合物为丁香酚（1174.51mg/kg）、麝香草酚（1138.91mg/kg）、香芹酚（494.42mg/kg）及茴香脑（341.18mg/kg），其中丁香酚具有丁香、木香、辛香的香气特征；麝香草酚具有药草、烟熏、植物、木香、辛香的香气特征；香芹酚具有葛缕子香、香料、百里香的香气特征；茴香脑具有茴香、药草、甜香的香气特征。含量最低的化合物是愈创醇，其浓度为0.12mg/kg，具有愈创木、玫瑰、甜香的香气特征。蒙百里香整体呈现青香、辛香、药草香。

（67）藏红花

藏红花中共鉴定到25种香气活性化合物，其中肉豆蔻醚（104.96mg/kg）、桉叶油醇（72.90mg/kg）、水化香桧烯（88.74mg/kg）、对甲酚（62.13mg/kg）、芳樟醇（68.00mg/kg）、香芹酮（71.63mg/kg）、香叶醇（72.60mg/kg）、苯乙酸（54.88mg/kg）、丁香酚（89.99mg/kg）、甲基丁香酚（68.85mg/kg）、反式肉桂酸乙酯（63.94mg/kg）为藏红花中含量比较高的香气物质。桉树、青香、花香、果香、烟熏、药香为藏红花的主要香气特征。

2.2 动物性天然香料

2.2.1 动物性天然香料概念及种类

动物性天然香料是指来源于自然界的、保持原有动物香气特征的香料。通常以自然界存在的泌香动物的腺体分泌物为提取原料，采用物理方法进行提取加工而成，是较珍贵的天然香料。动物性天然香料品种稀少，目前应用较多的有麝香、龙涎香、灵猫香和海狸香，它们均属于药材，可入药使用。除龙涎香为抹香鲸肠胃内不消化食物产生的病态产物外，其他三者皆是从腺体分泌的引诱异性的分泌物。动物性香料在未经稀释前，香气过于浓艳反而显得腥味较强，稀释后即能发挥特有的赋香效果。主要动物性天然香料的理化性状见表2-1。

表2-1　主要动物性天然香料理化性状

品种	理化性状
麝香	鲜时呈稠厚黑褐色软膏状，干后为棕黄色或紫红色的粉末，其中呈不规则圆形或扁形的颗粒状者称"当门子"，多呈紫黑色，微有麻纹，油润光亮，质柔有油性。香气强烈而特异，味苦略辣
龙涎香	干燥者呈透明的蜡状胶块，色黑褐如琥珀，有时有五彩斑纹，质脆而轻，嚼之如蜡，能粘齿。气微腥，味带甘酸
灵猫香	新鲜品为蜂蜜样的稠厚液，白色或黄白色，经久则色泽渐变由黄色变成褐色，质稠、软膏状。气香，近嗅带尿臭，远嗅则类似麝香，味苦
海狸香	鲜品呈奶油状，干品为棕褐色块状物。酊剂为棕褐色液体。稍有腥臭和焦熏芳香味

我国是世界上生产麝香最多、质量最好的国家。在我国西藏、四川和云贵高原上，有一种像小鹿般的野生动物——麝（又名獐子、香獐），分泌麝香的动物有原麝、林麝、马麝、黑麝、喜马拉雅麝。麝隶属于偶蹄目麝科，均为国家一级保护动物。分泌龙涎香的动物是抹香鲸，隶属于鲸目抹香鲸科，属国家一级保护动物。据记载它在非洲、美洲、日本、印度和中国沿海均有发现，而以大西洋的巴哈马群岛为最多。分泌灵猫香的动物有大灵猫、小灵猫，均隶属于食肉目灵猫科，为国家一级保护动物。分泌海狸香的动物在我国仅新疆河狸一种，即欧亚河狸亚洲亚种，隶属于啮齿目河狸科，为国家一级保护动物。河狸别名海狸，国外现在只有加拿大等少数国家有少量分布，因其皮毛珍贵而长期遭到无节制的捕猎，分布范围不断缩小，在我国仅分布于乌伦古河及其上游的青河、布尔根河两岸。

2.2.2 关键天然动物香料

（1）麝香

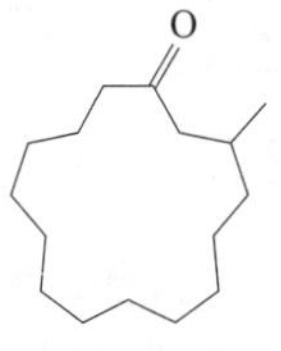

麝香是雄麝脐部生殖腺的分泌物，具有浓郁的原始香气，雄麝用它来招引雌麝。麝香的香气是一种叫"麝香酮"（图2-4）的物质的香气，它不仅是制作高级香水极名贵的定香剂，是驰名中外的高级香料，也是一种名贵的药材。雄麝有特定的泌香反应，取香应在每年的3～4月和7～8月各进行1次。取香之前雄麝需禁食半天；取香时先抓住麝的两后肢，再抓住两前肢，将麝横卧固定在取香床上，取香者左手食指和中指将香囊基部夹住，拇指压住香囊口使之扩张，右手持挖勺伸入囊内，徐徐转动并向囊口拉动挖勺，麝香即顺口落入盘中；取香后，用酒精消毒，若囊口充血、破损，可涂上消炎油膏，然后将麝放回圈内。取香时需特别注意：动作要轻巧，挖勺进入香囊的深度一定要适中，防止挖破香囊；当遇到大块麝香不能挖出时，应先用小勺将其压碎，或者用手将香囊捏碎之后再取出；取香时用力要适当，以免损坏香囊。

图2-4 麝香酮
结构式

（2）龙涎香

当抹香鲸吞食大型软体动物后，其胃肠受到异物（如鱿鱼、章鱼的喙骨）刺激分泌出一种特殊的蜡状物将异物包裹，经过生物酸的侵蚀和微生物把其他有机物分解，随消化系统或经呕吐排出体外，然后在海水中经过漫长的氧化过程，并遇到海洋中的盐碱而自然皂化，形成的干燥固体香料称为龙涎香，其主要香成分是龙涎香醇，结构式见图2-5。

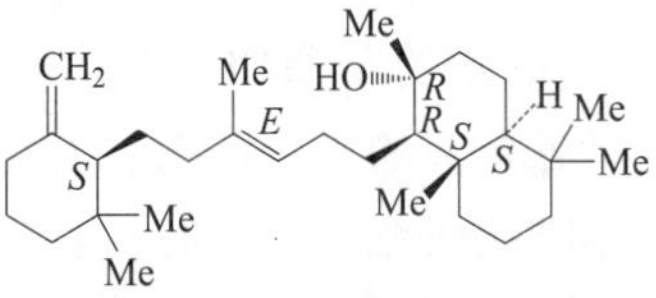

图2-5 龙涎香醇结构式

（3）灵猫香

灵猫香是香腺细胞分泌的，并是陆续成熟的，随时都有香膏生成。灵猫在其会阴部都有香腺囊，泌香量的多少与温度、营养、性别、香囊大小、运动量、繁殖等因素有关。其提取方式主要有以下两种。

① 刮取擦香，人工饲养的小灵猫，有在笼舍四壁擦香的习惯，可以人工刮取这些擦香。刮取的香膏初为乳黄色，不久氧化，色泽变深。

② 人工挤香，需要2人操作，先固定，露出香囊。然后擦洗会阴腺外部，取香者迅速用左手的拇指及食指将香囊基部捏住，轻缓而又柔和地收缩压挤香囊，使油质状的香膏不断从排香孔流出；右手持牛角匙轻刮取香膏，放入香瓶中进行保存。每半月挤香1次，每次1g以上。取香后，可涂敷抗生素或磺胺软膏，以防发炎。

（4）海狸香

海狸香囊位于河狸后腹皮下，开口于肛殖区，两性产香量无明显差别。产香量与年龄、体重、香囊大小有关，一般一次能采香200g左右。海狸香香气浓烈，是香料工业中用量大的动物香。通常采用刮香的方式进行取香。准备大、中、小三种不同型号的不锈钢、银或牛角制作的专用药匙、盛香器、镊子、解剖剪、消炎药膏、酒精、棉球、保定治疗床。通常在天凉爽时取香，需固定好动物，让香囊朝上，稍待平静后，剪去香囊口周围的被毛。左手食指和中指夹住香囊的根部，拇指轻盖住囊口，无名指和小指托住香囊体、让香口扩张；右手持药匙轻轻插入香囊内，缓慢转动挖出香膏，盛入盛香器中，后用酒精或碘酒消毒囊口。若香囊充血或破损，可以注射抗生素如青霉素、土霉素或消炎膏等，以防感染。

通常在取香前，动物停食一天，以防因惊动伤及内脏，同时饮0.1%的食盐水。

2.3　天然香料的开发与应用

2.3.1　我国天然香料发展情况

目前，我国香料香精工业处于产业结构转型升级、转变发展方式、由追求速度增长转为高质量增长的关键时期。"十三五"期间，中国香料香精市场规模占全球市场约五分之一，已成为全球最主要的香料供应国和香精消费国。这也为我国香料香精行业的发展注入了动力和活力，国内香料香精公司紧跟世界科技和行业发展潮流，学习引进国外先进香料品种和生产技术，呈现出良好的发展态势。

在天然香料的开发与应用方面，为了应对发达国家和发展中国家的"双向挤压"，我国以天然香料资源为依托，采取中西部开发和大农业融合并举的发展模式，加强土地综合利用，大力建设香原料基地，继续保持特色天然香料产业优势。在原有香料作物种植的基础上，根据气候、土壤等地理条件属性，云南、广西、新疆、福建、江西、四川等地区逐步建设形成新的、特色鲜明的天然香料产业基地。

跨国公司全面进入市场并推动生物技术的发展，国内部分企业也不断研发天然香料精细加工新工艺、新产品，提升国内天然香料精深加工层次及产品附加价值。受国际市场医药行业、欧美发达国家天然产品的需求影响，旋光性、单离提纯、生物发酵（如"天然"香兰素）、软化学加工（如"天然"覆盆子酮）等各种满足市场不同需求的精深加工天然香料以及芳疗精油在国内持续发展。国内昆山亚香香料股份有限公司等企业的丁香酚/阿魏酸发酵法生产的"天然香兰素"已占国际市场的30%；爱普香料集团股份有限公司通过发酵工艺生产的3-羟基-2-丁酮（乙偶姻）、苯乙醇等天然单体食用香料主要服务于以法国、德国为主的欧洲高端市场；黄山科宏生物香料股份有限公司则重点发展以全天然原料经"软化学法"生产的天然香料。同时，过去5年国际市场对我国植物提取物的需求高速增长，带动国内农副产品、药食同源原料综合加工利用水平得到了较大提高。

此外，天然香料因其香韵丰富、香气逼真、安全环保等优势一直是香料开发的一个重要领域，利用新技术从动植物中提取和分离天然香料是获取天然香原料的有效途径。近年来，在烟用天然香料领域，研究人员利用丰富的天然资源，开发了一些具有特色香味或在卷烟中具有显著效果的特色天然香料并应用到卷烟产品中，相关研究主要集中在新品种的开发和传统香料的精制方面，研究对象涵盖了陆生植物、食用菌类、海藻等，制备方法主要涉及传统溶剂提取法、现代提取分离技术、生物技术、美拉德反应增香及通过其它化学反应增香等。

2.3.2　我国天然香料行业发展建议与展望

从总体上来说，与发达国家相比我国的天然香料产业还存在一些问题。生产理念落后，生产方式粗放，生产技术落后，产品质次价廉、经济效益差，粗糙的产品质量与需求日益精细的市场之间就形成巨大的反差和矛盾。天然香料的精细化深加工已经成为丰富香精原料来源、改善我国天然香料产业效益、提高香精质量及提升市场竞争力亟待解决的任务，具体如下。

① 同一物种不同产地的原料，用不同的加工方法，获得不同质量水平的产品，以适应不同客户的多样化需求。

例如，美国国际香精香料公司（IFF）产品 rose extracts（玫瑰提取物）包括：

Rose absolute Bulgarian IPC No.181128（降低甲基丁香酚含量、脱色）；

Rose abolute Morocco No.181101（降低甲基丁香酚含量）；

Rose abolute Turkish No. 181165（降低甲基丁香酚含量）；

Rose oilDamascena IPC No.180075（降低甲基丁香酚含量）。

从上述产品的名称以及简单的说明可见：不同产地的玫瑰提取物经由溶剂提取、蒸馏等不同加工方式制备，有的还经过去除有害成分甲基丁香酚、脱色，涉及多种加工技术和装备。

② 脱除或部分脱除有害成分，使之符合欧盟关于食用香精原料的法规要求。

例如，法国 Mane 的产品 puried ingredients（提取物纯化处理的原料）包括：

Cinnamon M58821 Essential oil（leaves）safrol reduced（降低黄樟素含量）；

Rose M59765 Absolute methyl eugenol reduced（降低甲基丁香酚含量）；

Rosemary M59764 Rectified essential oil methyl eugenol reduced（二次蒸馏）；

Tobacco M52351 absolute nicotine reduced（降低尼古丁含量）；

Bergamot M20150 Rectified essential oil furoconmarin-free（脱除呋喃香豆素）。

脱除过程涉及二次蒸馏、精细分馏、分子蒸馏、溶剂萃取和膜分离等多种技术。显然，如果产品打算进入欧洲市场，必须迈过这些技术和法规门槛。

③ 以产品中的主要和关键致香成分对产品规范和分类。

例如，法国 Biolands 公司的产品 orris extracts（鸢尾提取物）包括：

Orris E2513A orris butter landes 8% irone（含8%鸢尾酮）；

Orris E2515 orris butter 10% irone（含10%鸢尾酮）；

Orris E2511A orris butter landes 20% irone（含20%鸢尾酮）；

Orris E2464A orris absolute landes 80 irone（含80%鸢尾酮）；

Orris F1523 orris resinoid washed（洗涤鸢尾树脂）。

加工过程中使用了不同极性的溶剂提取、分离工艺和装备，以主要致香成分鸢尾酮进行分类和规格化，以不同价格适用不同的实际应用。

④ 固定的产地，不变的品种，多次蒸馏生产工艺生产出规格化的产品。

例如，美国 Comax Manufacturing（美国的一家香精香料公司，克曼克斯）使用的原料 Oil Peppermint（Triple distilled，Idoho，FCC），其中传达的信息有：原料——椒样薄荷油；工艺——三次蒸馏；产地——美国爱德华州；质量——符合《美国食品化学法典》规定。对固定的产地来源原料进行三次蒸馏使之规格化并符合美国法规要求，即把对香气有主要有贡献的成分控制在一定范围内，使香气质量稳定，成为优质的香精原料。

⑤ 精油成分的精细切割与重组，实现特定香气特征的特定用途。

某国外香料公司将提取到的精油用精密分馏塔（塔板数达到上百块）分割成几百份，每份逐一进行 GC-MS 鉴定和感官评价，之后再进行重组，实现特定香气特征。这一技术已成为国际上大型香料香精公司的通行做法。

例如，将布枯精油进行精细切割，然后合并集中其含硫组分，用于配制猕猴桃香精，能够极好体现成熟猕猴桃的风味。显然，这种分割与重组可以为调香师提供远多于单体原料品种数量的天然香原料支持。这类原料能够显著改进香精的质量。

⑥ 以生物质为原料，用生物技术和软化学技术制备天然香原料。

利用生物技术和软化学技术研发香原料，开发更多的单体和多组分天然香味物质，以丰富我国的天然香原料来源。这方面美国的ABT公司和德国Axxence公司走在行业的前列。例如，天然肉桂醛在较温和的条件下水解为苯甲醛和乙醛，经过回收纯化可以得到天然苯甲醛和乙醛，其反应过程如图2-6所示。

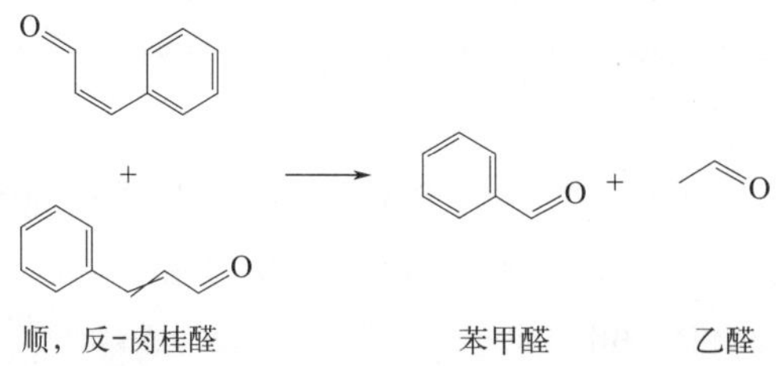

图2-6　肉桂醛水解为苯甲醛和乙醛

现在已有数以百计的这类原料供应市场，为调香师调香提供了丰富的原料支持。

⑦ 上述各项中涉及多项技术和技术装备，例如精细分馏、分子蒸馏及各种溶剂提取技术，辅以GC-MS分析、成分鉴定和评估等，以及其中相关人员知识、技能的学习、培养、训练和养成。

概略地说，天然香料生产有六个主要环节：

a.种植：包括育种，种植，收割；

b.提取制备：根据植物的特点用不同的工艺把香味成分提取出来；

c.分割单离后再加工：根据精油的特点和实际市场需求对馏分分段；

d.分析重组：定性定量分析每一段分割出来的馏分，经感官评估后重组，决定可能的用途方向；

e.应用实验：检验重组成分在配方中的效果，为香精配方提供关键特征香气；

f.规格化：规格化是使之商品化和具有经济意义的基础，意味着稳定的香料植物种植、稳定的成分构成（稳定的香气）、稳定的供货以期建立长期稳定的供求关系，这些又离不开国家和行业间的产业政策支持。

对比国外发达国家的先进理念和做法，上述6个环节我们都存在差距，重点则是在b、c、d和f四个环节，其中不仅存在理念、认识上的差距，尚需解决精细加工过程的技术装备和技术装备的正确使用以及技术人员队伍的形成等问题。所有这些，需要业内有识之士长期不懈的努力，在天然香料的深加工上下功夫，才能使我们从天然香料提取物的粗品生产大国成长为香料香精生产强国。

第3章

我国天然香料加工前准备

加工前对原料进行处理是为了在加工生产中得到高质量的产品、高收率，为了达到这一目的，预处理时必须做到以下三点：

① 使未发香原料发香：使未发香的原料通过处理后发香或香气变好；

② 保证原料的新鲜：若采集已发香的原料，必须保持干燥透气，尽量不使料层升温，使得原料没有任何损伤，加工时仍能保持新鲜；

③ 对原料进行预处理以便加工：为了加速加工过程，对有些含坚硬物、粗块、粗枝的原料以及精油等难以渗透扩散的原料应进行破碎处理。

3.1 原料采摘

不同香料植物起作用的部位各异，包括根、干、枝、叶、花、果实等，且芳香成分的含量各不相同。如檀香，越靠近根部和树心的部分含油量越高。此外，采摘的时间也是影响香料品质的重要因素：同一棵植株在不同的生长阶段、天气采摘，其芳香成分也会有所差异。

3.1.1 香料特点对采收的影响

不同香料植物富含发香成分的部位各不相同，植物的根、茎、叶、花、果实、种子各器官都有可能用来提取精油，所以在利用香料植物前，必须先了解每种香料植物富含精油的部位在什么器官。如菖蒲属、水杨梅属精油主要集中在根部与块茎内；樟科和松柏科植物往往是茎或树干中精油含量最高；薄荷、香茅等则叶中精油含量最高；而部分植物的精油含量会随植物不同生长阶段而变化。

3.1.2 香料品种对采集的影响

不同品种天然香料植物要求采集的部位各不相同，表3-1列出部分香料植物需采集的部位。

表3-1　部分香料植物需采集部位一览表

采集部位	植物名称
花	玫瑰、水仙、茉莉、桂花、树兰花、栀子花
树叶	橙叶、月桂
树皮	肉桂、香苦木
根	岩兰草、缬草
地下茎	菖蒲、生姜
果实皮	香柠檬、柑橘、柠檬
种子	木姜子、莳萝、八角茴香、肉豆蔻、茴香
地上部分（包括茎、叶和花）	薄荷、柠檬草、香茅草

3.1.3　香料部位与精油组成差异

同一物种不同器官制成的精油其主要成分有时存在较大的区别，因此对部分芳香植物品种在采集时应根据植物不同器官所含成分不同进行单独收集。如薄荷花精油中的薄荷酮含量比其他部位精油中的薄荷酮含量都要高；锡兰肉桂精油的情况更明显，树皮精油中含80%肉桂醛与8%～15%丁香酚，而其叶精油中含70%～90%丁香酚与0～4%的肉桂醛，其根精油则含50%樟脑，无肉桂醛与丁香酚。

3.1.4　成长期对精油组成的影响

用于采集香料的植物器官，在植物的不同生长阶段其精油的含量会发生变化。

叶的含油量一般随着叶的生长而下降，一般嫩叶时最高，成熟时下降，老叶时最低。如椒样薄荷上层幼叶含油量最高，成熟叶的含油量最低。菊叶天竺葵叶含油量的变化与椒样薄荷叶相似，其叶不同生长期含油量变化可见表3-2。

表3-2　菊叶天竺葵叶不同生长期含油量的变化规律

生成期	嫩叶	幼叶	中叶	成叶	老叶
含油量/%	0.340	0.243	0.191	0.109	0.053

花的含油量在花的不同生成期也各不相同。有的花是刚开时含油率最高，如茉莉、香水玫瑰、风信子等；有些花的含油率随花期一直增加，如薰衣草。

精油的得率随芳香植物的生长而变化，精油的成分也会随芳香植物的生长而改变。如椒样薄荷的幼叶中含薄荷酮较高，含薄荷脑的量较低；随着叶片的生长，薄荷脑的含量慢慢增加，而含薄荷酮量下降；开花后游离薄荷脑的生成量减少，薄荷脑的含量也开始下降，而薄荷酯的含量则会升高，见表3-3。

表3-3　椒样薄荷收割时期与所含薄荷脑、薄荷酯量的关系

时期	含油量/%	含薄荷脑量/%	含薄荷酯量/%
蓓蕾期	1.50	0.70	0.10

时期	含油量/%	含薄荷脑量/%	含薄荷酯量/%
蓓蕾中	1.80	0.90	0.10
开花中	2.30	1.30	0.15
开花后	2.10	1.00	1.20

由表3-3可知，对不同的植物，我们应根据其所含精油的变化规律在最合适的时间进行采集，以保证高品质和高得油率。

3.1.5 气候和时间对采收的影响

天然植物精油的分泌与植物的生长规律是有密切关系的，而植物的生长与其光合作用相关，阳光的充足程度对香料植物的含油率往往有较大的影响。如薰衣草在晴天收花时得油率往往比阴天或雨天收花时得油率高20%以上；茉莉花在连续晴天、气温高时采摘，其得油率也明显高于阴天或雨天时采摘。

温度对树脂类香料的影响也较明显，一般温度较高时，产脂量高，产脂所需的时间也短；雨水量的多少也会影响产脂的多少，降雨量太多或太少均会降低产脂量。

对鲜花类香料植物，采花的时间相当关键。如茉莉花一般在晚上7～11时开放，需在花开的当天上午10时以后采摘。这是因为茉莉花花蕾采摘以后还在进行新陈代谢，只要保存条件合适，开花与否并不影响，同时茉莉花在开放时泌香，在花开时进行加工，其得膏量最高，可达0.26%～0.30%。每个品种何时采摘最合适，要视实际情况而定。

对于树叶类香料，最佳采摘时间一般为早晨和傍晚，该时间的叶子水分含量较高，比较清新。避免在阳光下采摘，因为阳光直射的叶片温度较高，水分蒸发较多。采摘过程中保留多一点茎部有利于减少叶片损伤。薄荷叶片在温度高、连续晴天、阳光强、风力小的天气下含油量高，选在连续晴天高温后的第4～5天收割为宜。

3.1.6 株龄对精油的影响

多年生香料植物精油的得率及精油的成分随株龄的增长有不同的变化规律。一般幼龄的植物含油量较低，随植株年龄的增长其含油率增加。柠檬桉树与樟树的含油率与树龄的关系如表3-4与表3-5所示。

表3-4 柠檬桉树含油率的变化

树龄/年	1	3～5	30
含油率/%	0.68～0.81	1.33～1.48	1.61～1.68

表3-5 樟树的含油率及樟脑含量与树龄之间的变化关系

树龄/年	11～15	21～25	51～55	111～115
含油率/%	0.08	0.34	0.909	1.43
樟脑含量/%		0.007	0.672	1.135

多年生芳香植物的含油率及精油质量与植株的生长年龄之间的变化关系对我们充分、合理利用自然资源是十分有益的。柠檬桉树含油率在1～15年间增长很快，但5年以后到30年之间增长量在10%～20%之间，所以可以考虑在种植5年后收集。而樟树的含油率及樟脑含量与树龄之间的变化关系则告诉我们，樟树在树龄小于25年时，含油率和樟脑含量都非常小，没有利用价值；树龄到50年左右时，两者含量才明显升高。因此，樟树需长到50年以上砍伐才有利用价值。

3.2 植物性天然香料加工前预处理

3.2.1 原料保存

（1）鲜花的保存

① 未发香鲜花的保存

茉莉、大花茉莉、晚香玉等是采集即将开放的成熟花蕾。在未开放前不发香，只有不断通过呼吸和代谢，经过一定时间后，花蕾才开放和发香。在呼吸和代谢过程中，花蕾也会不断地放出一定的热量，因此在运输和贮存过程中，需要妥善保管，防止花蕾受热过度，导致发酵变质。一般在运输途中，常用竹箩把花蕾松散地盛装，有时在箩的中间设置一个竹制的通风筒，保证散热。在贮存过程中，花蕾以薄层放置进行保养，花层厚度不超过5cm。

花蕾的充分开放和发香的条件：a.花层面上或花层周围的空气应适当流通；b.贮存花蕾的花库中，应具有合适的温度和湿度，一般以23～32℃为宜，相对湿度一般为80%～90%，为了使成熟花蕾能全部均匀地开放，应每隔一定时间，把花层轻轻地上下翻动；c.对于大花茉莉花蕾，在干燥的7～8月里要喷洒雾水，才能使之开得更好，香气更浓。

② 已发香鲜花的保存

白兰、黄兰、栀子、玫瑰、姜花等是采集当天刚开放的花。这些开放的花已具有新鲜浓郁的花香，但其代谢过程仍在进行，还会继续放出热量，因此一旦采集后，应立即用竹箩松散地盛装送厂加工，以保证香气质量，减少香气损失。如来不及加工，也必须薄层放置，使鲜花不会因受热发酵而变质。

（2）鲜叶的保存

一般鲜叶采集后，在运输和贮存过程中，和鲜花一样也要防止发热发酵，否则会影响出油率和质量。通常鲜叶采集后无需立即加工，可薄层放置一定时间。鲜叶经薄层放置一定时间后，叶表面水分均匀散失了一部分，而又不过分干枯，叶表面细胞孔扩大，有利于精油扩散，进而提高出油率。有时可以将鲜叶放置至半干，再进行加工，其出油率常也高于鲜叶的出油率。如白兰叶、树兰叶、玳玳叶、橙叶、薄荷叶等，放置一定时间（数天）后，其出油率可比原来鲜叶高5%～20%（按鲜叶质量计）。

但并不是所有鲜叶都适用于以上方法。一些娇嫩的鲜叶，如香叶、天竺葵等，不需放置，采集后应立即加工。需长期保存的鲜叶，常在采集后，采用阴干或晒干办法，如香紫苏叶等，但在干燥过程中，精油会损失一部分，尤其是晒干方法，所以以采用薄层阴干为宜。

新鲜香料的果实、种子、树皮采收后需要处于阴凉通风处保存，去除植株上的老黄叶以及烂叶，于室内阴凉通风处保存2～3天。或将新鲜香料放在冰箱冷藏保存，以保持其鲜度，延长保存时间，约可以保存5～7天。

3.2.2　发酵处理

有些天然香料可以在相应酶的作用下进行发酵，并通过发酵过程发香或使香气改善。如香荚兰豆与鸢尾根通过发酵后生香；广藿香树等经过发酵使香气变得柔和。

香荚兰豆在采摘时并无香气，其所含的香兰素基本都以苷的形式存在，苷是由糖类通过它们的还原性基团与其他含有羟基的物质（如醇类、酚类等缩合而成的化合物，也称糖苷）。当香荚兰细胞破裂后，细胞中的酶促使苷发生水解，生成糖与香兰素。一般香荚兰豆经过2～3个月的自然发酵处理后就可用热水法处理，可缩短发酵时间，也可以通过日晒来缩短发酵时间。

同样，鸢尾根在未发酵前没有明显香味，需经过一段时间的发酵处理才开始发香。鸢尾收获后，先去掉叶、须根和腐物，然后用40℃左右的水洗去泥土，切成小片，晒干打包，贮存于干燥通风处，一般需贮存2～3年才产生出一种类似紫罗兰的木质香气且香气慢慢变佳。这是因为，在贮存过程中，鸢尾的发香成分鸢尾酮的含量缓慢增加，使鸢尾具有香气。如果采用温热发酵处理，其时间可以大大缩短。根据研究，鸢尾根茎中鸢尾酮的含量随时间的延长而增加，在收制后的30个月内鸢尾酮的含量增加非常明显。表3-6显示了鸢尾酮的含量与贮藏时间的变化关系。

表3-6　鸢尾根茎中鸢尾酮含量随贮藏时间的变化情况

贮藏年限/年	鸢尾硬酯含量/%	鸢尾净油含量/%	脂肪酸含量/%	鸢尾酮含量/%
新鲜	2.79	0.234	2.556	0.139
1	2.85	0.472	2.378	0.316
2	3.03	0.559	2.471	0.426
3	3.01	0.557	2.543	0.443
4	3.18	0.697	2.585	0.474

从表3-6可以得出，贮藏第1年，鸢尾酮的含量快速增长，从0.139%增加到0.316%；贮藏2年后，增加到0.426%；继续增加贮藏年限（3～4年），鸢尾酮的含量增加速度明显减慢。从经济角度来看，鸢尾根贮藏2～3年较合适。

有些原料如广藿香、树苔等原来香气较为粗糙，经过发酵处理后，香气变得柔和。广藿香是在干燥过程中进行发酵；树苔是在阴干打包后保存1年以上进行自然发酵。树苔在生产前应适当回潮，使组织膨胀，有利于浸提过程中的渗透、溶解和扩散。

加工前的原料，除鲜花、鲜叶类以外，其余所有原料，均不应存在发霉和腐烂变质现象，否则会大大影响精油品质和出油率。

3.2.3　破碎处理

精油存在于植物器官中，要将精油提取出来，通常需要适当破坏细胞组织，使精油露于表面，增加精油与溶剂的接触，有利于精油的提取。因此，许多植物在加工制备精油前需进行适当的破碎处理。破碎的程度与原料中的油腺、油囊在植物组织中所处的位置有关，一般可分为以下四种情况。

（1）不需破碎处理的原料

精油存在于花朵、叶片中时，因为花与叶的细胞壁比较薄，油分得以迅速透出，可以直接进行水汽蒸馏或萃取，不需要进行破碎处理，如薄荷、留兰香等。

（2）需磨碎（磨粉）的原料

树干、草本植物的茎枝、较厚的树皮等需进行磨碎处理。这类原料的直径较大，精油存在于原料的内部，如不进行磨粉处理，油分很难从原料内部透出。树干、树皮类原料如檀香、柏木、桂皮等，常采用磨粉或磨碎预处理。有时整株草本植物，如广藿香的茎枝，采用磨碎处理。某些干花，如树兰花干，采用磨粉处理。

原料磨碎的程度应取决于实际加工的需要，磨碎较细有利于水汽蒸馏或浸提，但磨得太细，在加工时容易引起冲料并导致管路堵塞等事故。磨碎（磨粉）的程度，要既有利于"水散"作用，又要不影响水蒸气蒸馏的加工过程。磨碎（磨粉）后的原料必须立即加工，因部分精油已暴露在组织表面，即使在组织内精油也处于易扩散的位置，如不及时加工，就易造成精油的挥发损失。

（3）需压碎的原料

某些果实（如浆果）和籽，如黑加仑果、茴香籽、肉豆蔻、芫荽籽、油菜籽、众香子等，常采用压碎方法进行处理，因精油主要存在于果皮和种皮中，压碎后有利于加快蒸出。需要注意的是，一经压碎后必须立即进行加工。

（4）需切断处理的原料

香根草、香茅、丁香罗勒等植物品种，其长度较长且不规整，在进行水蒸气蒸馏时不便于装料，因此需进行切断处理。切断处理后，原料的外形更规整，可以有效提高单釜处理能力。

3.2.4　浸泡处理

（1）柑橘类鲜果皮的浸泡处理

果皮的中果皮含有大量水溶性果胶，不利于果皮的压榨和油水分离，因而常采用浸泡剂，使果胶变为不溶于水的果胶酸盐，加快水油的分离。当果皮浸泡到呈弹性而又不折断时，油囊易破裂，精油喷射力强，有利于压榨。干果皮浸泡前，先用清水把果皮泡至软化，然后再加入浸泡剂。

（2）鲜花的浸泡保存

许多鲜花花期极短（如桂花），为了便于长期生产，常在采集后，用饱和食盐水加某种保鲜剂（如1-甲基环丙烯）进行保藏，这样保存期可达半年以上，且浸泡过的鲜花在香气上变得更为浓郁、甜醇。如，在玫瑰精油的生产中，为了提高其得率，玫瑰花在采集后，需先用饱和食盐水作适当处理，再进行加工。

3.2.5　热烫处理

各种荚果原料，在采摘后，必须尽快地在热水或蒸汽中进行短时间热处理，随后立即用冷水冷却，这一步骤是食用香料植物干制中常用的。其作用是通过热烫排除荚果组

织中的空气，破坏氧化酶系统，使果荚保持特定的颜色。如八角采摘后放在热水中浸泡
3 ～ 5min，晒干后可保持八角特有的黄红色。

热烫可使果实细胞内的原生质凝固，细胞内部发生质壁分离，荚果组织渗透性发生改
变，在干燥过程中水分易于蒸发，加速干燥。更重要的是，热烫对荚果表面夹带的污物和
微生物起到一定的清除和杀灭作用。

3.2.6　干燥处理

一些香料植物的新鲜原料有很强的季节性，为了调节生产，在不影响或少影响质量和
出油率的前提下，对新鲜原料进行干燥处理，贮存起来，可有计划地安排生产。另外，原
料经干燥后，质量减轻、体积减少，蒸馏过程中所消耗的蒸汽、燃料及工时都可大大减少。
如薄荷叶、生姜等都可采用这种方法进行加工。

一般制成食用香料植物粉末的品种都要先进行干燥，然后才能粉碎。如芫荽、丁香花
蕾、肉桂、月桂、小茴香、八角、小豆蔻、肉豆蔻、众香子等都采用这种方法进行加工。

干燥方法一般采用避免太阳照射的阴干法和红外线照射干燥法。

第4章

天然原料的衍生产品

4.1 树脂状材料

4.1.1 基本概念

主要来源于植物渗（泌）出物的无定形半固体或固体有机物。植物性树脂主要是树木（如松树、桃树）的分泌物，或者是已枯死树木的分泌物埋没土壤中所化成的物质。动物性树脂主要是昆虫的分泌物——虫胶。

树脂为半固态、固态或假固态的无定形有机物质；透明或半透明状态；不导电；无固定熔点，受热变软，并逐渐熔化；可溶于有机溶剂，如乙醇和乙醚，大多不溶于水；广泛用于粘料、涂料、香料和药品等。

天然树脂的种类：松香、达玛树脂、榄香脂、山达脂、安息香、乳香、没药、苏和香、秘鲁树脂、紫胶、生漆等。其中以松香的产量最大，其次为紫胶和生漆。

4.1.2 制备方式

以松树树脂为例：松树树脂主要由单萜、倍半萜、树脂酸等二萜化合物组成，分别为松节油、重质松节油、松香的主要成分。松香树脂酸含有双链和羧基活性基团，具有共轭双键和典型羧基反应。松香除了本身易于氧化及发生异构反应外，还具有歧化、氢化、加成、聚合的双键反应。同时也具有酯化、醇化、成盐、脱羧、氨解等羧基反应。松香二次再加工就基于松香有双键和羧基反应的特性，将松香加以改性，生成一系列改性松香，提高了松香使用价值。

一种快速生产松香树脂的方法，包括以下步骤：

① 破磨：取纯度≥99.2%的精制松香100kg，破碎并且磨至90～120目；

② 预热：把步骤①中获得的松香加入预热釜中，预热釜为密闭式，并且充有氮气保护，在预热釜内分别加入9kg季戊四醇、1.8kg甘油、0.75kg富马酸和0.10kg催化剂氧化锌，边搅拌边加热，经过1.2h预热至260℃；

③ 微波催化：把步骤②中预热好的溶液，排入微波反应釜，微波反应釜为密闭常压式，并且安装有微波发生器和搅拌装置，所述微波发生器的功率为10kW，并且充有氮气保

护，开启微波发生器和搅拌装置，边进行微波辐射边搅拌，持续时间为25min，完成微波催化；搅拌装置适用于微波辐射的工作环境，通过微波催化，有利于加强分子振动，提高反应热效应，提高酯化反应速率；

④ 超声波催化：把步骤③中微波催化完成的溶液排入超声波反应釜，超声波反应釜为密闭常压式，充入氮气保护，在超声波反应釜上装有超声波发生器和搅拌装置，开启超声波发生器，使其频率处于25kHz下，保持20min，然后关闭超声波发生器，搅拌10min，再静止30min，始终保持超声波反应釜的温度处于265～270℃，重复本步骤1次；利用超声波的空化作用和机械作用，可以提高酯化反应速率；

⑤ 加压催化：把步骤④ 中超声波催化完成的溶液排入加压反应釜，加压反应釜为密闭式，并充有氮气保护，在加压反应釜内，快速把排至加压反应釜内的溶液加压至0.18MPa，然后静止30min，再把加压反应釜内的压力降至常压；利用加压的方式提高酯化反应速率；

⑥ 冷却：把步骤⑤中加压催化完成的溶液排入冷却釜，冷却完成后，再用传统方法制得松香树脂产品103.02kg。

经检验，生产得到的松香树脂产品技术指标为：产品颜色（哈森色号）≤50，酸值≤30mgKOH/g，软化点100～105℃。空气中热稳定性：180℃，4h开始变色。

4.1.3 应用范围

树脂是植物生长中分泌的一类物质，常与挥发油、树胶、有机酸等混合存在，具有收敛特性。当树木受伤，树脂流出，可帮助植物避免外部侵袭，驱赶可能攻击树木的害虫和疾病，预防感染。作为植物的免疫系统，树脂类精油也可以增强人们的淋巴系统功能和抑制恶性组织增殖。

由于树脂具有耐化学腐蚀、耐水、绝缘、防霉、黏附、抗菌、消炎等特点，广泛用于粘料、涂料、香料和药品等。如天然树脂中含有丰富的松香酸、松节油等成分，这些成分具有很强的抗菌作用，可以有效地抑制细菌、真菌和病毒的生长繁殖，具有较好的预防和治疗感染性疾病效果。此外，天然树脂中的松香酸等成分还具有很强的消炎作用，可以有效地缓解炎症反应，减轻疼痛和肿胀，对于治疗皮肤炎症、关节炎等疾病有很好的效果。天然树脂中的蜡质成分可形成一层保护膜，有效地锁住水分，保持皮肤的湿润度，对于干燥、粗糙的皮肤有很好的滋润作用。天然树脂中的松节油、樟脑等具有很强的抗氧化作用，可以有效地清除自由基，减缓皮肤老化的过程，对于保持皮肤的年轻状态有很好的效果。因此，树脂在食品、医药和化妆品领域也有着广泛的应用。

4.2 挥发性产品

4.2.1 挥发性产品种类及概念

（1）精油

精油在英文中称为"essential oil"，指将芳香植物的花、茎、叶、果、根、籽、皮、木及分泌出的树脂等中所含的有特殊香气的物质，经过蒸馏、压榨、冷磨等物理方法提取得到的具有挥发性香气的油状物质，也叫作香药草精油。精油是植物所含的精华，一般由一些很小的分子所组成，它们非常容易溶于酒精/乳化剂，尤其是脂肪，这使得它们极易渗透于皮肤，且借着与脂肪纤维的混合而进入体内。

（2）组成没有明显改变的精油

① 精馏精油：为了改善精油的质量，采用蒸馏或精密分馏的方法，将精油中那些对人体有害，影响香气、色泽的成分除去后所得到的精油（例如：精馏薄荷类精油）。

② 后处理精油：经过后处理的产物（脱色精油、洗涤过的精油、除铁精油）。

（3）组成明显改变的精油

除单萜和倍半萜精油：主要含有单萜烯和倍半萜烯的某些馏段被部分除去的精馏精油，如无萜柠檬油、无萜橘子油。该类精油在水或乙醇中的溶解度及稳定性显著提高。主要用于调配食用香精、化妆品香精。有些精油中含有较多的萜烯类成分（单萜和倍半萜），此类成分过多会将精油稀释，直接导致精油的香气变淡，而且萜烯类化合物性质不稳定，混杂在精油中容易变质。所以一般通过减压分馏、溶剂萃取、分子蒸馏及柱色谱（层析法）等方法除去萜烯类成分，从而使精油的纯度提高、香味得到改善，稳定性也得到提高。

除X精油：X成分已被部分或完全除去的精油，例如不含呋喃并香豆素的香柠檬精油；薄荷脑含量已被部分降低的亚洲薄荷精油。

浓缩精油：为了适应某些香精的香气以及强度的要求，采用真空分馏、萃取或制备型色谱等方法，将精油中无香气价值的成分去除后得到的精油。

（4）挥发性浓缩物

从果汁、蔬菜汁或植物的水质浸剂挥发出的水中回收得到的溶于水的浓缩挥发性物质，如橙汁挥发性浓缩物、甘草挥发性浓缩物、咖啡挥发性浓缩物。

（5）馏出液

天然原料经蒸馏后所得的冷凝产物。

（6）乙醇化馏出液

天然原料在可变浓度的乙醇存在下经蒸馏所得的馏出液。

（7）芳香水

水蒸气蒸馏后已分去精油的水质馏出液。一般指芳香挥发性物质（多半为挥发油）的近饱和或饱和水溶液，多用作芳香分散媒以调制临时服用的液体制剂。因挥发油或挥发性物质在水中溶解度小（约为0.05%），故芳香水剂浓度低。多数芳香水剂易腐败，故不宜大量配制或久贮。芳香水剂系指芳香挥发性物质的饱和或近饱和的水溶液，属于真溶液。

4.2.2　精油的性质

精油是以特定种类的植物，经过特殊的提炼方法而得到的带有香味、具有挥发性的植物精油，由于精油挥发性高，且分子小，所以能很快被人体吸收，并迅速渗透人体内器官，而多余的成分再排出体外。精油的香味能直接刺激脑下垂体分泌激素等，从而平衡体内机能。植物精油具有高浓度、高挥发性、高渗透性，它不溶于水，可溶于油脂、乙醚等有机溶剂。因为植物的挥发性很高，所以在处理或使用时要小心，其挥发速度也因不同植物而异。

精油是从香料植物中提炼的具有一定特征香气的油状物。不同品种的精油各有特点，但都具有挥发性、不稳定性、可燃性以及具有一定香气等共性。以下主要介绍精油的挥发性、不稳定性及香气特性。

① 挥发性

通过水蒸气蒸馏方法制备的精油中，沸点超过300℃的成分很少，多数成分的沸点在100～280℃之间。（通过萃取或压榨制备的浸膏或净油中，有部分不挥发的蜡质存在，但其发香组分具有挥发性。）挥发性是精油的一个共性，也正因为精油的挥发性，可以通过评香来确定精油品质的好坏。

② 不稳定性

多数精油中都含有不稳定的化合物，如含有异戊二烯结构的萜类化合物，遇到光照、酸碱等条件会发生异构化或聚合等化学反应；含有醛、酚等官能团的组分在接触空气后会发生氧化反应，有些酯类化合物遇水后还会发生水解反应。因此，多数精油都应避光储存，包装容器应选用性质较稳定的容器，如铝罐等，在放置时要尽量装满以减少桶内空气量，如可充入惰性气体进行保护，效果更佳。

③ 香气

每种精油都有自己独特的香气，称之为香气特征。精油的主要成分可以分为烃类化合物和含氧、氮、硫原子的化合物。但不管两者含量、比例如何，决定精油香气的主要是后者。如橘子油中含烃类化合物的比例在90%以上，但其香气主要取决于癸醛及芳樟醇等少量含氧化合物。

根据香气类型可以将精油分成八大类：柑橘类、花香类、草本类、樟脑类、木质类、辛香类、树脂类及土质类。精油的香气类型及典型代表见表4-1。

表4-1 精油的香气类型

香气类型	典型代表
柑橘类	佛手柑、葡萄柚、柠檬、香橙
花香类	天竺葵、玫瑰、薰衣草、依兰
草本类	柠檬桉、迷迭香、鼠尾草
樟脑类	迷迭香、薄荷、茶树
木质类	檀香、杜松、雪松
辛香类	罗勒、丁香、茴香、百里香
树脂类	没药、白松香
土质类	岩兰草、广藿香、马丁香茅

④ 颜色

大部分精油在加工过程中都会产生薁类化合物，或存在大量薁类化合物的前驱体，薁类化合物的最大特征是会展现出各种不同的颜色（表4-2），如：蓝、深蓝、紫蓝、紫红、紫灰、绿色、橙黑甚至黑色等。这也导致了不同精油呈现出不一样颜色，如蓝色精油主要由于富含母菊天蓝烃，它并不直接存在于原来的植物中而是由天蓝烃经过高温蒸馏后转变而来的。

表4-2　常见精油的颜色

常见精油	颜色
小花茉莉精油、安息香精油	棕红色或铁锈红色
玫瑰精油	黄色或微红色
没药精油	深红色或棕红色
马郁兰精油、万寿菊精油	深黄色至棕色
甜橙精油	淡黄色或金黄色
柠檬香茅精油	黄色至暗黄色
佛手柑精油	淡黄或翠绿色
柠檬精油	黄绿色
洋甘菊精油	蓝色或绿色
薄荷精油	透明无色
广藿香精油	琥珀色
岩兰草精油	深咖啡色

精油的保存方法：①精油应当放进铝罐或深色玻璃瓶中避光保存，深色的玻璃瓶有一定的遮盖光线的作用，阳光对其造成的影响可以大大减少，精油不能存放于塑料瓶中，因阳光照射易发生某些化学反应；②存放精油时，盖子一定要拧紧，精油是一种易挥发的物质，只要存在缝隙，精油就会挥发，应减少打开盖子的次数，空气对于精油有一定的氧化作用，如果打开瓶盖次数过多会使精油的质量下降；③灯光对于精油也会有一定的影响，应避光并置于阴凉干燥处保存；④精油的最佳存放温度应在室温，18～25℃之间，不可以放入冰箱中保存，温差过大会让精油质量下降，另外精油应在两个月内使用完，否则可能会变质。

精油的应用特点有以下几种。①具有抗菌及抗病毒的特性，它们会攻击病菌而不会伤害到组织，使身体各部位组织恢复原有的健康活力。有助于加强身体的免疫能力，帮助抵抗各种病菌病毒的攻击。②纯天然的精油有活性，具有疗愈的功效，但是使用不当会引起不良的反应。③精油进入人体有三个方式，一种是"由皮肤吸收"，一种是"经由呼吸吸收"，另一种是"经过消化系统"。将精油直接涂抹在皮肤上或口服时，会直接透过皮肤或消化道黏膜，经由血管和淋巴管传送到身体的每一个部分而产生疗效。注意：口服应慎用。④精油通过呼吸道的时候，除了透过皮肤、血管、淋巴管作用于身体外，更重要的是借由嗅觉进入到大脑边缘系统，促使大脑分泌激素从而达到疗愈的功效。

4.2.3　精油的成分

精油大多数是由几十种至几百种化合物组成的复杂混合物，如从保加利亚玫瑰油中已检出275种化合物。精油虽组成成分复杂，但多以数种化合物占较大比例，为主成分，从而使不同的精油具有相对固定的理化性质及生物活性。天然精油中常见化合物见表4-3。精油的组成成分主要有四类。

（1）萜类化合物

萜类化合物在自然界中分布广泛，是精油的主要组分，如薄荷油含薄荷醇80%左右；木姜子油含柠檬醛约80%；樟脑油含樟脑约50%；松节油中含蒎烯约80%；桉叶油中含1,8-桉叶素达79%。

萜类化合物按照化学结构又可以分为无环单萜（开链单萜）类、单环单萜类、双环单萜类和倍半萜类。

① 无环单萜：也叫开链单萜，主碳链可以看作由两分子异戊二烯首尾相连所成，含有三个双键，没有环状结构。常见的成分有月桂烯、罗勒烯、香叶醇、橙花醇、芳樟醇、香茅醇、柠檬醛等。

② 单环单萜：可以看作是两分子异戊二烯成环化后，再通过不同程度的脱氢、取代而衍生成的一类化合物。在精油中有代表性的单环单萜类化合物主要有苧烯、松油烯、水芹烯、薄荷脑、薄荷酮、香芹酮、1,8-桉叶素等。

③ 双环单萜：分子结构中有两个环状结构，其中一个为六元环。其碳骨架是由两个异戊烷基构成的。精油中常见的双环单萜类化合物包括蒎烯、茨烯、龙脑、樟脑、葑酮等。

④ 倍半萜类：该类化合物含有15个碳原子，由三个异戊烷基单位组成，既有无环结构的，也有环状结构的，多为烃类、醇类、酮类和内酯类。倍半萜类的异构体多，沸点高，很多是香气中重要的成分，如金合欢醇、橙花叔醇、石竹烯、蛇麻烯、长叶烯、柏木烯等。

（2）芳香化合物

组成精油的芳香化合物多为小分子的芳香成分，在精油中所占比例仅次于萜类，存在十分广泛。多具有C_6骨架，且多为酚类化合物或其酯类，如桂皮油中具有解热镇痛作用的桂皮醛、丁香油中具有抑菌和镇痛作用的丁香酚、八角茴香油中的茴香醚。

表4-3　天然精油中常见化合物

类别	化合物名称
无环单萜类	月桂烯、罗勒烯、香叶醇、橙花醇、芳樟醇、香茅醇、柠檬醛、香茅醛等
单环单萜类	苧烯、双戊烯、松油烯、水芹烯、松油醇、薄荷醇、薄荷酮、香芹酮、1,8-桉叶素等
双环单萜类	蒎烯、3-癸烯、茨烯、龙脑、樟脑、葑酮
倍半萜类	金合欢醇、橙花叔醇、蛇麻烯、石竹烯、柏木烯、柏木脑
芳香化合物	苯甲醇、β-苯乙醇、桂皮醇、丁香酚、百里香酚、茴香脑、苯甲醛、桂皮醛、香兰素、黄樟素等

（3）脂肪族化合物

脂肪族化合物在精油中的含量及香气虽不及萜类化合物和芳香化合物，但也是一类重要的成分，往往因脂肪族化合物的存在而使香气更为持久，常见的有壬醇、癸醇、叶醇、叶醛、甲基庚烯酮、紫罗兰酮、鸢尾酮等。

（4）含氮含硫化合物

含氮含硫化合物在花、叶类植物中含量很少，但在谷物、豆类、咖啡、可可、茶等作物类中有广泛的分布，虽然一般含量不高，但由于香气极强且有特征性的香气，故引起了此类成分在精油、香料领域的关注。主要包括呋喃、噻唑、吡嗪、喹啉、吲哚及它们的衍生物。

4.2.4 精油成分的分析方法

精油是一种混合物，它的组成非常复杂。对精油成分进行分析检测是研究精油活性，实现精油更好的开发和利用的重要工具和手段。

（1）化学鉴定法及应用

化学鉴定法一般是指含有特定官能团或特定结构的化合物发生的反应，与其它鉴别方法结合使用，可以使得鉴别的专一性更加突出。化学鉴定法具有专一性较强、反应迅速、现象明显的特点。化学鉴定法会在适当条件下发生颜色、荧光、沉淀反应或产生气体等现象，运用化学鉴定法可以比较客观和准确地反映出各种物质的结构和成分。化学鉴定法主要包括显色反应、沉淀反应、气体生成反应、荧光分析等，如对提取玫瑰精油后的残渣中的玫瑰色素进行成分分析，通过盐酸-镁粉反应、饱和中性醋酸铅溶液、氯化亚铁呈色反应等鉴别方法，表明色素中含黄酮类化合物。但由于化学鉴别法样品需求量大、操作烦琐、所需时间长、难以得出准确的结构等缺点，常被用来作为指导和验证，而依靠光谱和波谱等先进技术手段来确定物质的成分和结构。

（2）紫外可见分光光度法及应用

紫外可见分光光度法是利用物质在200 ～ 760nm波长范围内对光的吸收程度随光的波长不同而变化的原理，对物质进行鉴别、杂质检查和定量测定的方法。紫外可见分光光度法应用也非常广泛，而且样品前处理较简便，分析时间短、操作简单、仪器成本低、分析费用低，便携式紫外分光光度计的出现更是降低了分析成本，同时增大了适用性。谢田伟等（2012）用紫外分光光度仪扫描枇杷花精油分离纯化得到的黄酮纯化物的吸收光谱，在510nm处定量测定了黄酮的含量。权春梅等（2016）采用超临界CO_2流体萃取法提取芍花精油，并采用二苯基苦基苯肼（DPPH）法和2,2-联氮-二（3-乙基-苯并噻唑-6-磺酸）二铵盐（ABTS）法在不同波长条件下通过测量其吸光度，明确了其抗氧化性。

（3）制备色谱法及应用

制备色谱法是指采用色谱技术分离混合物，制备和收集一种或多种色谱纯物质的方法。制备色谱中，"制备"这一概念指获得足够量的单一化合物，以满足研究和其他用途，制备量大小和成本高低是制备色谱的两个重要指标。黄娜娜（2016）从夏橙、椪柑、柠檬和蜜柑的果皮中提取精油，再运用高速逆流色谱对精油进行分离，以石油醚-乙腈-丙醇（5：3：2）为两相溶剂体系，分离出β-月桂烯、柠檬烯和γ-松油烯三种成分。陆秀云（2018）在生产苦水玫瑰精油的过程中，采用梯度洗脱的方式从玫瑰废水中分离出含量高、抗氧化活性好的多酚物质。

（4）高效液相色谱-质谱联用法

高效液相色谱-质谱联用法简称为液-质联用法（HPLC-MS），高效液相色谱和质谱可分别作为分离系统和检测系统。待测的样品在色谱柱中被流动相分离，经质谱的质量分析器将离子化后的离子碎片按质荷比从小到大分开，被检测器扫描后得到质谱图。液-质联用技术结合了色谱对样品的复杂高分离能力与质谱的高灵敏度、高选择性及能够提供分子量与结构信息的优点，实现了色谱与质谱的优势互补。该法还具有不受样品沸点的限制，适用于热不稳定、高极性、难挥发的大分子化合物，自动化程度高、分析时间快等特点，广泛应用在药品、食品和环境保护等诸多领域。于文峰（2011）对柚皮及提取精油后的残渣进行色素测定，结合薄层色谱法（TLC）、紫外-可见分光光度法（UV-vis）试验表明，色素中主要成分有柚皮苷、查耳酮或橙酮类物质。HPLC-MS 对色素成分的分析结果表明，柚皮色素的主要成分是柚皮苷，其含量占色素总量的 70% 左右。石双妮等（2013）运用水蒸气蒸馏法提取出玫瑰精油，对提取后留下的副产物经除去残渣所得到的提取液进行分析，利用液-质联用仪和超高效液相色谱飞行时间质谱仪对提取液的多酚类化合物进行了分析和鉴定，结果表明提取液中含有槲皮素、芦丁等 30 余种酚类化合物。

（5）气相色谱-质谱联用法及应用

气相色谱-质谱联用法简称为气-质联用法（GC-MS）。气相色谱法是利用气体作流动相的色谱分离分析方法，该方法灵敏度高，适用于分析低分子量的化合物，并且适用于分析样品中的挥发性成分。郑亭亭等人（2016）用三种不同方法提取金花茶叶子中的精油，采用气相色谱-质谱联用法分析鉴定出金花茶叶子精油中 10 种含量超过 1% 的化合物。胡文杰等（2012）采用 GC-MS 技术对樟树的油樟、脑樟和异樟 3 个化学类型叶片精油成分种类进行鉴定和比较分析，发现不同化学类型叶片间精油成分存在较大差异。张坚等人（2006）运用 GC-MS 技术对桂花精油已经分离的色谱峰进行定性，鉴定出了 44 种化合物，确定了超临界 CO_2 桂花精油中化合物的种类及其相对含量。杨倩等人（2017）采用 GC-MS 技术来分析在不同贮藏期的河南西峡薄荷挥发油含量、安徽岳西薄荷挥发油含量，发现薄荷挥发油含量随着贮藏时间而呈现明显下降趋势。孟根其其格等人（2013）采用 GC-MS 对侧柏叶精油进行分析，确定了侧柏叶精油的基本化学成分。李大强等人（2012）采用 GC-MS 技术分别检测甘肃和新疆两地孜然籽精油的成分，发现两地精油的主要成分基本相同，但含量存在差异。目前，气相色谱-质谱联用法是对植物精油成分分析应用较多的方法。

（6）核磁共振波谱法

核磁共振波谱法（nuclear magnetic resonance spectroscopy，NMR）是利用原子核对射频电磁波辐射的吸收的一种物理方法，可用于测定物质成分、解析分子结构。核磁共振波谱技术在 1944 年作为一种纯物理技术而诞生。同年，拉比（Isidor Isaac Rabi，1898～1988）因发现测定原子核磁性的共振方法而获得诺贝尔物理学奖。很快，这项技术进入了有机和无机化学、结构生物学和医学领域，成为最关键的成像技术之一。在 19 世纪中后期，定量核磁共振技术（qNMR）被提出并得到了进一步应用。近年来，qNMR 技术发展迅速，已成为鉴定天然产物、药物等复杂物质的标准分析工具。迄今为止，它已被广泛应用于定性和定量分析。

核磁共振波谱法是利用在外加磁场下核自旋引起能级分裂，吸收一定频率的射频辐射，由低能级跃迁到高能级的核磁共振现象，获取分子结构信息的技术。核磁共振信号的强度（I）是以特定频率共振的原子核数（N）的直接反映，所有被分析的原子核都可以经历相同水平的磁化，因此可以用积分数据精确量化待测物质。目前主要有三种 qNMR 方法。

① 内标法

此法是最常用的核磁定量分析方法。样品的绝对质量 W_s 可以由下式求得：

$$W_\text{s}=W_\text{r} \times (A_\text{s}/A_\text{r}) \times (E_\text{s}/E_\text{r})$$

式中，W_r 为加入已知内标物的质量；A_s 和 A_r 分别为待测物质和内标物质的面积；E_s 和 E_r 分别为待测物质质量校正因子。

② 外标法

将某组分的标准品制成一系列不同浓度的标准液，进行测定。以所得图谱中某一目标化合物指定基团上质子引起的峰面积对浓度作图，得标准曲线，再在相同条件下测得样品溶液中该指定基团质子的峰面积，代入标准曲线即得样品溶液浓度。

③ 相对测量法

当无法获得合适的内标时，可选用此法。此方法适用于含有 1 ～ 2 种杂质的样品分析。使用时需先计算出样品指定基团上一个质子引起的吸收峰面积（A_1/n_1）和指定杂质基团上一个质子引起的吸收峰面积（A_2/n_2）。

$$W=(A_1/n_1)/(A_1/n_1+A_2/n_2)$$

核磁共振已成为代谢组学领域最有用的分析技术之一，可以同时提供大量精确的定性和定量信息，甚至是有关于混合物成分的信息。

以天然多酚为例，多酚的结构具有多样性，它们会与葡萄糖、纤维素、蛋白质结合，并与相同的或其他的多酚物质形成低聚物。此外，这些化合物在不同的植物物种中的含量也存在差异。在这种情况下，核磁共振技术是一种有效的分析方法，该方法具有普遍检测的能力，可同时检测丰富的初级代谢产物（糖、有机酸、氨基酸等）以及多种次级代谢产物（类黄酮、生物碱、萜类等），因此在食品或草药的品种识别、质量评估等方面，核磁共振技术具有显著的优势。已有大量研究表明，qNMR 在准确度和精密度方面与液相色谱法相比或更高。核磁共振技术的另一个优势在于它不需要使用昂贵的标准品进行对照，这非常适合难以找到全部标准品的植物多酚的分析。此外，NMR 方法不需要从混合物中分离待分析物，因此可以避免使用色谱柱分析所造成的整个代谢物信息的损失（这种损失很可能发生在植物中，因为它们的分子量和极性分布范围很广）。由此可见，qNMR 技术是一个可以同时测定复杂样品中多种成分含量的强大工具。

4.2.5 精油中香气成分与香气的关系

香气在很大程度上取决于其分子的碳架结构，分子结构中的不饱和双键、香气化合物分子中的官能团及其位置、不同分子结构的化合物异构体都会导致其香气强度与特征的不同。

（1）碳原子个数对香气的影响

香料化合物的分子质量一般在 50 ～ 300Da 之间，相当于含有 4 ～ 20 个碳原子，碳原子的个数对香气的影响在醇、醛、酮、醚等化合物中都有非常明显的表现。分子中碳原子个数太少，则沸点太低，挥发过快，不宜作香料使用；如果碳原子个数太多，由于蒸气压减小而难以挥发，香气强度弱，也不宜作香料使用。通常化合物含有多于17～18个碳原子时，其香气特征会趋于单一化，且强度明显减弱。

脂肪族醇类的香气，随着碳原子个数的增加而增强。C_1～C_3的低碳醇，如甲醇、乙醇、丙醇等仅具有酒的气息；当碳原子个数增加到C_6～C_9时，除具有果香、清香味之外，还带有油脂的香气；当碳原子数进一步增加时，则出现花的香气；C_{14}以上的高碳醇香气几乎消失。

脂肪族的低级醛具有强烈而不愉快的臭气，如乙醛、丙醛、丁醛都有强烈的窒息性臭气，但随着碳原子个数的增加，臭气的尖刺程度随之减弱。C_8～C_{12}的脂肪族饱和醛在稀释情况下有花香、果香和油脂香气，常作香精的头香剂。C_{16}的高碳醛几乎没有香气。

在环烷酮系化合物中，碳原子的个数不但影响香气的强度，而且可以引起香气性质的改变。C_5～C_8的环酮具有类似薄荷的香气；C_9～C_{12}的环酮有樟脑香气；C_{13}的环酮具有木香香气；C_{15}～C_{18}的大环酮具有麝香的香气。但随着碳原子个数增加香气逐渐减弱，C_{21}时变成完全没有香气。

（2）不饱和度对香气的影响

化合物碳原子个数相同，但饱和性不同，如双键、三键的存在，以及它们所处位置的变化，对香气都可能产生影响。对于某些化合物，不饱和度的变化可能引起香型的改变，对于另一些化合物，不饱和度虽然没引起香型的改变，但对香气的品质也还是有影响的。如己醛（水果和蔬菜的香气）、2-己烯醛（叶片香气）、3-己烯醛（强烈青草香气）和己二烯-2,4-醛（有热带水果的香气），由于双键在链中位置及数量不同，其香气也会有所不同。

（3）官能团对香气的影响

官能团对香料化合物的香气具有明显影响，如乙醇、乙醛、乙酸，虽然它们的碳原子数相同，但由于含有的官能团不同，它们的香气差别很大。苯酚、苯甲酸、苯甲醛和硝基苯，它们虽然都有苯环，但由于取代官能团的不同，香气也不相同。

一般来说，当分子量比较小，官能团在整个分子中占比例较大时，官能团对香气的影响明显，但当官能团在香气分子中占比较小时，官能团的影响不明显，而且有时分子结构的变动与官能团的变动对香气的影响存在着竞争性。如三种萜醇的乙基醚、乙酸酯和丙酮基的衍生物，萜烯基上的分子结构变动对香气有显著影响，而官能团的变化对香气几乎没有影响。

（4）取代基对香气的影响

取代基对香料化合物香气的影响明显，取代基的类型、数量及取代位置对香气都有影响。在吡嗪类化合物中，随着甲基取代基的增加，阈值减小，香气增加，同时香气特征也有所变化。

分子中的取代基的相对位置对香气也有很大影响。芳香族醛，在3、4位上有取代基的具有良好的香荚兰香，如香兰素。但如果醛基的邻位具有羟基则呈现酚的气息，如邻香兰素。而异香兰素，虽然也具羟基和甲氧基，但其相对位置发生了变化，在常温时失去了香气，只有在加热的情况下才具有香草的香气。

（5）异构体对香气的影响

在香料分子中，由双键而引起的顺式（*cis-*或Z）或反式（*trans-*或E）几何异构体，或者由于不对称中心存在而引起的左旋和右旋旋光异构体，其香气也不同。如橙花醇和香叶醇是几何异构体，它们在香气上有差别。橙花醇具有柔和、新鲜的橙花玫瑰香，香叶醇具有玫瑰香。顺式和反式茉莉酮，其香气也各有特征；顺式茉莉酮香气特征是茉莉花香，无油脂香气；而反式茉莉酮无花香香气，有油脂香气。在薄荷醇、香芹酮分子中，都含有不对称碳原子，因此具有旋光异构体，左旋和右旋旋光异构体香气有很大的区别。

4.2.6　配制精油和重组精油

配制精油采用人工调配的方法，制成类似天然品香气和其他质量要求的精油。配制精油严格分类属于人造香料。随着现代化分析技术的进步，人们已经能精确地、快速地将精油中的成分进行分析、分离和鉴定。这样就使得调香师能够用已有的原料调配出本地区和本国暂时得不到供应的品种，这种精油称为配制精油。

我国香柠檬油、橙汁油长期依赖进口，后经研究，采用国产原料配制出香气品质良好的橙叶油，其配方为（总质量1000）：橙花酮100、柠檬醛二乙缩醛20、2,6-二甲基橙花醚20、乙酸芳樟酯380、芳樟醇80、乙酸香叶酯100、邻氨基苯甲酸甲酯5、羟基香茅醛10、甲酸香茅酯40、甜橙油20、柠檬油30、乙酸松油酯20、巴岩香油5、橙叶油（进口）130、白兰叶油40。需要注意配制精油与精油的掺假伪造是完全不同的。

重组精油是指采用一定的方法去除精油中的某些成分，补入一些其他成分，使其香气和其他质量要求与某种精油相近似。比如说依兰油重组精油配方为：苯乙醇1.5～2.5、苯甲酸苄酯25～28、苯甲酸甲酯10～12、乙酸香叶酯2～4、柳酸苄酯5～6、苯乙酸甲酯1.0～1.5、乙酸苄酯15～16、芳樟醇14～16、苯甲醇2～3、乙酸松油酯1.0～1.2、乙酸龙脑酯1.0～1.2、橙花醇1.0～1.2、桂皮醇3～4、香叶醇2.5～3.5、乙酸苯乙酯1.0～1.2、乙酸芳樟酯0.5～0.8、对甲酚甲醚10～11、异丁香酚1.2～1.5、松油醇1.0～1.5。经搅拌、静置、过滤即可得到产品。

4.2.7　精油产品应用

在食品行业可用作食用天然色素、香料、甜味剂、防腐剂、抗氧化剂及乳化增稠剂等，如肉桂油在食品中作为天然的食用香料而广泛应用，几乎涉及软饮料、糖果、罐头食品、焙烤食品、酒类和烟草类等各个方面。此外，精油在抗菌方面的应用也很广泛，孙伟等（2005）的研究证实百里香和丁香油等单一精油对阴性菌和阳性菌有明显的抑制和杀灭作用，百里香复方精油对金黄色葡萄球菌、大肠埃希菌的杀灭率可达99.9%；马尾松乙醇提取物对香蕉炭疽病菌和枯萎病菌抑菌率可达100%。精油在日化产品中的作用除利用植物精油的赋香功能之外，还充分利用各种天然提取物独特的生物活性来提高产品质量和开发其他多种功能，如唐裕芳等（2006）报道肉桂油具有驱虫、防霉和杀菌的作用，可被制成衣物、鞋袜和高档日用品的驱虫剂和防霉剂。

烟草精油是从烟草中提取出的具有烟草特征香气的一类化合物，具有挥发性，主要成分为萜烯类、挥发性酸类、酯类、醛类、芳香环类、杂环类及生物碱等，其具有多种用途，添加到香烟中可以增加香烟的香气，提升香烟的感官质量。同时，烟草精油也是一些戒烟产品的重要原料，主要用于新型电子烟的开发，因此，烟草精油对健康烟草市场的发展非常重要。烟草精油是烟草挥发性香味物质的代表产物，其成分也相当复杂，主要成分为挥发性有机物，大部分为烟草的特征香味物质。烟草精油成分众多，目前从烟草精油中鉴定到的物质有数百种之多，主要成分为萜烯类、烃类、醛类、挥发性酸类、酯类、酮类、醇类、芳香环类、杂环类和生物碱等，其中含量最高的为新植二烯，约占精油总量的40%，虽然新植二烯为烟草中的重要成分，但其香气阈值很高，对烟草香味的贡献较小。其它一些物质如茄酮、β-大马酮、巨豆三烯酮、糠醛、苯甲醇、藏红花醛、二氢猕猴桃内酯等，虽然含量微小，但由于其阈值较低，香气强度大，是烟草中关键的致香成分。

4.3 提取制品

4.3.1 天然香料提取制品分类

大部分天然香料属植物性香料。以芳香植物的花、果、叶、枝、皮、根或地下茎、种子等含有精油的器官及树脂分泌物为原料，可制成各种不同形态的香料产品。在世界各地，尤其在热带和亚热带地区，都有各种芳香植物的栽培和生长，如印度的檀香、保加利亚的玫瑰、中国的薄荷和八角、斯里兰卡的肉桂及法国的薰衣草等均著称于世。虽然含有精油的植物很多，但常用的只有200余种，其中产量较大的有松节油、薄荷油、香茅油、柑橘油及桉叶油等。天然植物原料经采集、整理、筛选及经适当处理，如短时间热水浸渍、干燥、粉碎，即可直接作赋香原料或作调味料使用，如玫瑰花干、八角、桂皮、月桂叶等，但大多数都被制成精油使用。因此，精油是植物性香料的代表，此外，还有提取物如酊剂、浸膏、净油、香树脂、油树脂等制品。

（1）提取物

植物提取物是以植物为原料，按照对提取的最终产品的用途的需要，经过物理化学方法提取分离，定向获取和浓集植物中的某一种或多种有效成分，而不改变其有效成分结构而形成的产品。目前，植物提取物的产品概念比较宽泛。按照提取植物的成分不同，形成苷、酸、多酚、多糖、萜类、黄酮、生物碱等；按照最终产品的性状不同，可分为植物油、浸膏、粉等。动物提取物是以动物体、部分动物体组织或者脏器为原料通过温和生物酶解提取或熬煮提取，然后浓缩，喷雾干燥后成为肉类提取物。

（2）酊剂

用一定浓度的乙醇，在室温下浸提天然动物的分泌物或植物的果实、种子、根茎等并经冷却、澄清、过滤后所得的制品称为酊剂。如麝香酊、排草酊、枣子酊、香荚兰酊、海狸酊、小茴香酊等。

（3）浸膏

采用溶剂萃取法制取。用挥发性溶剂（非水溶剂）浸提芳香植物原料，然后蒸馏回收溶剂后所得到具有特征香气的黏稠膏状液体或半固体物，有时会有晶体析出，以此法制成净油或脱色的浸膏常见的有茉莉花、桂花等浸膏。浸膏所含成分常较精油更为完全，但含有相当数量的植物蜡和色素，在乙醇中溶解度较小、色深，使用上受到一定限制。

（4）香树脂

用乙醇为溶剂，萃取某种芳香植物器官的干燥物，包括香膏、树胶、树脂等的渗出物，或萃取动物的分泌物，从而获得的香味物质的浓缩物。香树脂多半呈黏稠液体，有时呈半固体，如橡苔香树脂等。

（5）净油

用乙醇萃取浸膏、香脂或树脂所得到的萃取液，经过冷冻处理，滤去不溶的蜡质等杂质，再经减压蒸馏蒸去乙醇，所得到的流动或半流动的透明液体通称为净油。净油比较纯净，其香气、色泽及溶解度都优于浸膏，如茉莉净油、桂花净油、玫瑰净油。

（6）油树脂

用食用挥发性溶剂萃取辛香料，制成既含香、又有味的黏稠液体和半固体。多数用作食用香精的原料，如辣椒油树脂、大蒜油树脂、生姜油树脂等。油树脂属于浸膏的范畴。

4.3.2 天然香料提取制品的成分

（1）天然动物香料

动物性天然香料最常用的有四种：麝香、龙涎香、灵猫香和海狸香。四种动物性天然香料及其主要成分见表4-4。

表4-4 动物性天然香料主要成分

动物性天然香料	主要成分
麝香	主香成分是麝香酮（3-甲基环十五酮），还含有甾体激素、脂肪、脂肪醇类、蜡质、树脂类、蛋白质和盐类等。主香成分麝香酮的含量仅占1.2%～3.5%
龙涎香	以脂肪为主，含量高达85%左右。主要发香成分是龙涎香醇（龙涎香素）、降龙涎醚、降龙涎香醛、二氢紫罗兰酮等，还含有少量琥珀酸、安息香酸及磷酸钙等几十种成分
灵猫香	主要香成分是灵猫酮，即9-环十七烯酮。据国外报道，大灵猫香的成分除灵猫酮外，还包括多种环酮、环十七碳酮、醇和酯类，且含有粪臭素、丙胺和几种游离酸类。关于我国产的小灵猫香膏的化学成分，原轻工业部香料工业科学研究所香料科学研究所曾两次作过较为详细的分析研究，结果认为我国小灵猫香中的主要发香成分除灵猫酮外，还包括碳数为14～19的大环酮类物质，如环十五酮、环十八酮、环十九酮以及碳数相同相应的环烯酮；此外，还发现有大环内酯及麝香酮、甲基吲哚等香气成分。主香成分灵猫酮约占3.5%
海狸香	主要呈褐色树脂状，其成分相对复杂。可溶于酒精中的树脂状物约含40%～70%，还含有4%～5%结构不明的结晶性海狸香素及微量的水杨素、苯甲醇、安息香酸、对乙基苯酚等

（2）天然植物香料

① 萜类化合物

植物性天然香料——精油中的主要组成化合物属萜类化合物。如松节油中的蒎烯（含量在80%以上）、苧烯，柏木油中的柏木烯（80%左右），樟脑油中的樟脑（50%左右），木姜子油中的柠檬醛（80%左右），薄荷油中的薄荷醇（80%左右），桉叶油中的桉叶油素（70%左右）等均属萜类化合物。由精油中分离出来的萜类单离化合物，有些可直接作为香料应用于加香产品，有的是合成香料的重要原料。

萜烯类是自然界中分布极广的一类有机化合物，通式为$(C_5H_8)_n$。通常萜烯类是由若干个异戊二烯首尾连接而成的化合物。萜烯类能生成许多含氧衍生物，如醇类、醛类、酮类及过氧化物等。萜烯及萜烯衍生物统称为萜类化合物。根据异戊二烯的单位数，可把萜类化合物分成若干系列（单萜、倍半萜、二萜、三萜等），在天然香料中最重要的是单萜$(C_5H_8)_2$和倍半萜$(C_5H_8)_3$。各系列又可分为无环萜（开链的不饱和萜烯，如月桂烯、罗勒烯）和含有一个或几个碳环的脂环萜（如单环单萜、双环单萜）。大部分的天然萜烯类和烯类衍生物都具有旋光性。萜烯类的反应能力强，在空气中，特别是遇光时易氧化，遇酸易异构化和聚合，萜烯类化合物还容易与氢、有机酸、水、卤素等加成。萜烯及其含氧衍生物的存在是植物的花、叶、茎、果等发香的主要原因。

② 芳香化合物

在天然植物精油中芳香化合物的存在仅次于萜类化合物，它们的存在也相当广泛。芳香化合物指分子中含有苯环结构，同时具有芳香特性的化合物。天然香料中芳香化合物及其来源见表4-5。

表4-5　天然香料中的芳香化合物及其来源

芳香化合物	来源
苄醇	精油里分布最广泛的醇类之一，它以游离态含在茉莉油、晚香玉油、依兰油和丁香油里，有时以酯的形式存在于精油里，如以乙酸酯的形式含于风信子油中，苯甲醇与苯甲酸的酯含于秘鲁香膏中，苯甲醇桂酸酯则是安息香树的精油成分之一
β-苯乙醇	以游离状态存在于许多精油中，如玫瑰油、橙花油、丁香油、香叶油、风信子油等，主要存在于玫瑰油（2.8%）中，以桂酸酯的形式在树脂、香膏里也有发现
桂醇	在自然界中存在于风信子油和肉桂皮油里，亦以桂酸酯的形式，即所谓苏合香含在秘鲁香膏、安息香和龙脑香树脂中，有顺式和反式异构体，但自然界存在的都是反式异构体
丁香酚	存在于丁香罗勒油、丁香油等天然精油中。丁香罗勒油中丁香酚含量约 60%～70%，丁香油中丁香酚含量高达 85%～92%
百里香酚	存在于天然百里香油、山紫苏油中
大茴香脑	主要存在于八角茴香油和小茴香油中，其含量分别为 80% 和 50%～60%
苯甲醛	以苷的形态存在于苦杏仁油中，是苦杏仁油的主要成分，占 80% 左右，它还存在于樱桃核、杏核、桃核及橙花油、广藿香油等精油中
桂醛	广泛存在于自然界中，是肉桂油和桂皮油的主要成分，含醛量达 55%～85%，也少量存在于其它精油中
苯丙醛	天然存在于肉桂油等精油中
香兰素	天然存在于香荚兰豆中

③ 脂肪族化合物

脂肪族化合物在植物性天然香料中也广泛存在着，但其含量不如萜类化合物和芳香化合物。天然香料中脂肪族类化合物及其来源见表4-6。

表4-6　天然香料中的脂肪族化合物及其来源

脂肪族化合物	来源
壬醇	以游离态及其一些酯的形式存在于玫瑰油、柠檬油、橘子油、甜橙油等精油中
癸醇	含于黄葵油中
叶醇	以醇和酯的形式存在于许多重要的精油中，如桂花、小花茉莉、栀子花、番茄、茶叶、山竹果等的精油中
叶醛	存在于茶叶、桑叶、萝卜叶等精油中，是构成黄瓜青香的天然醛类
癸醛	存在于芫荽油、橘子油、柠檬油、酸橙油和柠檬草油中
甲基庚烯酮	与柠檬醛一起存在于许多精油中，如柠檬草油、柠檬油、香茅油等

续表

脂肪族化合物	来源
紫罗兰酮	存在于紫罗兰花和叶的精油、金合欢净油及桂花浸膏中
鸢尾酮	在自然界存在于由鸢尾根所得的精油里,含量约5%,其中75%为γ-鸢尾酮,25%为α-鸢尾酮及微量的β-鸢尾酮
肉豆蔻酸	存在于天然油脂和黄油中

④ 含硫含氮化合物

含硫含氮化合物在天然芳香植物中存在,但其含量很少,而在肉类、谷类、豆类、花生、咖啡、可可、茶叶等食品中常有发现,由于香气极强,而且有特征性香气,所以不可忽视。这些物质包括呋喃、噻唑、吡嗪、喹啉、吲哚以及它们带有甲基、乙基等取代基的衍生物,天然香料里存在的含硫含氮化合物及其来源见表4-7。

表4-7　天然香料中的含硫含氮化合物及其来源

含硫含氮化合物	来源
吲哚	茉莉花、苦橙、甜橙、柠檬
邻氨基苯甲酸甲酯	苦橙、茉莉花、依兰、长寿花
2-甲基吡嗪、2,6-二甲基吡嗪	芝麻
3-甲硫基丙醛	洋葱、大蒜、香旱芹、罗晃子、香荚兰
甲硫醇	芒果
二甲基硫醚	大葱、大蒜、姜和洋葱

4.3.3　天然香料提取制品的理化性质及成分分析方法

香辛料的香气是其品质的重要表观,因此气相色谱被视为最主要的分析手段,较为复杂成分的检测可通过色谱-质谱法联用技术、拉曼光谱、电子鼻等其他方法来实现。

① 气相色谱(GC)法:以气体为流动相,按待测物分配系数的不同进行洗脱,最终达到分离检测的目的。GC法最早被用于检测脂肪酸,随后被进一步改进和应用。为满足多组分样品的分析要求并提高柱效,20世纪末有研究者提出用玻璃毛细管柱和石英管柱代替填充柱。选用内径很小的管柱不仅提高了柱效,而且缩短了分析时间。1999年,David等设计出一种新型毛细管色谱法,利用电子装置控制流速,在缩短分析时间的基础上提高了准确性。GC法因其高效、高灵敏性等优点,在复杂样品如精油、香气等的分离、检测中占有重要的地位。

② 高效液相色谱(HPLC)法:以液体为流动相,将待测物注入装有固定相的色谱柱中进行分离,随后进入检测器中进行检测。武晓剑等(2008)以固相萃取(SPE)为前处理方法,采用HPLC法对3,4-苯并芘进行定量分析,该方法可连续检测低含量3,4-苯并芘的样品。迟秋池等(2016)用HPLC法测定豆浆中的5种香料成分,为豆浆中其它香料的检测提供了参考。

③ 气相、液相色谱与质谱联用:检测香料香精的一种常用的方法,色谱-质谱分析可提供更丰富的组分结构信息如化合物的分子量、化学结构和劣变规律等,是一种特异性和

灵敏度都很高的检测方法，因而近年来得以广泛应用。如王超等（2006）建立了毛细管气相色谱-质谱法定量分析化妆品中的香料香精成分，该方法灵活，能准确地对16种香料进行同时测定。有研究人员以60%乙醇水溶液为萃取剂提取待测成分，利用超高效液相色谱-质谱法快速准确地测定了香豆素和黄樟素。运用色谱-质谱联用法能够对挥发性组分进行快速准确分析，该方法也是目前最为有效的检测香料香精的手段，已被广泛应用于烟草、食品、精油的检测中。

④ 电子鼻：电子鼻作为新颖的分析、识别和检测复杂香气的仪器，不同于色谱等仪器，给出的是样品香气的整体信息，而不是其中一种或几种成分的定性、定量结果。由于对香气的敏感性强、操作简便、检测速度快、重现性好等优点，电子鼻在食品、环境、医药等领域都得到极大的重视和应用。肖作兵等（2009）采用电子鼻比较了添加氧化牛脂的热反应香精、添加普通牛脂的热反应香精以及不添加牛脂的热反应香精的差异。Rudnitskaya等（2007）用电子舌对多种不同种类和年份的葡萄酒进行了酒龄预测，结果发现，电子舌的数据在预测酒龄方面更精确。

⑤ 拉曼光谱：拉曼光谱法是近年来发展比较快的一种检测香料香精的方法，尤其适用于有明显特征的香料香精的检测。通过分析待测物的拉曼峰位置、峰强度、线型及线宽等从分子水平上对待测物进行定量分析。有研究者利用傅里叶变换近红外-拉曼光谱技术在1064nm的激光下对玫瑰果中的类胡萝卜素和亚麻油酸实现了无损伤的检测。黄梅英等（2015）采用便携式拉曼光谱仪以粒径约为55nm的金纳米粒子作为拉曼活性基底进行表面增强拉曼光谱定量分析，并通过优化检测条件，实现了对食品中游离香豆素的直接检测。研究发现，该方法在1～100mg/L范围内线性关系良好，检出限为0.91mg/L，可延伸用于食品中香豆素的直接检测。作为一种新型的检测手段，拉曼技术的应用虽然起步较晚，但是因其操作简便、快速，样品无需前处理、无损伤等优点在香精、香料检测方面具有潜在的应用前景。目前，我国拉曼光谱技术主要应用在果蔬的农药残留检测上，对香料香精的检测还有待于进一步研究和应用。

⑥ 薄层色谱法：薄层色谱法是将待分析的样品以固定相的形式均匀涂于基片上，在基片上形成薄层，点样展开后，与标准样品的色谱图进行比较，从而确定样品中的组分种类的方法。该方法适用于挥发性小且在高温下易发生化学变化的物质的检测。虽然薄层色谱法定性、定量分析所用时间较短，但对实验人员的操作技术要求较高，人为影响因素较大，重现性有时不是很理想。

⑦ 红外吸收光谱法：红外吸收光谱法是根据待测成分红外谱图中显示的吸收峰强度和朗伯-比尔定律进行定量分析的一种方法。由于吸光度的测量误差较大，约为1%，该方法更多地被应用于香料香精的定性分析中。

⑧ 紫外可见吸收光谱法：紫外可见吸收光谱法是根据待测成分在不同波长下的吸光度，进而对待测成分进行分析的一种方法。陈敏等（2008）通过茴香酸、茴香醛的紫外可见吸收光谱，同时分析出了这两种香料的含量，克服了气相色谱法不能定量分析茴香酸的难题，为茴香酸的定量检测提供了新的思路。

随着科技的不断进步，香料香精的分析、检测手段也在不断改进。对于绝大多数挥发性香料的分析，通过色谱、色谱-质谱联用法或者结合电子鼻和电子舌技术和其它方法能够全面、准确地识别和检测复杂样品。而对于香料香精的检测特别是一些结构和性质特

天然香料学

殊的香精香料的检测，需要选择合适的前处理方法和检测方法才能最终实现快速、精确的检测。

4.3.4 天然香料提取制品应用

天然香料提取制品包含了精油、酊剂、浸膏、香树脂、净油、油树脂六大类，根据提取溶剂不同可在食品、日用品、烟草、医疗多个领域应用。提取物的范围和种类最为丰富，可在多个领域应用，如在食品工业领域，制备品质稳定、香气和滋味饱满的大蒜提取物如大蒜油树脂、大蒜精油、天然香精等，可应用于肉制品腌制工艺。采用提取物进行腌制相比于传统大蒜腌制方法可避免大蒜在冷藏过程当中易发绿、腌制时间长、大蒜风味释放不完全、易引入微生物、大蒜颗粒难去除等问题。大蒜提取物首先降低了人工成本和生产成本，也能降低生产风险，因为其微生物含量也是相对比较低的，能够助力食品安全，并且有效地缩短了加工时间，提高了生产效率。大蒜精油是一种液体，方便使用。大蒜提取物能够提供真实而饱满的大蒜风味，跟用传统颗粒蒜的风味类似。

酊剂主要应用在烟用香料领域，如茴香酊，具有提高烟气透发性和细腻度、改善余味、增加茴香样辛甜特征香气的作用。浸膏含有丰富的蜡质和色素，通常呈深色固体或膏状，可用作定香剂，如桂花浸膏可应用在食品、化妆品、烟草多个领域。香树脂，又称香膏，香气较沉闷、不透发，但留香持久，主要用于食品和烟草领域。净油较为纯净，大分子成分较多，主要用在日用领域，如香水、花露水等。油树脂成分复杂，包括了精油、辛辣成分、色素、树脂及一些非挥发性的油脂和多糖类化合物，与精油相比成分复杂。如桂皮油树脂的产率高（95%），成分相比于提取物成分更为复杂，香气更丰富，口感更丰满，具有抗菌、抗氧化等功能，油树脂已成为辛香料的重要发展方向。

060

第5章

天然食用香味物质和香味复合物

5.1 天然食用香味物质

5.1.1 天然食用香味物质的定义

天然食用香味物质（natural flavoring substance）是指经适当的物理法、微生物法或酶法从食物或动植物材料（未经加工或经过食品制备过程加工）中获得的化学结构明确的具有香味性质的物质。通常它们不直接用于消费，但在其应用浓度上适合人类消费。含有 NH_4^+、Na^+、K^+、Ca^{2+}、Fe^{3+} 等阳离子或 Cl^-、SO_4^{2-}、CO_3^{2-} 等阴离子的天然食用香味物质的盐类通常被划为天然食用香味物质。

5.1.2 天然食用香味物质的种类、来源及用途

（1）芳香族醇类

① 苯甲醇（benzyl alcohol），又名苄醇，分子式为 C_7H_8O，分子量108.14，常温状态为无色的液体，具有微弱的芳香气，久置后因氧化会带有苯甲醛的苦杏仁气息，不宜长期贮存。苯甲醇是《食品安全国家标准 食品添加剂使用标准》（GB 2760—2024）（于2025年2月8日实施）中允许使用的食品用香料，天然存在于茉莉、橙花、依兰油、鸢尾、黄兰、栀子、风信子、合欢花、丁香花等多种植物的精油中，可以作为定香剂和油脂溶剂，主要用于杏仁、甜橙、樱桃、葡萄、草莓等水果型和果仁型香精中。随着下游市场规模扩张、海外需求逐渐提升，近年来我国苯甲醇产品的供应量呈上升态势。2021年我国苯甲醇产量为10.45万吨，同比增长9.4%；消费量为8.73万吨，同比增长23%。

② 苯乙醇（phenylethyl alcohol），又名2-苯基乙醇，分子式为 $C_8H_{10}O$，分子量122.17，常温状态为无色黏稠的液体，大量存在于玫瑰精油和玫瑰水中，少量存在于橙香净油、香叶油、橙花油以及香石竹、风信子、水仙、铃兰及茶叶等植物的精油中。苯乙醇是《食品安全国家标准 食品添加剂使用标准》（GB 2760—2024）（于2025年2月8日实施）中允许使用的食品用香料，具有柔和、愉快而持久的玫瑰香气，广泛应用于各种食用香精和烟用

香精中，是配制玫瑰香型香精的主要原料。

③ 肉桂醇（cinnamic alcohol），又名 β-苯丙烯醇，分子式为$C_9H_{10}O$，分子量134.18，为白色至微黄色（固体）结晶体，熔化后为无色至浅黄色液体。肉桂醇有风信子花香和苏合香及桂皮气息，带玫瑰、紫丁香香气，香气温和、甜美而持久。肉桂醇天然存在于风信子油和肉桂皮油里，以桂酸酯的形态存在于秘鲁香膏、安息香和龙脑香树脂中，是风信子的主香之一，也是香石竹、水仙的重要香气成分。肉桂醇常用于玫瑰、茉莉、紫丁香、铃兰、兔耳草、含羞花等香型配方中；还作为食用香料用于杏子、桃子、梅子、草莓、悬钩子、坚果、葡萄、白兰地及其他酒香等香精中。

（2）芳香族酚、醚类化合物

① 丁香酚（eugenol），又名2-甲氧基-4-烯丙基酚、4-烯丙基愈创木酚，分子式为$C_{10}H_{12}O_2$，分子量164.20，天然存在于丁香油、丁香罗勒油、肉桂油等天然精油中，为无色至淡黄色稠性油状液体，具有强烈的丁香香气和辛香香气。丁香酚用于食用的辛香型、薄荷香型、坚果香型、果香型等香精及烟草香精中，在日化香精中可作为修饰剂和定香剂，用于有色香皂加香，也可用于辛香、木香和东方型薰香中，还具有抗氧化、防腐和抗菌活性，可用作杀虫剂和防腐剂。

② 百里香酚（thymol），又名麝香草酚，分子式为$C_{10}H_{14}O$，分子量150.22，常温条件下为白色结晶或结晶性粉末，具有强烈的甜药香、香（药）草香、浓郁的芳香香气，天然存在于干酪、番木瓜果、红茶、绿茶、百里香油、山紫苏油中。百里香酚可用于调配柑橘、薄荷、辛香、草香等食用香精，在香料工业中可用于牙膏、香皂以及某些化妆品香精配方中，但用量有一定限制，同时还可作为天然抗菌剂、驱虫剂、制药原料等。

③ 茴香脑（trans-anethole），又名对丙烯基茴香醚，分子式为$C_{10}H_{12}O$，分子量为148.21，无色或微黄色液体或结晶，天然存在于茴香油、小茴香油和八角茴香油等精油中，具有茴香、辛香料、甘草的香气。大茴香脑在食品（主要是糕点和饮料）中用作茴香香精和甘草香精，在日化香精中，广泛用于杏、梿梓、杨梅等香味的牙膏和含漱液等中，还用于药物的矫味剂、合成药物的原料及彩色照相的增感剂等。

（3）芳香族醛类

① 苯甲醛（benzaldehyde），又名安息香醛，分子式为C_7H_6O，分子量为106.12，无色至淡黄色油状液体，具有特殊的杏仁香气，遇空气、光逐渐氧化为苯甲酸。苯甲醛天然存在于苦杏仁油、藿香油、风信子油、依兰油等精油中，并以苷的形式存在于植物的茎皮、叶或种子（如樱桃、月桂树叶、核桃等）中。苯甲醛是最简单常用的芳香醛，一般作为食用香料用于杏仁、奶油、樱桃、椰子、杏子、桃子、大胡桃、大李子、香荚兰豆等香精中，也可以在朗姆、白兰地等中作为酒用香精，在工业香精中可作为特殊的头香香料，微量用于花香配方，如用于配制紫丁香、白兰、茉莉、紫罗兰、金合欢、梅花、橙花等香型的香精。

② 肉桂醛（cinnamic aldehyde），又名桂醛，分子式为C_9H_8O，分子量为132.16，呈淡黄色至黄色液体，具有强烈的肉桂香气，广泛存在于自然界中，是肉桂油和桂皮油的主要成分。肉桂醛有良好的持香时间，可使主香料香气更清香。由于其沸点比分子结构相似的其他有机物高，因而常用作定香剂。作为配制辛香和东方型香精的主要香料，肉桂醛可以赋予食品、饮料、药品和酒类以肉桂的芳香；此外，肉桂醛因具有很好的抑制霉菌的效果，

还可作为防腐剂应用在食品中。

③ 苯丙醛（phenylpropyl aldehyde），又名 3- 苯基丙醛，分子式为 $C_9H_{10}O$，分子量为134.18，无色至浅黄色液体，具有类似风信子、香脂的香气，比苯乙醛稳定，香气浓郁持久。苯丙醛作为食用香料用于杏仁、葡萄、樱桃、桃子、梅子、桂皮等香精中，在日化香精中则广泛应用于配制各种花香型香精，特别是紫丁香、茉莉香和玫瑰花香型香精，具有增甜和增强香气的作用，还可用作多种香精的矫正剂。

④ 香兰素（vanillin），分子式为 $C_8H_8O_3$，分子量为152.15，呈白色或微黄色针状结晶或结晶性粉末，具有甜香、奶香和香草香气，是从芸香科植物香荚兰豆中提取的一种重要香料，具有香荚兰豆香气和浓郁的奶香。香兰素天然存在于香荚兰豆荚、丁香油、橡苔油、秘鲁香脂、吐鲁香脂和安息香脂中，被广泛用于化妆品、烟草、糕点、糖果以及烘烤食品等中，是全球产量最大的合成香料品种之一。在食品行业中，香兰素主要应用于蛋糕、冰淇淋、软饮料、巧克力和酒类中，此外，在较大婴儿和幼儿配方食品、婴幼儿谷类辅助食品中也被批准使用。

（4）芳香族酯类化合物

水杨酸甲酯（methyl salicylate），又名柳酸甲酯，分子式为 $C_8H_8O_3$，分子量为152.15，是无色至浅黄色油状液体，具有特征性的冬青叶香气，天然存在于冬青油、依兰油、金合欢油等精油以及樱桃、苹果等水果的果汁中。水杨酸甲酯在食品中常用于调配草莓、香荚兰、葡萄等果香型香精为果糖、软饮料等加香，在日化香精中，主要用于牙膏加香，以及调配依兰、晚香玉、素心兰、金合欢、馥奇等香型香精。此外也可用于防腐剂、杀虫剂、擦光剂、油墨、油漆、聚酯纤维染色载体等工业领域。

（5）脂肪族醇类

① 壬醇（nonyl alcohol），分子式为 $C_9H_{20}O$，分子量为144.25，为无色至黄色油状液体，带有有力的甜而青的玫瑰花蜡和果香的脂蜡香气，其天然品以游离态及其一些酯的形式存在于玫瑰油、柠檬油、橘子油、甜橙油、苦橙油、柚油、橡苔油等精油中。它可限量用于食用花香型和果香型香精配方，如桃子、凤梨、柠檬及其他柑橘果香等，在日化香精中用于调制香水香精和皂用香精，此外可用作溶剂制造增塑剂、表面活性剂、稳定剂、消泡剂等。

② 癸醇（decyl alcohol），分子式为 $C_{10}H_{22}O$，分子量为158.29，呈无色透明液体，具有橙花、玫瑰般香气，天然存在于甜橘油、橙花油、杏花油、黄葵籽油中。癸醇可用于奶油、甜橙、椰子、柠檬和多种果香食用香精中，在日化香精的低档花香型配方中作芳樟醇、香茅醇的修饰剂，以及用于工业除臭或掩盖工业产品不良气味，在工业中可用于生产润滑油添加剂、增塑剂、胶黏剂等。

③ 叶醇（leaf alcohol），又名顺式 -3- 己烯 -1- 醇，分子式为 $C_6H_{12}O$，分子量为100.16，纯品为无色液体，具有强烈的草香、青香，从茶、刺槐、萝卜、草莓等植物中发现。广泛应用于有香蕉、草莓、柑橘、玫瑰香葡萄、苹果等天然新鲜风味香精的调配，也与乙酸、戊酸、乳酸等酯类并用，以改变食品口味，用于抑制清凉饮料和果汁的甜味余味。在日用化工中是不可缺少的调香剂，还可作为杀虫剂使用。

（6）脂肪族醛类

① 叶醛（leaf aldehyde），分子式为 $C_6H_{10}O$，分子量为98.14，为无色至黄色油状液体，

具有强烈的果香、青香、蔬菜样香气，叶醛在未稀释之前，香气强烈而尖刺，在稀释后有令人愉快的绿叶清香和水果香气。天然存在于香茅油、樟脑油，以及苹果、葡萄、覆盆子、草莓、黄瓜、西红柿、红茶等植物中。目前叶醛主要用于调配苹果、草莓、茶等食用香精，使其具有新鲜的绿叶香味，还可用于人造花、精油、各类花香的调合香料，而叶醛的一些衍生物也是香料，所以叶醛可作为原料生产其他香料。

② 癸醛（decanal），分子式为$C_{10}H_{20}O$，分子量为156.27，为无色至浅黄色液体，具有脂香，稀释后有花香、橙香香气，天然存在于柑橘、柠檬、西红柿、草莓中。常用作鸢尾、橙花、素馨、香叶、香堇、玫瑰等香精的调配原料，在调配香柠檬油、橙花油、玫瑰油时也少量使用，目前为允许使用的食用香料，主要用于配制柑橘类香精。

（7）脂肪族酮类

① α-紫罗兰酮（α-ionone），分子式为$C_{13}H_{20}O$，分子量为192.30，是无色至苍黄色液体，具有暖香、木香、紫罗兰花香香气，天然存在于金合欢油、桂花浸膏等中。α-紫罗兰酮可用于各种香型香精，能起到修饰、和合、增甜、增花香等作用，是配制紫罗兰花、桂花、树兰、玫瑰、金合欢、含羞花、晚香玉、铃兰、草兰、素心兰、木香型等香精的常用香料，适用于悬钩子、草莓、樱桃、葡萄、凤梨等浆果香及坚果、花香等食用香精，也可少量用于酒香及烟草香精中，纯度较低时可用于皂用香精。

② 鸢尾酮（irone），分子式为$C_{14}H_{22}O$，分子量为206.33，无色或极浅的苍黄色油状液体。鸢尾酮是一种名贵的香料，广泛存在于鸢尾、紫罗兰、桂花、紫藤花等植物中，有α-、β-和γ-三种异构体，并有顺式、反式和旋光异构体。自然界以α-鸢尾酮和γ-鸢尾酮为主，β-鸢尾酮含量较少，新鲜的鸢尾根茎香味不浓，根茎在2～3年发酵陈化后香气会更加浓郁。鸢尾酮属于优良的紫罗兰香料，用作高级调和香料，用于香水、冷霜等化妆品及香皂等日用品，其中只有α-鸢尾酮可作为食品香料，适当稀释有浆果样香味，可用于浆果及其他果香等食用香精。

（8）含硫含氮化合物

① 吲哚（indole），分子式为C_8H_7N，分子量为117.15，为片状白色晶体，遇光日久会变黄红色，其浓度高时具有强烈的粪臭味，扩散力强而持久；高度稀释的溶液有香味，可以作为香料使用。吲哚天然存在于茉莉花油（3%）、苦橙油、甜橙油、柠檬油中，可用于配制香精，但用量很少，为整个香精质量的百分之几，甚至千分之几，增加吲哚用量会使香气变坏，而且会使含有醛类的调香制品颜色变深。吲哚在食品中可用作食品香料，在日化香精中可用于茉莉、紫丁香、荷花和兰花等日用香精配方，除此之外还可用作香料、染料、农药的原料等。

② 2-甲基呋喃（2-methylfuran），化学式为C_5H_6O，分子量为82.10，为无色透明液体，灵猫香内有少量发现。2-甲基呋喃可用于制取维生素B_1、磷酸氯喹和磷酸伯氨喹等药物，合成菊酯类农药及香料，还是很好的溶剂。

③ 邻氨基苯甲酸甲酯（methyl anthranilate），分子式为$C_8H_9O_2N$，分子量为151.16，为无色至淡黄色带有蓝色荧光的液体或晶体，有持久的香气，似花和葡萄香气，在自然界，邻氨基苯甲酸甲酯存在于橙花油、依兰油、茉莉油、晚香玉油等中，可用作食品香料。

④ 二甲基硫醚（dimethyl sulfide），分子式为C_2H_6S，分子量为62.13，为无色至苍黄色液体，有令人不愉快的生萝卜、卷心菜气味，在含有大量含硫化合物的食品中存在，例如

肉类、蛋类、牛乳、番茄、马铃薯、萝卜、香菇、洋葱、咖啡、可可，另外，二甲基硫醚也存在于姜油和薄荷油中。大多数含硫化合物大多具有肉香、葱蒜香和坚果香，可以作为肉味增香剂。

5.1.3 天然食用香味物质的生产及应用现状

（1）苯甲醇（benzyl alcohol）

目前苯甲醇在国内外食品香精中允许使用，《食品安全国家标准 食品添加剂 苯甲醇》（GB 1886.135—2015）规定，作为食品添加剂苯甲醇的生产原料只能是苯甲醛或氯化苄，一般以此为原料通过化学反应制备，但是在2022年李爱涛解析了一种唯一可以天然催化甲苯生成苯甲醇的酶，命名为P450tol，这为生物合成苯甲醇的研究奠定了基础。美国食用香料与萃取物制造者协会（Flavor and Extract Manufacturers Association，FEMA）规定其最大使用量为：口香糖1200mg/kg；糖果47mg/kg；烘烤食品220mg/kg；冷饮160mg/kg；软饮料15mg/kg。

（2）苯乙醇（phenethyl alcohol）

天然苯乙醇可以通过物理法从玫瑰花、风信子和茉莉植物精油中提取，但其本身含量较低，提取效率低，成本高，售价高，所以无法大规模应用于市场。目前，化学合成法生产的苯乙醇在市场上应用较广，但是存在有害副产物的问题，所以现在微生物合成天然苯乙醇方法受到广泛关注。人们研究发现通过基因工程改造大肠埃希菌、毕赤酵母、酿酒酵母等菌株能大大提高苯乙醇生产量，有较好的应用前景。FEMA规定其最大使用量为：口香糖21～80mg/kg；烘烤食品16mg/kg；糖果12mg/kg；冷饮8.3mg/kg。

（3）肉桂醇（cinnamyl alcohol）

天然肉桂醇可以从天然精油中提取，但在植物体内含量低，提取难度大、成本高，生物法制备肉桂醇则是利用基因工程优化大肠埃希菌从头合成，有极大的应用前景。目前FEMA规定限量为：口香糖720mg/kg；烘烤食品33mg/kg；糖果17mg/kg；软饮料8.8mg/kg；冷饮8.7mg/kg；酒类5.0mg/kg。

（4）丁香酚（eugenol）

我国目前丁香酚主要是从天然精油中制得的，且根据《食品安全国家标准 食品添加剂 丁香酚》（GB 1886.129—2022），食品添加剂丁香酚只适用于由丁香油和月桂叶油为原料单离制得的丁香酚，即将天然精油（丁香罗勒油、丁香油、月桂叶油等）与过量的30%的苛性钠溶液混合，剧烈振荡，直至丁香酚全部生成溶于碱液的丁香酚钠盐，不溶性非丁香酚杂质留在油层中，再将含丁香酚钠盐的水溶液在低温下酸化，丁香酚即可析出，再经真空蒸馏提纯，得到天然丁香酚产品。目前FEMA规定，丁香酚最高参考用量为：软饮料4.6mg/kg；冰淇淋、冰制食品3.8mg/kg；糖果6.8mg/kg；焙烤食品9.0mg/kg；胶冻和布丁4.0mg/kg；口香糖0.30mg/kg；胶姆糖和牙膏、牙粉500mg/kg。

（5）百里香酚（thymol）

百里香酚天然品主要存在于百里香油（约含50%）、牛至油、丁香罗勒油等植物精油中。通常由百里香油分离得到，用于调配柑橘、薄荷、辛香、草香等食用香精。FEMA规定百里香酚最高参考用量为：口香糖100mg/kg；冷饮44mg/kg；软饮料2.5～11mg/kg；糖果9.4mg/kg；烘烤食品5.0～6.5mg/kg。

（6）茴香脑（cis-anethol）

茴香脑的工业制法有多种，但是《食品安全国家标准　食品添加剂　大茴香脑》（GB 1886.167—2015）中规定，食品用大茴香脑只能以八角茴香油为原料，经过高效分馏法和/或冷冻结晶法制得。即将茴香油或大茴香油冷却，析出结晶，经蒸馏并用酒精再结晶可得。也可以对茴香油精馏，收集230～234℃的馏出物，或减压精馏，收集142℃（5.60kPa）或110℃（2.7kPa）馏分，即得茴香脑，其余制备方法得到的产品不能作为食品添加剂使用。

（7）苯甲醛（benzaldehyde）

合成天然苯甲醛的方法有臭氧化法和碱性水解法。臭氧化法是用臭氧氧化肉桂油制备天然苯甲醛，纯度可达99%，产率为62%，但是这种方法生产苯甲醛会有环境问题，而碱性水解法是利用肉桂油通过碱性水解反应和逆羟醛缩制备苯甲醛，该方法最早被美国采用，并且环境友好，利于产业化，是我国生产天然苯甲醛的主要方法。FEMA规定苯甲醛使用限量为：软饮料36mg/kg；冷饮42mg/kg；糖果120mg/kg；焙烤食品110mg/kg；布丁类160mg/kg；胶姆糖840mg/kg；酒类50～60mg/kg。

（8）肉桂醛（cinnamaldehyde）

《食品安全国家标准　食品添加剂　肉桂醛》（GB 28346—2012）中规定由苯甲醛或肉桂油为原料制得的肉桂醛可用作食品添加剂，而从桂皮油中单离是生产天然肉桂醛的主要方法。我国即将实施的《食品安全国家标准　食品添加剂使用标准》（GB 2760—2024）（于2025年2月8日实施）规定：它作为防腐剂可按生产需要适量用于水果保鲜，其残留量为0.3mg/kg以下。FEME规定其最大使用量为：软饮料9.0mg/kg；冷饮7.7mg/kg；调味品20mg/kg；肉类60mg/kg；糖果700mg/kg；焙烤食品180mg/kg；胶姆糖4900mg/kg。而肉桂醛用作水果的防腐保鲜时，包装纸含肉桂醛限量为0.012～0.017mg/m^2，这样的纸用于柑橘包装，贮藏后橘皮中残留量小于0.6mg/kg；橘肉中残留量小于0.3mg/kg。

（9）苯丙醛（phenylpropyl aldehyde）

《3-苯丙醛》（T/CAFFCI 3—2018）规定用作食品添加剂的苯丙醛制备方法只能是以肉桂醛为原料经催化加氢、精馏得到的产品。FEMA规定用量为：软饮料1.0mg/kg；冷饮1.7mg/kg；糖果5.0mg/kg；焙烤食品5.5mg/kg；布丁类4.3mg/kg。

（10）香兰素（vanillin）

天然香兰素的制备方法主要有2种：①萃取单离法，用溶剂提取天然香荚兰豆中的天然香兰素，或者从富含香兰素的天然原料中以物理单离的技术手段提取香兰素，但是此方法提取天然香兰素效率过低，价格极其昂贵；②生物转化法，如利用香草愈伤组织细胞悬浮培养物提取香兰素；利用香草醇氧化酶底物木焦油醇来生产天然香兰素；或者用筛选后的微生物以天然原料为底物转化生产香兰素，并且利用生物技术改造微生物菌株，使其更高产。香兰素是天然的植物成分，是公认的较安全的食品添加剂。截至2015年尚未发现香兰素对人体有害的相关报道。在即将实施的《食品安全国家标准　食品添加剂使用标准》（GB 2760—2024）（于2025年2月8日实施）中规定较大婴儿和幼儿配方食品、婴幼儿谷类辅助食品中香兰素的最大使用量分别为5mg/100mL和7mg/100mL；凡使用范围涵盖0～6个月婴幼儿配方食品不得添加任何食用香料。

（11）水杨酸甲酯（methyl salicylate）

水杨酸甲酯的天然提取方法为：由平铺白珠树的叶子或桦树的树皮蒸馏得到天然水杨酸甲酯。水杨酸甲酯在我国《食品安全国家标准　食品添加剂使用标准》（GB 2760-2024）（于2025年2月8日实施）中规定为允许使用的食用香料。主要用以配制啤酒、胶姆糖和水果型等香精及配制桂皮油。水杨酸甲酯被FEMA认定为GRAS（generally recognized as safe，即"普遍认为安全"，是美国FDA评价食品添加剂的安全性指标），欧洲理事会将水杨酸甲酯列入可用于食品中而不危害人体健康的人造食用香料表中，其最高用量为8400mg/kg，每日允许摄入量（ADI）为0.5mg/kg，FEMA规定限量为：软饮料59mg/kg；冷饮27mg/kg；糖果840mg/kg；焙烤食品54mg/kg；胶姆糖8400mg/kg；糖浆200mg/kg。

（12）癸醇（decanol）

天然品癸醇以椰子油为原料，在混合氧化物存在的条件下，经高温高压氢化而得。反应得到的偶数碳原子混合醇（包括低碳醇到十八碳醇）减压分馏，$C_8 \sim C_{12}$ 馏分采用硼酸酯化法精制，水解后减压分馏得到癸醇。FEMA规定使用限量为：冰淇淋4.6mg/kg；糖果5.2mg/kg；口香糖3.0mg/kg；饮料2.1mg/kg；且不得用于着香以外的目的。

（13）叶醇（leaf alcohol）

叶醇的天然提取法：主要是由精油中提取，然后与相应的邻苯二酸盐或脲基甲酸盐反应而提纯，得到的顺式异构体占95%。从植物中提取的精油本身数量有限，精油中往往又含有种类繁多的化合物。因而提取分离叶醇的得率极微。显而易见，直接从天然植物中提取叶醇无法满足对叶醇的需求，这在实践中也是极不经济的。所以化学合成是目前叶醇制取的主要方法，FEMA规定使用限量为：软饮料1.0mg/kg；冷饮3.7mg/kg；糖果5.0mg/kg；焙烤食品5.0mg/kg。

（14）癸醛（decyl aldehyde）

天然制备法：癸醛存在于天然玫瑰油、柠檬草油、胡荽子油、柑橘油、鸢尾根油、橙花油等中，可通过生成亚硫酸氢盐化合物，然后同其他醛一起从精油里分离出来。FEMA规定使用限量为：软饮料2.3mg/kg；冷饮4.1mg/kg；糖果5.7mg/kg；焙烤食品6.6mg/kg；布丁类3.0mg/kg；胶姆糖0.6mg/kg。

（15）紫罗兰酮（ionone）

目前研究发现通过发酵工程改造解脂耶氏酵母（*Yarrowia lipolytica*）可以使天然 β- 紫罗兰酮的产量大大提高。FEMA规定的使用限量为：软饮料2.5mg/kg；冷饮3.6mg/kg；糖果12mg/kg；焙烤食品6.7mg/kg；布丁类3.6mg/kg；胶姆糖39mg/kg；糖霜50mg/kg。

（16）鸢尾酮（irone）

天然鸢尾酮制备方法大概分为两种，即天然物提取，以鸢尾根、覆盆子、海桐花等植物的根茎为原料提取，工艺最为成熟；还有发酵技术，处在实验室研究阶段，未实现工业化。所以目前鸢尾酮价格昂贵，应用较少，且产品主要靠天然物提取。

5.2　天然食用香味复合物

5.2.1　天然食用香味复合物的定义

天然食用香味复合物（natural flavoring complex）指经物理方法（例如蒸馏和溶剂提

取）、酶法或微生物法从动植物原料中得到的具有天然食用香味物质的制剂（即非单一化合物，而是混合物）。这些动植物原料可以是未经加工的，或经过了适合人类消费的传统食品制备工艺（例如干燥、焙烤和发酵）加工的。

5.2.2 天然食用香味复合物的种类、来源及用途

天然食用香味复合物包括精油、果汁精油、提取物、蛋白水解物、馏出物和任何经焙烤、加热或酶解的产物。

（1）精油（essential oil）

精油是天然香料制品中最常用的形态，具有易燃性和热敏性，一般不溶或微溶于水，易溶于有机溶剂。不同品种的精油特点也各不相同，但具有一些共性，比如挥发性、不稳定性、可燃性、具有一定特征的香气等。

精油的提取方法为蒸馏法。蒸馏法主要包括水蒸气蒸馏法、微波辅助水蒸气蒸馏法、超声辅助水蒸气蒸馏法、微波水扩散重力法、离子液体辅助水蒸气蒸馏法、欧姆辅助水蒸气蒸馏法等。

精油具有抗菌、抗癌、抗突变、抗炎、抗氧化和减脂降糖等优点，在食品包装、药品、化妆品和保健品中得到了广泛的应用。作为食品中天然的调味剂、防腐剂和抗氧化剂，食用精油显著改善了传统食品的风味，延长了食品的货架期。精油成分复杂，以萜类化合物和芳香化合物为主，这些成分含有大量不饱和键，使得精油具有抗氧化性。此外，精油具有较强的挥发性，这可以加快精油分子的扩散速度，应用在食品中可以加强食品的保鲜效果，并改善食品风味。食用精油占据精油生产总量的很大比重，这是基于食用精油具有特征的芳香香气，可以改善和提升食品的香味，增强并突出食品的风味特征，提高消费者的食用满足感。因此，食用精油在食品加工中应用越来越广泛，在食品工业中发挥着重要的作用，显著提高了食品的附加价值，已被广泛运用于食品保鲜领域，如粮油制品、果蔬、肉制品、蛋类、奶类、水产品的保鲜。此外，食用植物精油作为风味助剂可以对饮品风味进行调节，如用柚子精油调配果酒，从而使果酒味道更加浓郁。

常见的食用精油包括：植物精油、花卉精油等。简单介绍如下。

① 植物精油是一类由芳香植物的不同部位提取得到的具有芳香香气、易挥发的油状液体，主要是芳香植物体内代谢产生的一类具有强烈香气的次级代谢物，它们通常是植物芳香的精华，一般是由几十至几百种化合物组成的复杂混合物。植物界中多种植物都含有精油，如芫荽、茴香、雪松、柠檬草、香茅草、薄荷、木姜子、生姜等。植物精油可以作为一种高效、安全性的食品防腐剂兼香味剂，用在食品的抗菌保存中，目前，在肉制品、果蔬制品、乳制品、水产品、焙烤制品等食品行业中都得到了广泛的应用。但是植物精油在食品中的应用尚有一些问题亟待解决，为了使精油成分更能有效应用于食品中，有必要建立适用的关键控制评价方法，综合食品的抗菌效果和植物精油对食品感官影响，优化添加配方，并结合食品保藏方法，使其更具实际应用性。

② 花卉不仅具有观赏价值，还具有食用、营养和保健等价值。食用花卉以其具有的多种功效以及高附加值逐渐成为了花卉产业发展中新的经济增长点。约有40%的鲜花中含有丰富的芳香物质，如精油和难挥发树胶等。利用高新技术从这些花卉中提取芳香油、食用香精等，可以做成食品加工中的增色剂、矫正剂。玫瑰是最重要的天然鲜花香料之一，是

生产玫瑰精油的原料。天然玫瑰精油的组成十分复杂，主要成分是单萜类化合物，如香叶醇、香茅醇、芳樟醇等，玫瑰醚、倍半萜烯、倍半萜含氧化合物也占相当比例。除此之外，还有栀子花、茉莉、橙花、桂花精油等，多应用在饮料、糖果、糕点等中，可以给消费者带来愉悦的感官体验。

我国芳香植物资源丰富，精油种类繁多，可以满足不同食品增香、改善异味、保健强体、防腐等需求。此外，我国人口基数大，对食用精油的需求量较大。当前，以我国特色植物为原料，结合国民烹饪和饮食习惯，开发具有中国特色的食用精油是指导食用精油总体发展的方向。

（2）果汁精油（essential oil of fruit juice）

果汁精油指的是从果汁浓缩加工或者超高温瞬时灭菌处理得到的精油，主要指柑橘类果汁精油。柑橘类植物为柑橘属、金柑属和枳属植物的总称，主要包括橙子、橘子、柠檬、柚子、香橼等，在世界各地均有广泛种植。果汁精油提取作为水果加工业的副产品，具有来源广泛、成本低廉、效益可观的优势，是变废为宝、提高工厂经济效益的重要途径。

柑橘类水果的外果皮含有丰富的精油与色素，因此非常适合用来提取果汁精油，该类精油的提取方法主要有水蒸气蒸馏法、冷榨法、溶剂浸提法、微波提取法和超临界流体提取法。柑橘在新鲜食用或加工生产罐头、果汁等后，约产生30%～40%的皮渣，若将柑橘皮渣或质次的柑橘整果经过适当的物理、化学处理，可得到具有很高使用价值的柑橘精油。柑橘精油是天然香料精油中的一大类，其主要成分是萜烯类、倍半萜烯类以及高级醇类、醛类、酮类、酯类等组成的含氧化合物，其中90%以上是萜烯类和倍半萜烯类，虽然含氧化合物所占的比例很小，但是是柑橘精油香气的主要来源。在不同的产地、季节气候和栽培条件下，精油中化学成分的种类与含量会有一定差异。

柑橘精油是一种非常重要而且广受欢迎的天然香料，因其具有抗菌、高产、有芳香气味等特点而受到广泛关注，是饮料、啤酒、糕点、冰淇淋等食品的矫味剂、赋香剂。目前，全球一年柑橘类精油的需求量约为18000吨，其中60%～70%供食品工业使用，其余则用于化妆品、芳香清洁剂和杀虫剂。此外，柑橘类精油近年来作为绿色抑菌剂在食品包装行业也引起了极大的关注。

（3）提取物（extract）

提取物指的是一种天然原料经一种或者多种溶剂处理所得到的产品，所得溶液可经冷却和过滤。例如咖啡提取物、茶提取物。据研究，咖啡中含有一定量的咖啡酸、绿原酸、多酚类等抗氧化物质，具有进一步开发的价值。咖啡萃取是决定咖啡冲泡特性的重要工序，在这个过程中，水溶性成分包括绿原酸、咖啡因、烟酸、可溶性类黑素和挥发性亲水化合物被提取出来。潘文洁等（2008）从咖啡渣中提取抗氧化物质，并用碘量法研究了咖啡渣提取物的抗氧化作用及与其它物质的协同效应，结果表明用80%乙醇提取的咖啡渣提取物具有较好的抗氧化能力，且随着加入量的增加而增强，当添加量达0.5%时，抗氧化效果较佳。Díaz-Hernández等人（2022）采用四甲基偶氮唑盐微量酶反应比色法（MTT法）对咖啡渣提取物的抗增殖活性进行评价，发现咖啡渣提取物显著降低了两种细胞系（肺癌细胞A549和宫颈癌细胞C33A）的存活率，促进了细胞凋亡和细胞周期阻滞。

茶可以分为红茶、绿茶、青茶、黄茶、黑茶、白茶等，其中绿茶最受消费者欢迎，研究最多。绿茶提取物可用于含脂食品，以延缓脂质氧化。绿茶提取物含有多种具有抗氧化特性的多酚成分，但其主要的活性成分为黄烷醇单体，即儿茶素，其中表没食子儿茶素-3-没食子酸酯（EGCG）和表儿茶素-3-没食子酸酯是最有效的抗氧化化合物，其他活性成分包括表儿茶素和表没食子儿茶素。儿茶素是绿茶提取物中最丰富的类黄酮化合物，通过抑制促氧化酶和诱导抗氧化酶表现出抗氧化活性，此外，还通过螯合氧化还原活性过渡金属离子表现出抗氧化活性。Auguste等人（2023）的研究显示富含儿茶素的绿茶提取物（茶多酚含量为98%）以剂量依赖的方式诱导正常人成纤维细胞发生线粒体自噬，最大有效浓度为5μg/mL，表现出与尿石素A相当的效果。高玉萍（2013）等人以六种茶提取物为研究对象，测定它们的总酚含量、儿茶素含量以及抗氧化能力和自由基清除率，分析结果显示：茶提取物抗氧化活性与总酚含量的相关性高于与儿茶素和EGCG总量的相关性，表明茶多酚中非儿茶素类多酚物质同样具有重要的抗氧化能力。

茶叶提取物茶多酚，以及咖啡提取物可作为食品的抗氧化剂。此外，茶叶提取物儿茶素作为一种广谱的抗菌物质，对各种致病菌均有不同程度的抑制和杀伤作用，对革兰氏阳性菌、革兰氏阴性菌，尤其是金黄色葡萄球菌和大肠埃希菌均有明显的抑制作用。

（4）蛋白水解物、馏出物

由于大多数天然蛋白质在实际应用中不能表现出较好的理化和功能特性，需要通过可控的酶解技术打断蛋白质分子间部分肽键，得到含有一系列不同分子量的蛋白水解物（多肽和游离氨基酸）。蛋白质经过酶解之后分子量降低，表面电荷增加，蛋白质结构部分展开，分解生成的氨基酸疏水基团暴露出来，使蛋白质结构、功能和生物活性得到改善。研究表明，与蛋白质相比，蛋白水解物（多肽）一般由2～20个氨基酸残基组成，分子质量小于6000Da，具有良好的溶解性、高消化率和抗氧化性等。食源蛋白水解物（多肽）虽然具有很好的功能特性，但仍存在乳化能力差、形成的乳液界面不稳定、功能营养应用受限等问题，研究发现通过蛋白质与糖类物质相互作用可以对蛋白水解物进行改性。蛋白水解物包括植物蛋白水解物和动物蛋白水解物。植物蛋白的来源主要包括谷类、豆类；动物蛋白来源主要包括肉类、蛋类和水产类等。

从蛋白质的分解方式看，蛋白水解物主要通过化学水解和生物酶解技术获得，化学水解反应强烈、污染环境，故很少采用。生物酶解法可操作性强、专一性强、经济安全。酶对蛋白质的水解作用使蛋白质分子量降低、离子性基团数目增加、疏水性基团暴露出来。食源植物蛋白和动物蛋白经酶解后再经过离心、超滤、分离获取蛋白水解物（多肽）。现代食品加工工业大多使用蛋白质靶向酶解技术得到水解物，通过控制水解条件和水解度，再利用超滤技术获得生物活性强、目标分子比例高的蛋白水解物（多肽），相比于未水解的蛋白质其功能营养特性和生物活性更好，提高了蛋白质的应用价值。此外，从制备方式看，蛋白水解物主要通过湿热法和干热法两种方法制备，两种方法对于反应物的种类和反应温度要求不同。湿热法是将反应物溶于去离子水或缓冲溶液中，混匀之后置于密闭装置中进行反应，多用于小分子糖与蛋白质的共价结合，此方法应用广泛，但受反应温度、时间及体系pH值等因素影响较大。干热法是将反应物分别溶解在水或缓冲溶液中，二者混合均匀后冷冻干燥，得到的干燥粉末置于密闭容器中通过加热进行反应，干热法可使蛋白质或蛋白水解物的氨基保持非聚集状态，反应温度低于蛋白质的变性温度，反应得到的产物褐变程度较低且易于储藏。但干热反应所需时间较长，通常需要2～3周，反应条件严格且效率较低。

食源蛋白水解物（多肽）是极具开发利用价值的食物资源。美拉德反应被广泛用于改善蛋白水解物功能特性，成为当前食品科学研究领域关注的热点，经美拉德反应得到的共价复合物结构和营养功能优势突出。此外，食源蛋白水解物（多肽）与糖类物质发生美拉德反应，通常用于烘焙面包、咖啡和奶酪等，是食品加工中颜色和风味物质形成的重要环节。相比于蛋白质-糖类物质形成的共价复合物，蛋白水解物（多肽）与糖类物质形成的复合物分子量更小、共价效率更高、功能营养特性更好。适量补充蛋白水解物活性肽、功能性多糖及两者形成的复合物，可以起到清除自由基、抑制脂质过氧化、维持机体稳态的效果。此外，其抗氧化、抗炎、抗菌和免疫调节等生物活性较好，在包埋和递送体系中具有很好的应用前景。虽然美拉德反应产物益处很多，但也有不可忽视的负面效应，因此需要对该反应进行适当控制，避免反应末期糖基化终产物对人体造成危害。目前，食源蛋白水解物与糖类物质发生美拉德反应的机制还需深入研究，仍缺乏对共价复合物形成量、反应次序、分子结构与功能特性相关性的研究，未来应根据如何有效控制晚期糖基化终产物的生成，实现较为合适的美拉德产物设计。

一种天然食物原料经蒸馏后得到的冷凝产物称为馏出物。目前，生产上常见的是脱臭馏出物，特别是针对植物油馏出物的脱臭，植物油脱臭馏出物是植物油在精炼过程中的脱臭阶段产生的副产物，含有脂肪酸、甘油酯、烃类、色素、胶质、植物甾醇、天然维生素E、角鲨烯等天然活性物质，早期多用于饲料业，目前是工业生产混合生育酚、植物甾醇等植物营养素产业链的重要原料，多应用在保健食品等领域。

（5）经焙烤、加热或酶解的产物

通过焙烤或其他的热加工方式产生的挥发性香气成分是天然食用香味复合物的重要来源之一，也是食品重要的感官品质。食物在焙烤或者加热过程中发生的美拉德反应产生的香味物质能够带来典型而丰富的香味。而食品原料经酶解会产生氨基酸、小分子肽、核苷酸、有机酸等滋味化合物。

制备方式：焙烤等加热处理、酶解。

① 焙烤：焙烤食品是以面粉、酵母、食盐、砂糖和水为基本原料，添加适量油脂、乳品、鸡蛋、添加剂等，经一系列复杂的工艺手段焙烤而成的方便食品。在焙烤过程中食品会释放出具有挥发性的香气成分，焙烤不同的时间所产生的香味特征也不尽相同，一般来说，随着时间的延长，香味物质的种类及其含量均呈上升趋势。此外，焙烤过程中发生的美拉德反应产生的香味物质能够给食品带来典型而丰富的香味。

焙烤是谷物食品（如面包和蛋糕）常用且重要的加工方式，在面包和蛋糕等食品制作中，不同的焙烤时间和温度对焙烤食品的品质特性及挥发性物质的影响有所不同。烘焙食品在我国居民膳食结构中所占的比重越来越大，然而，其能量密度高、营养素密度低的特点不符合人们对健康膳食的需求，迫切需要通过配方改良赋予烘焙食品营养均衡和保健的功能，从而促进我国烘焙产业升级。实施烘焙食品的减脂、降糖、减盐和营养功能强化对国民营养健康具有重要意义。

② 酶解：除5.2.2（4）中介绍的生物酶解部分内容外，还有对其他生物大分子的酶解，如淀粉、脂肪、纤维素等，通过酶解淀粉、纤维素、脂肪达到改善食品质地的目的。

我国特殊饮食结构决定了高淀粉质食品如米饭、馒头、面条及米粉等在方便食品中占有极其重要的地位。然而，高淀粉质食品在加工储运过程中易发生淀粉回生，导致产品口感变差、组织硬化等系列问题，造成资源的损失和浪费，会制约我国方便预制食品产业的发展。添加淀粉酶能一定程度延缓淀粉类食品老化，多种淀粉水解酶如 α-淀粉酶、麦芽低聚糖形成酶、β-淀粉酶、分支酶可以实现对淀粉链的有效修饰，达到延缓回生的效果。吴春森等人（2022）研究得出麦芽三糖酶酶解大米淀粉后可有效抑制酶解产物的回生，当淀粉水解率≥25.96%时，大米淀粉酶解产物的回生被完全抑制。

肉类风味产品的特征风味物质一部分来源于动物油脂，但是动物油脂中饱和脂肪含量较高、分子量较大，为了增加油脂在产品中的特征风味，会将脂肪在一定条件进行加热处理，从而释放出不饱和醛、酮、有机酸等风味物质。

5.2.3 天然食用香味复合物的生产及应用现状

根据世界卫生组织/联合国粮农组织（WHO/FAO）食品法典委员会文件《食用香精应用指南》（CAC/GL 66—2008）的定义，天然食用香味复合物是一类含有食用香味物质的制剂，这些食用香味物质是用物理工艺（这种物理工艺也会产生不可避免的，但不是有益的香味物质化学结构的改变，例如蒸馏和溶剂萃取）或用酶或微生物工艺从动植物材料中得到的。根据国际食品法典委员会（Codex Alimentarius Commission）的要求，即对某些香味物质或天然香味复合物的组分采取特殊的风险管理措施，以保护消费者的安全。在中国，所用食品用酶制剂应符合《食品安全国家标准 食品添加剂使用标准》（GB 2760—2024）（于2025年2月8日实施）的有关规定，天然食用香味复合物的使用不需要经过安全评价，可直接或间接用于配制食用香精，也可直接用于食品。如果用于配制食用香精，其发香部分只含有天然食用香味物质和/或天然食用香味复合物，或具有香味特征的食品配料组成的用于修饰改善人类食品风味的浓缩配制品，它含有或不含有食品用香精辅料，通常在其应用浓度上适合人类消费，同时天然食用香精的辅料应符合《食品安全国家标准 食品用香精》（GB 30616—2020）附录A中食品用香精允许使用的辅料名单要求。《食品安全团体标准 天然食品用香精》（T/SFABA 1—2016）中规定天然食品用香精由生产企业的质量检验部门负责检验，生产企业应保证出厂产品都符合企业的要求，每批出厂产品都应附有相应的质量合格证书。色状、香气、滋味、相对密度、折光指数、水分、粒度、原液稳定性、千倍稀释液稳定性为出厂检验项目。不论用于食用香精或者直接用于食品，都应符合《食品安全国家标准 食品用香精》（GB 30616—2020）、《食品安全国家标准 食品添加剂标识通则》（GB 29924—2013）、《食品安全国家标准 食品添加剂生产通用卫生规范》（GB 31647—2018）、《食品安全国家标准 食品添加剂使用标准》（GB 2760—2024）（于2025年2月8日实施）的规定。部分国家和地区在制定法规和管理要求时，虽然将食品用香料香精纳入食品添加剂的范畴，但一般会采取单独立法或者在添加剂的法规中建立针对香料香精的特别条款和内容。例如国际食品法典委员会（CAC）针对食品添加剂建立通用法典标准，但食品用香料香精不在其中，而是单独制定食品用香料的质量规格和食用香精的应用指南（CAC/GL 66—2008）；欧盟设立了关于食品添加剂的 Regulation（EC）No 1333/2008 号监管法规，同时对食品用香精设立单独法规 Regulation（EC）No 1334/2008。

天然香料提取的香味复合物包括树脂状材料、挥发性产品和提取产品中食品相关的香味复合物。树脂状材料主要包括树脂；挥发性产品包括精油、挥发性浓缩物、馏出液、乙醇化馏出液、芳香水、萜；提取产品包括酊剂和浸剂、浸膏、花香脂、香树脂、净油、提取的油树脂、未浓缩提取物、超临界流体提取物。制备方式主要包括蒸馏法、萃取法、浸提法、酶解法、微生物发酵法。天然食用香味复合物广泛应用于许多食品生产中，比如糖果、饮料、调味料、乳制品、烘焙食品和肉制品等，一些营养、方便、休闲、绿色的工业化食品加工中对天然食用香味复合物需求逐渐增多。

2022年全球香料香精市场规模达到1964亿元，我国市场规模达到560亿元，占全球的28.5%。近年来，我国香料香精行业总体保持增长态势，据不完全统计，2022年我国香料香精产量约58万吨，同比增长3.6%，其中香料约23万吨，香精约35万吨；主营业务收入约424亿元，增长1.7%，其中香料约为173亿元，香精约为251亿元。目前，我国香料香精产品每年约有1/3出口，香兰素、芳樟醇出口量均占全球供应量的50%左右。据海关总署的统计数据，2021年我国香料香精进口额约16.5亿美元，同比增长10.3%；进口量约9.7万吨，同比增长25.7%；出口额约54.9亿美元，同比增长22.1%；出口量113.7万吨，同比增长15.3%。2017~2021年我国香料香精行业国际贸易整体为顺差。我国食品用香料香精生产企业具有企业数量众多，相对规模较小；企业分布广（除内蒙古外，均有分布），但又相对集中在广东省、山东省、江浙沪地区；生产的产品类别多等特点。保守估计，我国现有香料香精生产企业约1200家，其中生产食用（食品用、烟用等）香料香精产品的企业（包括既生产食用又生产日用）占80%左右。截至2022年9月底，我国食品用香料香精获证生产企业共有947家。总体来看，我国香料香精行业形成了一定的产业布局，特别是在长江三角洲和珠江三角洲地区聚集了较多的生产企业，其他地区则根据地理、经济发展的情况因地制宜，形成了特色区域，例如山东省滕州市集中了国内大部分合成杂环类香料生产企业；云南、贵州、广西、新疆等地区则利用其芳香植物资源，发展天然香料品种。

第6章

水蒸气蒸馏法

6.1 水蒸气蒸馏法原理

水蒸气蒸馏法是指将含有挥发性成分的植物材料与水共沸腾，使挥发性成分随水蒸气一并馏出，经冷凝后收集挥发性成分的方法，基本流程如图6-1所示。该法适用于具有挥发性、能随水蒸气蒸馏而不被破坏、在水中稳定且难溶或不溶于水的植物活性成分的提取。

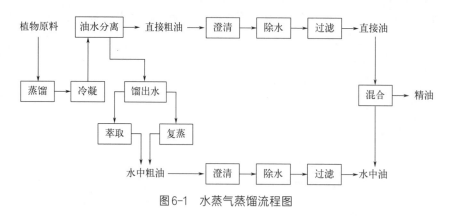

图6-1 水蒸气蒸馏流程图

用水蒸气蒸馏法制取的天然香料，通常是芳香的挥发性油状物，统称精油。在讲述水蒸气蒸馏的原理前，进行4个假定：①在实际生产时，所用芳香植物直接进行水蒸气蒸馏，精油存在于芳香植物的体内，首先精油要从芳香植物体内渗透到水相后才能被水蒸气带出，但不同芳香植物的精油从植物体内渗透到水相的难易程度相差较大，为了讲述简单化，在讲述水蒸气蒸馏原理时，我们先假定精油是与水直接接触的；②为了讲述方便，我们认定所讲述的体系都是理想气体；③在未作特殊说明时，所讲的水蒸气蒸馏都是0.1MPa条件下进行的；④精油的组分往往很复杂，但在讲述水蒸气蒸馏基本原理时，假设精油是单一组分。

在水蒸气蒸馏时，各组分都有蒸气压，随着温度的升高，各组分的蒸气压也升高，此时各组分的蒸气压力与组分的饱和蒸气压相同，且只与温度有关。当混合液的温度升高到一定程度后，混合物各组分的蒸气分压之和与大气压相同时开始沸腾。纯水的沸点是100℃，此时水的饱和蒸气压是0.1MPa。在常压条件下水蒸气蒸馏时，精油组分与水在一起沸腾的过程中，精油组分也有一定的饱和蒸气压，此时水的蒸汽分压将低于0.1MPa，而精油的蒸气分压与水的蒸汽分压之和为0.1MPa。

另外，理想气体的混合物中各种气体之间的物质的量之比与它们之间的蒸气分压是一致的。可以用下式表示：

$$\frac{n_水}{n_油} = \frac{p_水}{p_油}$$

式中　$n_水$——混合体系中水的物质的量；

　　　$p_水$——体系中水的蒸汽分压；

　　　$n_油$——体系中精油的物质的量；

　　　$p_油$——精油的蒸气分压。

另外，水的物质的量 $n_水 = m_水/M_水$；精油的物质的量 $n_油 = m_油/M_油$。

式中　$m_水$——体系中水的质量；

　　　$M_水$——水的分子量18；

　　　$m_油$——精油在体系中所占的质量；

　　　$M_油$——精油的分子量。

将 $n_水$ 与 $n_油$ 代入后，可得：

$$\frac{m_水}{m_油} = \frac{p_水 \times M_水}{p_油 \times M_油}$$

在水蒸气蒸馏过程中，釜内蒸出的混合蒸气经过冷却，冷却成液相，在冷却过程水相与精油的物质的量之比与质量比都不会发生变化，因此可以从公式计算蒸馏出的水、油混合物中精油的质量比例。

在实际应用中，计算精油组分较单一的产品时比较简单；而精油组分比较复杂的产品在进行水蒸气蒸馏时，其组分的变化太大，变化也较多，在实际计算中有一定困难。

下面以溴苯与水的混合物进行水蒸气蒸馏为例，来计算水蒸气蒸馏馏出物中所含溴苯的比例。溴苯与水进行水蒸气蒸馏时，沸点为95.9℃。此沸点下，水的饱和蒸气压为86.4kPa，而溴苯的饱和蒸气压为15.2kPa，溴苯的分子量为157。根据公式，可以计算出：

$$\frac{m_水}{m_油} = \frac{86.4 \times 18}{15.2 \times 157} = \frac{6.5}{10}$$

$$m_油 = 1.54 \times m_水$$

从计算结果可知，每蒸出1g水可以带出1.54g溴苯，说明水蒸气蒸馏法蒸馏溴苯的效率非常高。影响水蒸气蒸馏效果的因素有两个方面：第一是在沸腾条件下被蒸物的饱和蒸气压大小；第二是被蒸物的分子量大小。根据前文计算可知，当沸点确定后，水蒸气和被蒸物的蒸气压随之确定，这时$m_{油}$与$M_{油}$是成正比的，即被蒸物的分子量越大，被蒸物在蒸出的油水混合物中的质量比也越大。

另外，在水蒸气蒸馏时，蒸出物的总量$m_{总}=m_{油}+m_{水}$。因此，油相质量$m_{油}$占总馏分的百分比可以按下式计算：

$$\frac{m_{油}}{m_{总}} = \frac{p_{油} \times M_{油}}{p_{油} \times M_{油} + p_{水} \times M_{水}}$$

如苯甲醛在常压下进行水蒸气蒸馏时，沸点为97.9℃，此时苯甲醛的蒸气分压为7.5kPa，水蒸气分压为93.8kPa，苯甲醛的分子量为106。根据公式计算可得：

$$\frac{m_{油}}{m_{总}} = \frac{7.5 \times 106}{7.5 \times 106 + 93.8 \times 18} = 32.01\%$$

可见苯甲醛进行水蒸气蒸馏时，苯甲醛占总馏分的比例为32.01%。

6.2 分类及特点

采用水蒸气蒸馏时，首先将采集后的植物装入蒸馏釜中，通入水蒸气加热，使水和精油成分（沸点150～300℃）蒸出，最后经冷凝把精油分离出来。水蒸气蒸馏法生产精油有水中蒸馏、水上蒸馏和水汽蒸馏三种形式（图6-2），这三种蒸馏方式各有所长，适应于各种不同的情况。水中蒸馏加热温度一般为95℃左右，这对植物原料中的高沸点成分来说，不易蒸出；另外，在直接加热方式中易出现糊焦。水上蒸馏和水汽蒸馏不适用于易结块及细粉状原料，但这两种蒸馏法生产出的精油质量较好。采用水汽蒸馏在工艺操作上对温度和压力的变化可自行调节，生产出的精油质量也最佳。

水中蒸馏　　　　水上蒸馏　　　　水汽蒸馏　　　　彩图

图6-2　水蒸气蒸馏分类

（1）水中蒸馏

即水煮蒸馏法，把原料与水一起放在蒸馏锅中，直接加热，待水煮沸后，油随水蒸气一起蒸馏出来，冷凝后可分离出芳香油。该方法的优点是：设备简单，价格低廉，易于移动，便于安装，适于粉末状原料以及遇热容易黏结的原料的加工。缺点是：产量低，加热时间过长易使产品带焦臭味，对于某些容易水解的原料不能采用此法。使用该方法时应注意：原料必须完全浸于水中；锅内压力与大气压相同；温度在100℃左右。

水中蒸馏所采用的热源有以下几种形式。

① 间接蒸汽热源，即由锅炉蒸汽送入锅底部盘管中进行加热。

② 直接蒸汽热源，即由锅炉蒸汽通经锅底开孔盘管直接与锅内水液接触进行加热。

③ 锅底直接热源，也就是蒸锅锅底用电、煤气、煤油、煤、木柴等直接热源进行加热。

蒸馏开始后，水和原料同时受热，在加温过程中热水不断渗入原料组织，"水散"作用也就开始了；当锅内水液达到沸腾温度时，在水液的上方就不断形成水和油的混合蒸气，于是水油混合蒸气从锅顶经鹅颈（蒸气导管）进入冷凝器。经冷凝冷却后的馏出液流入油水分离器中进行油水分离，即得精油。

水中蒸馏的特点如下：

① 由于原料始终泡在水里，蒸馏较为均匀；

② 水中蒸馏不会产生原料黏结成块现象，从而避免了蒸气导管短路；

③ 水中蒸馏"水散"效果较好，但精油中酯类成分易水解。

水中蒸馏时，一般除了直接蒸汽热源外，以采用"回水式"为宜。所谓"回水式"是指油水分离后的馏出水再回入锅内。"回水式"一般能使锅内水量保持恒定，这种蒸馏方式适宜于白兰花、橙花和玫瑰花等鲜花类的蒸馏，也适宜于破碎后果皮和易黏结原料的蒸馏，如柑橘类果皮和檀香粉等。采用锅底直接热源的水中蒸馏时，要防止原料被烧焦，否则会影响香气质量。

（2）水上蒸馏

即常压蒸汽蒸馏法，原料与水不相接触，在蒸馏锅中设多孔的隔板，板上置原料，板下装水，直接用水或蒸汽蛇管加热，使水蒸气通过原料将芳香油蒸出。该方法除了具有水中蒸馏的优点外，还可减少产品的焦臭味，最适于草、树叶类植物的蒸馏。

水上蒸馏所采用的热源，也可采用上述三种加热方式。但采用直接蒸汽热源，锅底层水量要少，以防止沸腾时水层升得过高。蒸馏开始后，锅底水层首先受热，直至沸腾，由沸腾所产生的低压饱和蒸汽，通过筛板上筛孔逐步由下而上加热料层，同时饱和蒸汽也逐步被料层冷凝，这就形成了原料被加热，蒸汽被冷凝现象，为原料的"水散"作用提供了良好条件。从饱和蒸汽开始升入料层到锅顶形成水油混合蒸气的整个过程也被称为锅内"水散"过程。这一过程以缓慢进行为宜，一般需20～30min。当锅顶上方不断形成水油混合蒸气后，该混合蒸气经锅顶鹅颈导入冷凝器中，经冷凝冷却后进入油水分离器而获得精油。

水上蒸馏的特点如下：

① 原料只与蒸汽接触；

② 水上蒸馏时所产生的低压饱和蒸汽，由于含水量大，有利于原料的"水散"；

③ 水上蒸馏在蒸馏一段时间后，可改为直接蒸汽蒸馏或加压直接蒸汽蒸馏，这有利于缩短蒸馏时间和提高精油得率与质量。

水上蒸馏时，其馏出水应回入锅内底层，也就是要"回水"蒸馏，以保持锅底层水量的稳定。为了观察锅底层水位，在锅底层处常装有窥镜，这种装置尤其适合于直接蒸汽加热的热源。水上蒸馏方式适宜于破碎后干燥原料的蒸馏，也适宜于某些干花的蒸馏，如树兰花干。

（3）水汽蒸馏

该方法与水上蒸馏基本相同，是将锅炉中发生的蒸汽，通过多孔气管喷入蒸馏锅下部，再经过原料把芳香油蒸出来。其优点是：蒸汽温度较高，即使沸点高的芳香油亦能蒸出，加快蒸馏速度，蒸汽量可以任意调节，操作便利，蒸出的芳香油质量好；缺点是：设备复杂，不易搬动，只适宜固定性大规模生产。实验室常用的蒸馏设备如图6-3所示。

水蒸气蒸馏法的特点是：热水能浸透植物组织有效地把精油蒸出，并且设备简单、容易操作、成本低、产量大。绝大多数芳香植物均可用水蒸气蒸馏法生产精油。但对于加热时成分容易发生化学变化，以及水溶性成分含量比较高的精油不适用，例如茉莉、紫罗兰、金合欢、风信子等一些鲜花精油。在最为常用、产量较大的天然植物香料中，有很大一部分是用水蒸气蒸馏法生产的，例如薄荷油、留兰香油、广藿香油、薰衣草油、玫瑰油、白兰叶油以及桂油、茴油、桉叶油、依兰油等。此外，作为很重要的半合成原料的香茅油也是利用水蒸气蒸馏法生产的。

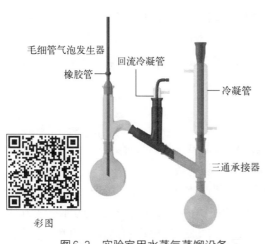

毛细管气泡发生器
橡胶管
回流冷凝管
冷凝管
三通承接器
彩图

图6-3　实验室用水蒸气蒸馏设备

6.3　影响水蒸气蒸馏效率的因素

6.3.1　水散作用对水蒸气蒸馏效果的影响

芳香植物在加工前需进行适当的粉碎或压碎处理，然而即使经过适当处理，也仅是芳香植物的一部分精油暴露于表面可以直接被水蒸气带出，其余的精油则必须先从植物组织内部扩散或渗透到表面后才有可能被水蒸气带出。

所谓的扩散是指微粒（分子、原子等）因热运动而产生的物质迁移现象。扩散可由一种或多种物质在气相、液相或固相的同一相或不同相之间进行。扩散的动力是浓度差，微粒从高浓度区域向低浓度区域迁移，直至达到平衡。扩散作用在气相中最快、液相中次之，在固相中最慢。精油从芳香植物体内扩散到水相中，再通过水蒸气蒸馏蒸出，在这一过程中，包含了在固相、液相与气相中的扩散形式。由于在固相中的扩散速度明显低于在液相与气相中，所以影响精油水蒸气蒸馏速度的是精油在植物体内的扩散速度。

水蒸气蒸馏时，精油从植物体内扩散到体表，并从植物体表扩散到液相中的过程称为水散作用。通过显微镜可以观察到芳香植物在水中的水散作用。在常温下，植物细胞的半透膜（细胞膜）对精油的渗透作用（扩散）非常小；但在沸腾条件下，植物细胞内的水分受热沸腾并膨胀，细胞壁上的孔隙被拉大，这样明显增加了细胞膜的渗透性，精油可以以较快的速度水散。从水散作用的原理可以判断，精油分子的大小会影响精油的水散速度，分子直径较大的精油组分水散较慢，难以进行水蒸气蒸馏。另外，精油分子的极性对水蒸气蒸馏的速度也有影响，极性较大的精油分子往往在水中的溶解度较大，也容易水散，所以水蒸气蒸馏的速度也相对较快。如在水蒸气蒸馏未压碎的香芹籽时，先蒸出的精油中沸点较高（233℃）的香芹酮含量高，而在后面蒸出的精油中沸点较低（176℃）的柠檬萜含量高。如果蒸馏的对象是已压碎的香芹籽，则是沸点较低的柠檬萜（柠檬草油）先蒸出，这与柠檬萜（柠檬草油）与香芹酮的沸点关系一致。在实际生产中，无论是新鲜原料还是干燥原料在蒸馏前一般都要经过润湿。在蒸馏釜内进行润湿称为锅内水散，如是在蒸馏前进行润湿则称为锅外水散。

6.3.2　其他影响水蒸气蒸馏的因素

在实际水蒸气蒸馏时，水油比往往比理论计算值高得多，其中主要原因是精油必须通过水散后才有可能被水蒸气带出。另外，精油在水中的浓度也是影响水蒸气蒸馏速度的因素，只有当精油在水中有足够浓度，可以保证其蒸气分压达到其在此温度下的饱和蒸气压时，才能符合水蒸气蒸馏时理论计算公式的要求。

精油蒸气分子从水层扩散到水面的阻力也会影响水蒸气蒸馏的效率。例如：溴苯和苯甲醛分别进行水蒸气蒸馏时，如其他条件相同，溴苯的相对密度大，沉在水的底层，溴苯蒸气分子必须克服透过水层的阻力；而苯甲醛则是浮在水的表面，可以直接与水蒸气混合而被蒸出。因此，苯甲醛相对于溴苯更易被水蒸气带出。

6.4　水蒸气蒸馏相关设备

6.4.1　蒸馏设备

水蒸气蒸馏设备大体上可分为简易单锅蒸馏、加压串联蒸馏和连续蒸馏三种类型。

（1）简易单锅蒸馏设备

可分为两种情况，即单锅固定式和单锅倾倒式。单锅固定式水蒸气蒸馏设备（图6-4）适用于水中蒸馏、水上蒸馏和水汽蒸馏三种蒸馏方式，可采用直接明火和水蒸气两种加热

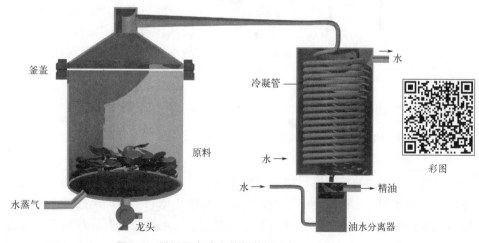

图6-4　单锅固定式水蒸气蒸馏设备

方式。因其具有结构简单、制作方便、操作容易、便于移动等特点被广泛采用。例如,利用水中蒸馏加工玫瑰花、白兰花和橙花等,利用水上蒸馏加工薄荷、留兰香、薰衣草、香叶天竺葵和木姜子等。

单锅倾倒式水蒸气蒸馏设备结构与固定式相近似,仅于蒸馏筒体中部增添一个旋转轴,蒸馏完毕后,利用传动装置将蒸锅旋转180°而使蒸锅内残渣倾倒入运输车内,从而减轻劳动强度,提高设备使用率。该设备适用于水上蒸馏法加工香茅草、薰衣草、广藿香、香紫苏、树兰花和叶等。

（2）加压串联蒸馏设备

为了提高生产效率,在工业生产中有时将2～4台加压蒸馏锅串联起来使用。加压串联蒸馏具有节约能源、节约设备投资、得油率高、产品质量好等优点。该方法特别适用于含高沸点成分,并在高温和高压情况下不易变质的香料植物,如香根草、香茅、甘松、树兰花等。以香根草为例,采用常压水蒸气蒸馏,蒸馏时间长达72h,得油率为2%左右。如果采用加压水蒸气蒸馏,当压力为392kPa时,蒸馏时间可缩短到20h,得油率提高到4%,如果串联3台加压蒸馏设备,生产效率将大大提高。

（3）连续蒸馏设备

连续蒸馏生产植物精油一般采用直接水蒸气蒸馏,并连续进出料。这种设备的特点是生产效率高,节省劳动力,可改善劳动条件。该设备特别适用于蒸馏日处理量较大且容易蒸馏的品种,例如柠檬草、薰衣草、留兰香、香紫苏、香叶、天竺葵、丁香罗勒、薄荷、香茅等。

（4）其他相关设备

① 冷凝器（图6-5）

目前生产中采用的冷凝器冷凝管有蛇管式、列管式和栅状三种,其中以蛇管式应用较多。制造材料以铝质为佳,也可用镀锌铁皮代替。

② 油水分离器（图6-6）

油水分离器亦称分油器,其作用是承接从冷凝器流出的馏出液,然后根据精油与水之间的密度不同而使之分离。油水分离器的容积一般为蒸馏锅容积的3%左右。

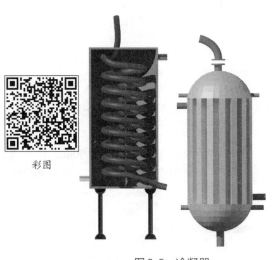
彩图

图6-5 冷凝器

6.4.2 工艺要求

水蒸气蒸馏工艺及其注意事项主要有以下几点。

（1）准备工作

收集的供蒸馏的植物原料应尽可能少地带有非主要含油部分。如以花为主的原料,则应尽量少带茎和叶,特别是不应夹带含有异味的小草和杂物。蒸馏加工点应选在距种植地较近或资源相对集中的地方,尽量避免长途运输。运输装车时应尽量避免过度堆积,以防止原料受压发热而造成油分损失。供蒸馏的原料,一般均要求及时加工,部分品种例外。

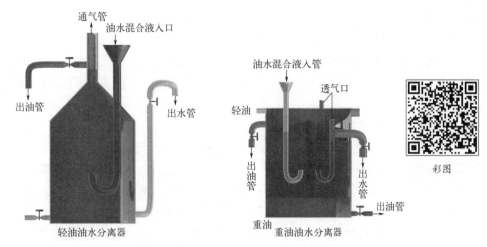

图6-6 油水分离器

蒸馏前，应视各原料品种的特点和原料的性质确定合理的预处理措施，如切割、粉碎储存或浸泡等。在启用新的或长久放置的设备以及蒸馏过其他香料的设备时，应先充分洗刷干净，并进行空蒸，直至各种不良气味清除干净为止。

（2）装料

蒸馏锅加水后将隔板放好，然后将原料装入。装料的基本要求是均匀、松散度一致，四周压紧。装载密度要适宜，不应过紧或过松，过紧水蒸气不易通过，延长蒸馏时间，影响出油率和油的品质；过松则装载量减少，影响设备效率。一般装料体积为蒸锅有效容积的70%～80%。

（3）加热

加热一般有锅底直接加热、间接蒸汽加热和直接蒸汽加热三种方式。无论采取何种蒸馏方式和加热方式，在蒸馏开始阶段均应缓慢加热，缓慢加热阶段一般应维持0.5～1h，然后才可以按蒸馏需要逐渐加大热源，使之维持正常蒸馏速度。在蒸馏过程中，热源供应要力求保持平稳，不宜忽大忽小。在蒸馏结束前10～15min，应加大火力或蒸汽量，以便将原料中残余的精油尽可能蒸馏出来。

（4）蒸馏速度

任何一种蒸馏方式在开始阶段其流速都应控制得小一些，以后可以逐渐增大。按蒸馏锅体积而论，常采用每1h蒸出蒸馏锅容积5%～10%液体的馏出速度。

（5）蒸馏终点

合理地选择和确定蒸馏终点很重要，它不仅关系到节省燃料和时间、提高设备利用率和降低成本等问题，而且关系到精油的产率和质量。理论上，所得总精油量不再随蒸馏时间的延长而增加即为蒸馏终点。但在实际生产中，当蒸出总精油量的90%～95%时，就可作为蒸馏的结束时间。判定蒸馏终点的方法一般有三种：油珠观察法、测定蒸馏曲线法和磷钨酸溶液测试法。

（6）冷凝

精油和水混合蒸气的冷凝，大多数要求冷却到室温。鲜花类精油应冷却到室温以下，对于黏度大、沸点高、容易冷凝的精油，例如香根油、鸢尾油等，冷凝温度一般保持在

40 ～ 60℃。

（7）油水分离

根据精油和水的密度不同，采用油水分离器将二者分开。为了加强油水分离的效果，可以采用两个或两个以上的油水分离器串联起来使用。一般采用间歇放油和连续出水的形式。

（8）馏出水的萃取和复馏

由于馏出水中所含精油大多数都是含氧化合物，质量较好，所以需要设法回收。馏出水常用挥发性溶剂进行萃取，如高沸点石油醚、环己烷等。较简易的萃取方法是让馏出水依靠静压力自动流经2 ～ 3个装有溶剂的填料层萃取器进行二级或三级固定萃取，二级萃取效率以苯为例可达60% ～ 70%。馏出水如采用间歇搅拌萃取，时间为0.5 ～ 1h。如条件许可，也可以采取连续萃取方法。以上所得萃取液，均要通过常压浓缩和真空浓缩将溶剂回收，以备重新使用，最后脱净溶剂即得"萃取粗油"。

馏出水的复馏是将馏出水重新进行蒸馏的方法。馏出水在复馏前，首先要在贮槽集中，然后分批进行复馏。复馏时所用热源也似水蒸气蒸馏所述的多种加热形式。复馏过程比蒸馏过程要快得多，这是由于油和水密切接触，处于混合状态，不需进行"水散"过程。所以当蒸锅内馏出水沸腾后，其水油混合蒸气会迅速形成，很快蒸出。同水蒸气蒸馏法一样，最后通过冷凝器冷却和油水分离而获得"复馏粗油"。复馏速度不宜过快，尤其是开始阶段要稍慢些，首先要将不凝空气排除，然后控制适当的馏速和馏出液温度。通常复馏出量为加入量的10% ～ 15%时，即可停止。这时锅内水液已基本无油，可以弃去。如馏出水中含有沸点高、黏度大的油分较多，可以适当增加复馏出量。

（9）粗油精制

从油水分离器分离出的直接粗油和从馏出水中回收的水中粗油，都要分别进行净化精制处理。净化精制过程一般包括澄清、脱水和过滤三个步骤。直接粗油经净化精制后称为"直接油"，水中粗油经净化精制后称为"水中油"。将"直接油"和"水中油"混合得到精油产品。

6.5 应用实例

6.5.1 橙子皮精油的提取

橙子皮中主要含有橙皮苷、果胶、胡萝卜素、精油等多种有效成分，它们在食品及食品添加剂等方面都具有重要的用途。其中精油（橙子皮精油）可作为饮料、糖果的增味剂、赋香剂，在花露水、香水、牙膏、香皂等日用品中也有广泛的用途。精油的主要成分是一种无色透明、具有橘香味的单萜类烯烃——柠檬烯。它是一种很好的天然溶剂，能有效地除去厨房、浴室、衣物等各种物件上的油脂和污垢，在大多数情况下，柠檬烯类产品代替了具有腐蚀性的碱性清洁剂在家庭和机械设备中使用。

此外，利用橙子皮为材料提取精油，成本低廉，技术简单，原料广泛，效益可观，可变废为宝，减少环境污染。橙子皮约占整个果重的20%，对橙子皮中精油提取工艺进行研究，可为综合开发利用橙子、提高原材料利用率、增加经济效益提供有用的原始数据。而且精油中的主要成分柠檬烯具有橘香味，为多数人所喜爱。橙子皮精油如图6-7所示。

彩图

图6-7　橙子皮精油

6.5.2　柚子花精油的提取

截止到目前，关于柚子花精油提取方法的研究主要集中在超临界CO_2流体萃取、同时蒸馏萃取法等。不同的提取方法、不同状态的柚子花都会影响到精油的含量、化学组成和精油的提取效率。与其他提取方法相比，水蒸气蒸馏法设备成本低、操作简单、条件简单且无污染（无溶剂残留），很多花精油的提取都采用此方法。

（1）原料预处理

采收的新鲜柚子花（已经开放或是刚开始开放的柚子花），或者是已掉落还未腐烂的花瓣，采收后立即进行速冻，速冻完全后再进行冻干。

（2）浸泡盐水

称取冻干柚子花，以料液比 1 ： 16 在3.51%的盐水中浸泡30min。

（3）水蒸气蒸馏

将浸泡有柚子花的盐水置于水蒸气蒸馏装置中开始水蒸气蒸馏提取精油，蒸馏过程控制好火力（馏出液以 1 ～ 2 滴/s 的速度馏出），集液瓶收集馏出液，馏出液高速（5000r/min）离心15min进行油水分离。

（4）无水硫酸钠干燥

分离得到的油层经无水硫酸钠二次干燥后即得柚子花精油。

（5）最佳提取工艺

饶建平等（2017）通过响应面实验方法得到最佳工艺参数：当料液比为 1 ： 16、NaCl浓度为3.51%、蒸馏时间为8.15h时，柚子花精油提取得率为0.39%。提取过程各因素对柚子花精油提取得率影响的大小依次是：料液比 > 蒸馏时间 > NaCl浓度。

6.5.3　木姜子精油的提取

水蒸气蒸馏法提取木姜子精油，工艺简单，无需大型设备投入，适合在农村地区推广。木姜子对生长环境适应性强，枝条和叶子生长速度快，在不加管理的情况下仍能长到2m左右，因此其产量大，可利用资源极为丰富。

（1）原料预处理

取新鲜木姜子枝叶，将叶片摘下洗净并用剪刀剪碎，然后把剩余的枝条剪成3cm左右，备用。

（2）提取工艺

准确称取剪碎的木姜子枝叶100g，放入NaCl溶液中浸泡，然后转移至蒸馏桶中，密封装上桶盖及冷凝器。打开电磁炉加热至沸腾，通过控制火力调整蒸馏速度和蒸馏时间。提取一段时间后关火，将油水混合物倒进分液漏斗，静置至油水分层，然后分离出木姜子香精油装入10mL试剂瓶中，加无水硫酸钠脱水12h后过滤，得到不含水的蒸馏产物，称重。

严汉彬等（2021）通过正交实验方法得到最佳工艺参数：当料液比为1∶10（g/mL），NaCl浓度为2%，蒸馏时间为2h时，木姜子枝叶中精油的提取率为2.37%。各因素对木姜子精油提取得率影响的大小依次为：料液比>蒸馏时间>NaCl浓度。

6.5.4　神香草精油的提取

在植物性天然香料生产中，水蒸气蒸馏是最常用的一种技术，该方法特点是设备简单、容易操作、成本低，在生产实践中得到了广泛使用，该方法也是神香草精油常用的提取方式。

（1）原料预处理

烘干、粉碎：将神香草叶和花在40℃下烘干处理72h，烘干后粉碎，过40目筛，取粉末备用。

（2）提取工艺

称取100g样品，置于1000mL三口烧瓶中，加入蒸馏水浸泡1h，再加入$MgSO_4$，连接水蒸气蒸馏装置和冷凝装置，进行水蒸气蒸馏。加入无水Na_2SO_4除去水分后，得神香草精油，其颜色为淡黄色。

吴晓菊等（2016）通过正交实验方法得出提取神香草精油的最佳工艺参数：当料液比为1∶15（g/mL）、$MgSO_4$浓度为10g/L、提取时间为2h时，神香草精油得率为0.69%。各因素对神香草精油提取得率影响的大小依次为：$MgSO_4$浓度>提取时间>料液比。

6.5.5　香樟精油的提取

香樟精油在医药工业、香料工业、化学工业等行业具有广泛的应用。香樟精油多从香樟叶中获得，提取方法有水蒸气蒸馏法、超声提取法、超临界流体提取法等，或采用多种技术相结合以增加提取效率。采用水蒸气蒸馏与超临界CO_2流体萃取法联合提取香樟叶精油，提取率为6%～10%。此法虽能显著提高香樟精油的提取率和质量，但设备复杂，提取过程中需要高压、真空等装置配合，操作技术要求高，生产成本高，工业化程度低，该工艺在生产应用中受到极大限制。胡文杰等人（2013）采用响应面法优化樟树叶精油水蒸气蒸馏提取工艺，利用新鲜树叶进行提取，提取时间为65min，料液比为1∶12.495时，香樟精油提取率为1.43%～2.14%。

水蒸气蒸馏法是目前香樟精油工业提取的主要方法。郑红富等人（2019）在香樟精油提取工艺优化中使用此方法得到的最高提取率为1.42%。史娟等人（2011）的研究显示，在料液比1∶10、提取时间80min、提取温度75℃的条件下，香樟精油的提取率可达到4.78%。杨素华等人（2022）通过水蒸气蒸馏法连续提取5h，从香樟的枝叶中提取出了较多的香樟精油，提取率达到2.67%。在对广西芳樟树枝叶的64份样品的精油提取试验中，精油的平均得率为1.22%～2.22%。

随着提取技术的发展，出现了许多水蒸气蒸馏与其他方法复合提取植物精油的方法。丛赢（2016）在对油樟精油提取的研究中，使用了酶辅助-水蒸馏法，在pH值为5、酶解时间为67min、酶解温度为48.5℃的条件下，油樟精油提取率达到4.37%。

目前，水蒸气蒸馏法提取香樟精油的得率区间大致为1.5%～5.0%，但提取时间均在1h以上，甚至达到6～7h。

6.5.6　生姜精油的提取

生姜精油是目前生姜的主要深加工产品之一，作为生姜中抽提出来的微量的、高价的浓缩物质，是生姜调味的主要成分。生姜精油具有很大的开发应用潜力，是用于化妆品，特别是男士用香水的理想香料香精，也可作为天然的食品香料，除此之外，还具有很高的药用价值。

生姜精油是指从生姜根茎中用水蒸气蒸馏等方法得到的挥发性油分，几乎不含高沸点成分，具有浓郁的芳香香气，主要应用于食品及饮料的加香、调味，因其独特的香气及多方面的用途，在国内外市场上成为一种广受欢迎的香精原料和药用原料。迄今为止，从生姜中提取挥发性精油的方法以水蒸气蒸馏法为主，得率为1.5%～2.5%。该法操作简便、投资少，但缺点是蒸馏时间长，得油率低。近年来，超临界萃取技术与短程分子蒸馏技术能在温和的条件下，实现目标组分的有效分离和提取。

浸提法

浸提法，也称萃取法，是香花加工最通用的一种方法，如铃兰等的花朵均可采用此法加工。该法是采用挥发性有机溶剂浸泡香料植物的花、枝、叶、果、根、干和茎等部位，萃取出植物香料。用浸提法所制的香料产品能较好地保留原料的原有香气，也能把低沸点、高沸点组分都提取出来，甚至在蒸馏法、压榨法无法很好制备出香料的时候，浸提法能发挥它独特的优势，把香料植物制成香料产品。此外，从地衣植物、树脂和一些特别难蒸馏的原料中提取芳香油时，亦采用浸提法制成浸膏后，再进行蒸馏或用其他方法作进一步处理。

7.1 浸提法原理及溶剂选择

7.1.1 浸提法原理

香料植物的含香部分是由数量众多的细胞组成的，存在于细胞内或细胞间质的油囊中。细胞壁多为不溶于水和乙醇的纤维素和木质素所构成，细胞内充满着半流动的液体，叫作原生质。植物体内的新陈代谢由原生质所主持，新陈代谢所产生的一切物质，包括挥发精油，均存在于原生质中。原生质含有90%以上的水分，因此，我们可以认为精油存在于细胞内的水中，即水溶性的原生质。采用浸提法从香料植物中提取香成分可以认为是一种液-固提取过程。在浸提过程中，浸提溶剂首先渗透进入细胞壁对原生质中的精油进行选择性溶解，在溶解的同时，溶有精油成分的溶剂也被扩散到细胞外。植物原料的结构非常复杂，提取的物质是多组分混合物，因此浸提过程可以被认为是渗透、溶解分配以及扩散等因素共同作用的结果。

（1）渗透

当溶剂与植物原料接触时，首先是破碎的植物组织表面被溶剂所湿润，然后通过细胞间隙的毛细管渗透到碎片的内部，再通过细胞壁进入细胞内。对于干燥原料，首先要用水润湿，湿润的原料与极性溶剂（如乙醇、丙酮等）接触，溶剂分子较易向原料内部渗透。而湿润的原料与非极性溶剂（如石油醚）相接触，溶剂向原料内部渗透就很困难，可加少量极性溶剂到非极性溶剂中。这里的少量极性溶剂可作为水和非极性溶剂之间的桥梁，使非极性溶剂的分子也能一起渗透到原料内部。鲜花中水分多达80%，鲜叶中水分多达60%，因此，不需要用水润湿。

（2）溶解、分配

溶剂渗入细胞之后，可溶解的香成分便按照溶解度大小被溶解到溶剂中去。一般香成分在溶剂中的溶解度越大，越有利于被萃取。

在细胞原生质中，溶剂与细胞液是分层的，精油成分在溶剂和细胞液两相中都能溶解，若在两相中溶质浓度不平衡，则在相互接触时，将在相与相之间进行分配，即香成分从细胞液的液相转入溶剂相中。在这一过程中必须考虑的是香成分在两相内的分配系数。

分配系数是在一定条件下，被溶解物质在两个液相内，即精油在细胞原生质和溶剂两相内达到完全平衡后浓度的关系，大约相当于物质在这两个溶液（等体积）内溶解度的比。每一种香成分在细胞原生质与溶剂之间的分配系数在一定温度条件下是一个恒定的常数。

设 c_1 为两相平衡时被浸提组分在浸提溶剂中的浓度，c 为两相平衡时被浸提组分在细胞原生质中的浓度。

则有：

$$K=\frac{c_1}{c}$$

式中　K——分配系数；

　　　c_1——浸提液中的精油浓度；

　　　c——原生质中的精油浓度。

K 是分配系数，其数值与细胞原生质的种类、浸提溶剂的种类和温度有关。

（3）扩散

细胞原生质内的溶液可以透过细胞壁，其中的精油与周围的浸提溶剂接触，使周围浸提溶剂或含低浓度溶质的溶剂中精油浓度上升，当细胞内溶液与细胞外溶液的精油浓度相等时，达到平衡状态，宏观的扩散过程就终止。因此，设法造成细胞内外溶液的浓度差（如更换新鲜溶剂），可延长浸提过程。

从香料植物浸提芳香物质的过程可用公式表示如下：

$$G=DA\Delta ct$$

式中　G——扩散出的精油数量；

　　　A——用于扩散的表面积；

　　　D——扩散系数（指物质渗透到某一种介质中的能力）；

　　　Δc——浓度差；

　　　t——时间。

7.1.2　浸提溶剂的选择

（1）溶剂的选用原则

采用浸提法制取香料制品时，选用合适的溶剂至关重要。浸提溶剂的选择需要注意以下几点。

① 溶剂特异性：所选用的溶剂应对所需浸提的成分有较高的溶解度，而对其他的不需要浸提的成分有较小的溶解度。

② 容易回收：溶剂的回收多采用蒸馏操作进行，因此溶剂应具有适当的挥发性、低汽化热以及溶剂与溶质之间的相对挥发性较大。

③ 密度：物料与溶剂之间的密度差将影响浸提操作，密度相近，易于混合和分散，但分离较困难，反之亦然；混合与分离直接影响工作的效率。加强浸提过程的混合与分散，宜采用密度相近的溶剂进行浸提，这样对提高整体的经济性较为有利。

④ 表面张力：物料与溶剂间的表面张力也会影响二者之间的分散性和分离的难易程度。表面张力大，溶质的分散性差，但浸提液的分离较为容易。反之，表面张力小，溶质的分散性好，但浸提液的分离较为困难。在整个浸提操作中，溶质的分散性的影响最大，且不易克服，故选择溶剂时，宜选用表面张力较小的溶剂，或添加适量的表面活性剂。

⑤ 安全性及化学稳定性：溶剂的挥发性不宜过高，否则溶剂极易挥发散失造成环境污染，甚至导致燃烧爆炸；溶剂本身应无毒性，且不易分解变质，不与物料中的成分发生化学反应，以保证浸提成分的安全性。

（2）溶剂的精制

以上条件在具体使用时还应根据原料品种、性质和产品质量要求进行适当的选择，目前所使用的溶剂不可能完全符合上述理想条件。任何溶剂在使用前，还需要进行一次处理与精制，因为溶剂质量的好坏直接关系到产品质量的高低。溶剂中即使仅仅带有微量杂味或焦臭气息，在使用过程中经蒸发浓缩被带入产品中，也会严重影响产品的香气，而且事后也难于进行脱臭处理。工业上处理溶剂的简易方法是将溶剂重新精馏一次。例如我国用于香花类的溶剂是以己烷为主的 $60 \sim 70\,^{\circ}\mathrm{C}$ 的石油醚，它从石油精炼厂出来前已经过几次加氢饱和和精馏，然而经蒸发后仍含有少量不利于鲜花香气的残留气息。$60 \sim 70\,^{\circ}\mathrm{C}$ 馏程的石油醚质量分数已达98%以上，但是 $70\,^{\circ}\mathrm{C}$ 后的高沸点石油醚却带有油脂气息和不愉快气味，有时再加上包装容器的不洁净，会重新将异味带入溶剂中，所以在生产前必须加以处理与精制。其处理与精制方法为：在精馏前加入0.5%（质量分数）的液体石蜡，精馏时要控制馏速，不宜过快，并应留下5%（质量分数）左右残留液。加液体石蜡的目的是在精馏时留住高沸点部分以及吸收溶剂中部分臭杂味。

（3）溶剂的种类

根据选择溶剂的要求，我国目前用于萃取的溶剂有乙醇、丙酮、石油醚、氯代烃类等。

① 乙醇：乙醇是精制油树脂时最常用的溶剂。乙醇的浓度在浸提过程中常被原料中的水分所稀释，进而影响浸提效果；一般工业用乙醇中常含有还原性物质（醛类）、不饱和有机物、高碳醇、有机酸及其它不挥发杂质，不能直接作为油树脂萃取用溶剂。因此，在使用前必须预先加碱或高锰酸钾进行加热回流处理，再经分馏除去头馏分和高沸点馏分，取沸点为 $77 \sim 78.5\,^{\circ}\mathrm{C}$ 的中段馏分。在分馏时，可根据香气评定的结果及馏分中还原物质的检测结果，将头馏分与其他馏分分离。

还原物测试：取5mL精制乙醇加入1.5%的高锰酸钾溶液1滴，混合物在 $20\,^{\circ}\mathrm{C}$ 下保持10min。如溶液保持紫红色不变，则说明此精制乙醇符合萃取油树脂的要求。

② 石油醚：石油醚是用来萃取香花类植物中有效成分的常见的溶剂。

③ 氯代烃类：氯代烃类具有溶解能力强、不易燃烧、便于管理等优点，然而鉴于其毒性，一般不采用。

④ 丙酮：丙酮沸点低，常用于油树脂的提取；萃取时由于植物中水分的存在降低了溶剂中丙酮的浓度，在多次浸提后必须将丙酮重新分馏以提高浓度；此外，该溶剂可将原料中水溶性的非香味物质如多糖类、树脂、胶类物质等浸提出来，进而影响产品品质。

⑤ 新的理想溶剂：作为溶剂用的液化气体，在香料植物浸提中常用的有丙烷、丁烷及二氧化碳。其中以二氧化碳作溶剂进行超临界浸提油树脂和食用香料最受人们欢迎，如用二氧化碳制取酒花萃取物和咖啡的脱咖啡因等。

二氧化碳作为溶剂有如下优点。

a.二氧化碳的临界温度为31.1℃，接近常温，临界压力为7.39MPa。在这样比较低的温度条件下进行萃取，热敏性食用香料植物中的挥发成分损失较小，而且氧化反应可控制到最低限度。

b.对芳香的提取有选择性。以二氧化碳作为溶剂从酒花浸出的成分经气相色谱检验，证明与天然酒花中的成分几乎相同；在利用其它有机溶剂萃取时，萃取过程中溶剂会与某些成分发生反应，而使用超临界二氧化碳萃取则可有效避免该问题的发生。

c.溶质和溶剂的分离不需以往的蒸馏操作，可在减压下简单地完成，从而可避免加热浓缩中带来的热敏物质的分解变化。

d.无毒、不燃烧、安全，可在食品、医药品中使用；在室温下操作，可节省能源。

e.制成的产品，保存中不易变质，从蒸发器中放出的气体可再经过压缩回收利用。

溶剂因分子的极性不同，常分为极性溶剂和非极性溶剂。极性溶剂就是由极性共价键形成极性分子而构成的有机溶剂，例如乙醇、二氯甲烷、二氯乙烷、丙酮、异丙醇、乙醚、三氯甲烷等。这些溶剂由于其极性共价键中的共用电子对的偏移程度不同，形成极性不等的极性溶剂，以上溶剂中以乙醇的极性最强。非极性溶剂是由非极性共价键形成的分子或由极性共价键形成的非极性分子而构成的有机溶剂，例如石油醚、甲烷、丁烷、液氮等。物质的溶解能力大都遵循"相似相溶"的规则。一般芳香物质是由非极性、弱极性及中等极性化合物所组成的，也遵循这一经验规律。因此混合溶剂就是以非极性有机溶剂为主体，加入少量或适当比例的极性有机溶剂，以提高萃取效率及萃取物的质量。

7.2 浸提法的优缺点

随着石油化工的发展和有机化学的进步，尤其是调香对原料的要求不断提高，天然香料加工中挥发性溶剂浸提法在过去的几十年中获得了广泛的应用，虽然不能全部取代水蒸气蒸馏法，但是它在天然香料加工中所占的比重越来越大，过去采用水蒸气蒸馏法加工的品种，有逐步采用浸提法进行加工的倾向，如玫瑰、薰衣草、香紫苏等过去都是采用蒸馏法，而现在多采用浸提法制成浸膏；同样，有些香料、辛香料采用浸提法制成油树脂使用。

在讲述浸提法的优缺点之前，先介绍水蒸气蒸馏法的一些缺点。沸水对植物原料长时间作用，会使精油中的热敏性成分发生变化，特别是精油中的酯类成分会发生水解；同时有些成分易产生聚合、树脂化反应；高沸点的成分特别是易溶于水的成分不容易蒸出，溶解在馏出水中的成分不方便回收。有些植物品种，特别是一些鲜花不适合采用水蒸气蒸馏法。因此，采用浸提法后可有效避免水蒸气蒸馏法的这些缺点。

浸提法的优点如下：

① 加工过程受热温度低，能保持植物原料原有的香气。

② 浸提法制得的产品几乎不含或少含单萜类和倍半萜类成分，而在水蒸气蒸馏法制得的精油中，常含有较多这类不稳定成分，导致精油质量不高。

③ 无论浸膏还是净油都具有较大的化学稳定性，其新鲜香气长时间不变化。

④ 可使部分香料的味觉感受更丰富。浸提可以将某些不挥发或难挥发的成分也提取出来。某些食用香料含有不挥发或难挥发的味觉成分，采用浸提法可以将这部分物质提取出来。因此，采取浸提法加工，可以使这些香料的味觉感受更丰富。

浸提法与蒸馏法相比也有其缺点：

① 一般浸膏色泽较深，且不能溶于低浓度的酒精。这是因为植物原料中一些不挥发的天然色素和难溶于酒精的成分也被浸提出来。水蒸气蒸馏法制备的精油颜色大多是浅的，而且一般都能溶于酒精。

② 浸提法溶剂耗用量大，设备造价高，使用易燃易爆的溶剂易出事故，需要有一批熟练的操作工人，相应地，采用浸提法时生产成本较高。这些因素都使得它不能完全代替水蒸气蒸馏法，在一般的情况下，水蒸气蒸馏法设备要求简单，操作容易。这些因素使得蒸馏法在我国仍是提取精油的主要方法。但是在现代化生产中，采用浸提法提取精油将是天然香料加工和发展的方向。

7.3 影响浸提效率的因素

（1）加料

加料质量与浸提效率密切相关。在加料时应注意的事项如下：原料不可太大，应松散地加入浸提器中，与溶剂保持最大接触面；料层要均匀、不可太厚、保持高低一致，这样有利于溶剂的渗透和精油的扩散；对于转动浸提，其装载量一般为浸提器的80% ～ 90%，对于其它浸提方式，其装载量一般为浸提器的60% ～ 70%。

（2）物料与溶剂比

对固定浸提和搅拌浸提，溶剂加入量应以盖没料层为原则，料液比为1：4～1：5(kg/L)；对于转动浸提，料液比为1：3 ～ 1：3.5(kg/L)；对于逆流浸提，溶剂是连续加入的，其总加入量为物料量体积的4倍左右。

除逆流浸提外，其余各种浸提方式在浸提后常要更换溶剂进行洗涤，这时溶剂加入量可按原料及溶剂的情况适量减少。

溶剂量和溶剂含膏浓度与浸提过程的关系：①选择合适的溶剂比是十分重要的，溶剂量太少，会影响浸提效率，溶剂量太多，则会降低溶剂对原料的选择性；②溶剂含膏浓度的高低与浓度差是密切相关的，如所用溶剂含膏浓度较高，则浸提时浓度差就降低，从而影响浸提效率。

（3）浸提温度

浸提温度对浸提效率和产品质量有直接影响，最常用的是室温浸提。一般来说，浸提温度提高，则浸提率增高，浸出率增大，但提高温度同时会导致浸提选择性差，杂质增多，产品质量下降。对于名贵鲜花类，最好采用室温下浸提，这样能获得高质量的产品。所以只有对难以浸出的芳香植物才采用加温浸提或加热回流浸提。

（4）浸提时间与终点

理论上浸提终点时间是指目标物在溶剂中浓度与物料中的浓度开始呈动态平衡时的这一时间。浸提终点时间在间歇浸提操作中往往是漫长的。在工业生产中为提高生产效率和保证产品质量，往往当达到平衡时理论得率的80% ~ 85%时即停止浸提，有时对要求快速浸提的某些原料，如大花茉莉，只要达到70% ~ 75%浸提率时，即停止浸提。浸提时间的长短主要取决于原料品种和原料组织状态；浸提时间一般不宜过长，越接近浸提终点时，其芳香物质的扩散速度越慢，而杂质的溶解和扩散相反会增加。连续浸提的浸提时间取决于出料端的浓度，也包含了洗涤过程的时间。

7.4　天然香料生产中常用的浸提方法

（1）固定浸提

在浸提锅内放置原料和溶剂，使溶剂没过原料，溶剂与原料两相都不作运动，处于相对静止状态，让溶剂渗入原料组织细胞，并使香成分向细胞外扩散。固定浸提也叫静止浸提，最适于娇嫩鲜花和易被损伤的原料。固定浸提所用设备简单，但属于间歇操作，浸提时间长，效率低。

为了提高固定浸提的效率，在浸提锅底部浸出液内安装管道，通过水泵将浸出液抽至浸提锅顶部，再回入浸提锅；或者把水泵抽出的浸提液打入浓缩锅，使浓缩蒸发出的回收溶剂再回入浸提锅。回收溶剂几乎是纯溶剂，加大了浓度梯度，进一步提高了浸提效率。

固定浸提的浸提液循环使用一段时间以后，原料与浸提液中香成分的浓度差越来越小。当浓度差为零时，浸提过程即为结束。

（2）搅拌浸提

刮板式浸提机由不锈钢制成。固定的外壳内装有中心轴，轴上装两组刮板。外壳内盛放溶剂和原料，原料被没在溶剂中。在固定浸提基础上，安装搅拌器，搅拌器的缓慢转动，使原料与溶剂同时产生运动。由电机带动中心轴，轴带动刮板转动，一般其转速为2000r/min。

刮板式浸提机适用于鲜花和小颗粒原料浸提，由于其属于间歇式操作，不易损伤原料，浸提效率比固定浸提高。

（3）转动浸提

转动浸提是借转动使原料与溶剂作相对运动。通常使用的转鼓式浸提机如图7-1所示。

转鼓式浸提机外形像一面鼓，外壳固定，花筛主轴装有轴承支撑于机体上，在外壳两端装有填料保证其气密性；同时外壳上开有两扇门，分别为进料门和出料门；花筛周边上开有四扇门，供加料出渣使用。当外壳上的加料门与花筛门对准即可进行加料。花筛上布满1.5 ~ 2.0mm的小孔，既能使溶剂渗入，又能防止原料的漏出。

转动浸提时原料翻动，浸沥交错，加快了溶剂的渗透与扩散，提高了浸提效率，该方式适用于茉莉、白兰、墨红、黄兰等的浸提。然而，对于易在转动时损伤或碰坏的鲜花并不适用，其原因为鲜花受损后会促进酶的活动，进一步降低浸液质量。

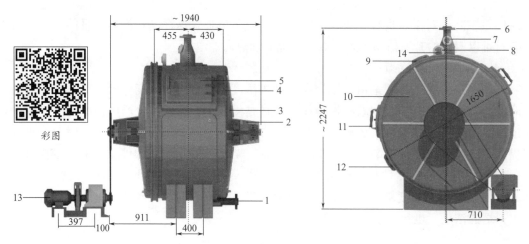

图7-1　1.5m³转鼓式浸提机

1—浸液出口；2—主轴；3—花筛；4—外壳；5—进料门；6—出气口；7—压力表；8—温度计；9—清选口；10—溶剂进口；11—出料门；12—蒸气进口；13—传动装置；14—透气口

（4）连续浸提

固定浸提、搅拌浸提、转动浸提都属于间歇式浸提，而连续浸提可以实现原料的大批量处理。连续浸提设备可分为很多种，这里以平转式连续浸提器（图7-2）为例进行介绍。

平转式连续浸提器有固定的气密性外壳，内部装有15～18个绕主轴缓慢转动的扇形料斗，支撑原料的筛门被铰链绞结在料斗底部，在适当的位置上，筛门自动打开和关闭。

工作过程中原料自进料口落入料斗，料斗随主轴顺时针方向转动，溶剂由喷淋管自上而下喷淋在料层上，把香成分浸出，浸提液经筛网流入浸提液接收器内，再用泵喷淋到次级花层上，形成原料与溶剂的多级逆流连续浸提过程。喷淋级数因原料种类而异，浸提时间一般为0.5～1h。当料斗转到出料口上方时，筛门因失去撑杆的支撑而自动打开出料。当转到撑杆能支撑的位置时筛门自动关闭。当转到进料口下方时，料斗内又被重新装上原料。

连续浸提的特点为：连续进行，处理原料量大，可以及时地在原料加工的最佳条件下进行加工；料斗内原料间不作相对运动，溶剂喷淋量大，保持足够大的浓度梯度，浸提效果好；劳动条件改善，劳动强度减轻。但因喷淋后尾气中溶剂含量高，该设备需配有尾气回收装置。

（5）浮滤式浸提

浮滤式浸提是在搅拌浸提基础上加上浮滤装置的一种形式，该方法集搅拌、浸提、澄清及过滤于一体。当搅拌浸提停止后，澄清片刻，放下滤片，清液由泵吸出；由于浮筒关系，滤片始终刚好浸在清液中，直至清液滤完碰到料层沉淀物而浮筒不再继续下沉时为止。当浸提液被抽吸出，还需要进行2次洗涤，洗液可循环使用。

浮滤式浸提中的过滤是在澄清液中进行的，过滤面在清液上部，由上而下，滤布不易受细

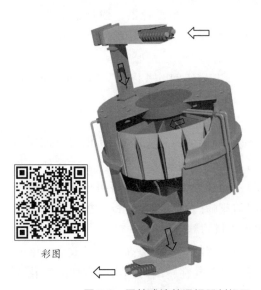

图7-2　平转式连续浸提器剖视图

粒原料或胶状物堵塞，因而这种浸提方式适用于粉末状、细颗粒状及树脂状原料的浸提，也适宜于树兰花、芸香等香料植物的加工。浮滤式浸提方式所用的设备为浮滤式浸提器，如图7-3所示。

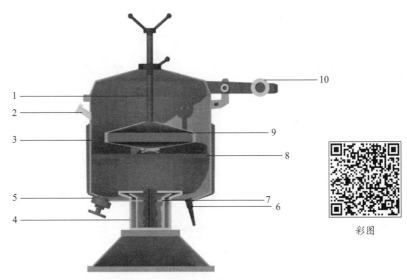

图7-3　浮滤式浸提器

1—中心过滤撑管；2—溶剂入口；3—水蒸气夹套；4—叶轮搅拌器；5—排液阀；6—降气室；
7—直接水蒸气喷管；8—过滤板；9—浮筒；10—重锤

（6）加热回流浸提

加热回流浸提是以乙醇为溶剂，以固定或搅拌浸提为基础结合加热进行回流浸提的过程。这种浸提方式比不加温的完全固定浸提或搅拌浸提都要强得多，因而浸出效率较高，但浸提时选择性较差。一般适用于一些芳香植物如粉类、树脂类和泌香类原料的加工。这类浸提液可按产品要求通过适当浓缩（或不浓缩）制成酊剂、浸剂或者浓缩成浸膏或香树脂类的产品。有时还可继续将所得产品用选择性较好的非极性溶剂或混合溶剂再作进一步的精制。加热回流浸提后，一般还需进行1～3次洗涤，洗涤液可循环利用。

7.5　浸提工艺操作

首先将选好的鲜花等放入浸出器内，再注入溶剂浸提，每次浸提时间为25～45min不等，可视原料种类而定。每批原料应浸提2～3次，经浸提后的浸出液可直接送浓缩锅蒸馏回收溶剂，有时需要先在储存桶内澄清再送浓缩锅处理，浓缩锅蒸馏回收的溶剂，经冷却后再流入溶剂储存槽。

花类原料经浸提并浓缩处理后的产品被称为"浸膏"，这种"浸膏"还可以用无水酒精再经过一次萃取，萃取液除去酒精后即为"净油"。树脂类原料的酒精浸出液被称为"酊"，可直接用作香料；将酊浓缩，除去酒精即得"树脂油"和"香膏"。"浸膏""净油""香膏"等均为高级的芳香油制品，可直接用于调配香精。

浸提法在生产中应注意：①对铃兰等类型的原料，需采用低湿浸提法（冷浸法），浸提时需在浸提器外设一夹层，利用冰水保持在0℃以下，溶剂也需在冰冷后使用；②应确保用

天然香料学

于浸提的石油醚蒸发后无异味。对浸提用的石油醚可用如下方法检查：将精制好的石油醚，取样50mL，置于玻璃皿或瓷皿中蒸发，蒸发温度不得超过40℃，蒸发完后，皿中不应有任何香气，特别是煤油和硫化物的气味。

7.5.1 浸提工艺流程图

（1）制取浸膏工艺

浸膏制取工艺如图7-4所示。

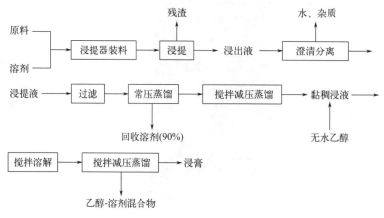

图7-4　浸膏制取工艺图

（2）浸提残渣的处理工艺

浸提残渣的处理工艺如图7-5所示。

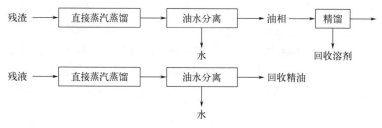

图7-5　浸提残渣的处理工艺图

（3）制取净油工艺

制取净油的工艺如图7-6所示。

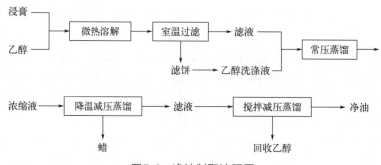

图7-6　净油制取流程图

094

7.5.2　工艺说明

（1）原料预处理

在原料预处理方面，浸提法与水蒸气蒸馏法有相似之处，如茉莉、大花茉莉、晚香玉等采集的是即将开放的花蕾，但那时并不发香，经过一定时间的呼吸和代谢作用，花蕾才开放发香。由于呼吸、代谢时要放出一定的热量，需要良好的通风来散失这部分热量，否则会受热发酵变质。常用的办法是把花蕾松散地装在箩筐中，要薄层放置，高度不超过5cm，且在箩筐中安放竹制的通风筒，保持在室温。另外要保持一定的湿度，一般为80%～90%，必要时要喷洒雾水，并轻轻地上下翻动花蕾。

桂花在每年9～10月份开花，采集6h后香气会变淡，存放10h以上花朵会枯萎、发热、发酵。为延长贮存时间，可用饱和盐水腌制，在容器中放置浸泡过盐水的桂花，加满盐水，密封保存，可存放半年以上。且腌制过的桂花，香气浓郁、甜醇。香荚兰豆、树苔要用发酵处理。香荚兰豆种子经2～3个月自然发酵才能发香。树苔要阴干打包自然发酵贮存一年以上才自然发香。当然，发酵过的原料在浸提前应适当回潮，使组织膨胀，利于浸提时的渗透、溶解、扩散。

（2）浸提器装料

加料的质量与浸提效率有重要关系。坚硬或大块原料应先破碎。料层不可太厚，最好分格装载。溶剂要足够，有最大的接触面积。装载高度要一致，一般为浸提器高度的60%～70%，转动浸提可装至80%～90%，对接触溶剂后会收缩的原料可适当多装些，对接触溶剂后会膨胀的原料，可适当少装些。

（3）浸提

浸提时溶剂的用量要控制，溶剂太少，影响浸出率，溶剂太多，会降低溶剂对香成分的选择性。固定浸提和搅拌浸提，原料与溶剂的数量比通常为1：4～1：5。转动浸提时溶剂可少一些，一般为1：3～1：3.5。连续逆流浸提时总溶剂量为原料量的4倍左右。

浸提温度通常是常温，温度的波动对浸出率和产品质量有影响。适当提高温度，浸出率提高，选择性变差，产品质量变差；适当降低温度，浸出率降低，选择性变好，产品质量提高。对鲜花类原料采用低温浸提往往能得到香气好的优质产品。

在间歇浸提过程中，从浸提开始到放出浸出液所用的时间叫浸提时间。生产上在浸提时间内的实际浸出率只有理论浸出率的80%～85%，对于大花茉莉等需要快速浸提的原料，实际浸出率约为理论浸出率的70%～75%。浸提时间与原料种类、原料组织状况、溶剂的性质、温度等多种因素有关。通常白兰花的浸提时间为3h，大花茉莉为0.25h，茉莉花为2h左右。

（4）浸出液的蒸发浓缩、制膏

浸出液是指浸提结束，分出残渣后的液体。浸出液静置分层，分出水分和杂质，进行过滤。滤液中含有大量溶剂，进行常压蒸馏可回收90%的溶剂，并能得到浓缩浸出液。常压蒸馏时需控制温度不宜过高，否则会造成蒸馏速度比较快，如间歇式宜用夹层水浴加热，连续式可用薄膜蒸发器。这样可以使鲜花类原料中被浸出的热敏性成分得到有效保留。

常压蒸发浓缩得到的浓缩浸出液，可用搅拌减压浓缩法进行二次浓缩。浓缩时常采用水循环式喷射真空泵，真空度约为80～84kPa，采用热水夹层加热，控制温度在35～40℃，冷凝水为-10℃冰盐水，接收器用-10～-5℃冰盐水降温。当蒸发浓缩至一半左右，要连续搅拌，转速为120～150r/min，蒸发浓缩成粗膏。

粗膏呈黏稠状态，尚含少量残留溶剂。向粗膏中加入无水乙醇，无水乙醇与残留剂石油醚的比例为1∶4，形成恒沸点混合物，再搅拌溶解，控制温度38～40℃，真空度93～95kPa，能快速赶走残留溶剂，并得到香气质量好的浸膏。

（5）残渣处理

浸提结束，在得到浸出液的同时，也得到残渣。残渣中尚含有溶剂，占原料的50%左右，残渣中花蕊含有的香成分也未被完全浸提出来，因此，处理残渣的目的为回收溶剂和香成分。

残渣经直接蒸汽蒸馏，得到油水混合物。从油水混合物中分出水分就得到油相，油相经过精馏分离出溶剂。余下的油相直接蒸汽蒸馏又得到油水混合物，分去水分，可回收精油，得到副产品。

（6）净油的制取

用乙醇将浸膏轻微加热溶解和洗涤，合并溶解液与洗涤液，并在低温下冷冻过滤去除不溶物，滤液回收乙醇后得到的油状物即为净油。在浸提过程中，植物原料内的蜡溶入了溶剂，在蒸发浓缩制膏过程中，植物原料内的蜡仍与香成分一起存在于浸膏中。在净油的制取中，考虑到乙醇对蜡的溶解度明显随温度下降而下降，而对香成分的溶解度基本没有变化，因此，利用降温时蜡与香成分在乙醇中溶解度的差异，能达到除蜡的目的。但应强调，蜡是不可能被完全除去的，总有少量的蜡与香成分混合在一起。

除蜡制净油的过程如下。

① 溶解：首先用95%以上的精制乙醇溶解浸膏。浸膏与精制乙醇的用量比为1∶6～1∶7。乙醇量过大，溶解的蜡较多，使除蜡困难；乙醇用量过小，影响香成分的溶解。溶解过程可以稍微加热，促进浸膏溶入精制乙醇。

② 过滤：浸膏被精制乙醇溶解后，放置冷却到室温（一般是15～25℃）再过滤除去蜡质。对滤饼要用精制乙醇洗涤，直至蜡质不含香气。用于洗涤的精制乙醇体积与溶解时使用的乙醇体积相等。

③ 常压蒸馏：把上述滤液和洗涤液合并，进行常压蒸馏，回收大部分溶剂乙醇，得到浓缩液。浓缩液的量大约是浸膏用量的3倍。

④ 降温减压过滤：为了进一步除蜡，需把浓缩液降温，如降到0℃或−20～−15℃。冷冻时间一般为2～3h，在真空度为80～93kPa的条件下，过滤冷冻液，得到滤液。

⑤ 搅拌减压蒸馏：经降温减压过滤得到的滤液，含蜡量很少，但仍含有乙醇，需经搅拌减压蒸馏除去。真空度为70～80kPa，水浴温度为40～60℃，加快乙醇蒸发，最后得到净油。净油中乙醇残留量应小于0.5%。

制备净油时用95%以上的精制乙醇除蜡。乙醇对蜡的溶解度随温度下降而下降，而醇对芳香物质的溶解度相对来说受温度的影响较小。可利用这一特性，从而达到除蜡目的。但想将蜡除净，需按产品质量要求控制除蜡时冷冻和过滤的温度。为保证发香成分不被蜡质带走，除去的蜡需洗涤至基本无香。

制备净油常用如下四种温度：

① 浸膏用乙醇溶解后，溶液的冷冻和过滤全部在15～25℃的室温下进行；

② 将上述初滤液和洗涤液合并后，浓缩到原浸膏量的1/3，然后冷却到10℃减压过滤；

③ 将室温所得的初滤液和洗涤液合并后，冷却到 0℃进行减压过滤；

④ 在③的基础上所得滤液，再置于 -20 ～ -15℃的低温中冷冻，并在同样低温下进行减压过滤。

通过上述四种温度所得的溶液均可直接使用，或通过浓缩制成不同温度的净油产品。

净油制备过程应掌握如下几个要点：

① 先将浸膏和乙醇进行充分溶解，可加温进行，也可室温进行。

② 乙醇总用量为浸膏的 12 ～ 15 倍。乙醇用量过多，会造成除蜡困难，相反会影响乙醇对芳香物质的提取效率。一般溶解浸膏的乙醇用量为总用量的 50% 左右，其余一半为洗涤滤蜡所用，而大部分或绝大部分用于初滤蜡的洗涤，洗涤时应把所用乙醇量均匀分成 3 ～ 4 份，在室温下反复搅拌洗涤 3 ～ 4 次。至于各种低温滤蜡，可用少量乙醇以同样低的温度在滤纸上搅拌洗涤 2 ～ 3 次。

③ 冷却除蜡时一般需冷却 2 ～ 3h，以保证蜡质充分析出。可采用减压过滤，也可以采用加压过滤。过滤速度要快，但滤纸边缘不能有"短路"现象。不管是减压还是加压过滤，过滤器需按要求温度进行保温。

（7）浓缩与制净油的工艺要求

① 采用减压蒸发浓缩，真空度为 21.3 ～ 26.7kPa；当乙醇基本蒸发完时，调节真空度至 8.0kPa；

② 可用水浴加热，水浴温度由 40℃逐渐升温到 65℃，一般可保持在 45 ～ 55℃；

③ 在减压蒸发浓缩过程中可以搅拌加快乙醇的蒸发，但要防止液泛；在制备含热敏性香成分的净油时，采用降膜蒸发等高效蒸发器更有利；

④ 净油产品的乙醇残留量应不大于 0.5%。

7.6　应用实例

7.6.1　酊剂的制法

酊剂有冷酊和热酊之分，冷酊是在室温下，用一定浓度的乙醇，浸取天然香料所得的乙醇浸出液，经澄清过滤所得的制品，统称冷酊。热酊是用一定浓度的乙醇在加热回流的条件下，浸提天然香料所得的乙醇浸出液，经冷却、澄清、过滤所得的制品，称为热酊。

不管是冷酊还是热酊，其内部都会有相当高的乙醇含量。经实践证明，二者的特点分别是：冷酊香气纯正、新鲜，但有香物质含量低、味感涩；热酊甜润浓郁，有香物质含量高、味感较好，留香持久。

7.6.1.1　山楂酊

山楂是人们较为熟悉的山果，其风味独特，酸甜可口，食而不厌，用途很广。山楂除含有蛋白质、脂肪、维生素之外，还含有较高的山楂酸、酒石酸、苦杏仁苷、黄酮苷、果胶等。其维生素 C 的含量仅次于大枣和猕猴桃，维生素 B_2 的含量比苹果高 5 倍，与香蕉相当，鲜山楂果的出汁率通常在 30% ～ 40%。以酒精为溶剂，将山楂的各种成分萃取出来，既有独特的芳香香气，又含有丰富的营养。

影响酊剂质量的因素很多，除溶剂浓度及原料质量直接影响产品质量之外，浸提方式、浸提次数、浸提温度也对酊的质量有影响。根据实践，山楂酊采用热法浸提效果较好，浸提温度控制在回流条件下进行，待冷却后，采用离心过滤。滤液经浓缩回收溶剂，浓缩液经冷却后，进行第二次离心过滤。两次离心过滤的滤液收集起来，可作为药用原料。两次离心过滤的滤液，再次浓缩到一定浓度后，即可作为成品使用。

经多次试验，得出的山楂酊的制备方法如下。

（1）山楂果与溶剂比的选择

山楂果与溶剂之间的比例为1∶1.5以下时，得率低于15%。当溶剂比在1∶1.5时，得率为15%左右。当溶剂比高于1∶1.5时，即使增加溶剂量，得率也不会明显增加。此外，溶剂比过大，不仅浓缩时浪费能源，而且会增加成本。

（2）回流时间（浸提时间）与得率关系

当回流时间低于4h时，得率会偏低，回流时间在4h可达到较高收率，再增加回流时间不能提高得率，所以选择回流4h较为合适。

（3）浓缩时温度对产品质量的影响

当浸提液浓缩结束温度在102～103℃时，山楂酊的物化指标最佳，香气质量最好。如浓缩结束温度低于102℃，残余乙醇量大，得率增加，然而产品较淡。浓缩温度高于103℃，则得率低，物化指标亦欠佳。

7.6.1.2　红枣酊

红枣酊（图7-7）主要用于烟用香精的配制，红枣酊的浸提与山楂酊一样，均用乙醇作为溶剂进行回流浸提制酊，其工艺流程简单介绍如下。

（1）浸提

料与乙醇（85%）比为1∶3较为合适，采用二浸、二洗的方式。浸提时间每次3～4h，洗涤时间1～2h。二次浸提液与二次洗涤液分开。第二次洗涤液可不经回收，溶剂直接用于下一批的浸提。

（2）浓缩

稀浸提液浓缩时终点控制极为重要。操作工人可凭温度进行控制，但往往实际操作中很难做到产品质量稳定。控制红枣酊浓缩终点比较可靠的参数是浓缩液的相对密度和糖度值，红枣酊的相对密度与含醇量、糖度值、含膏量均有较好的线性关系。而且相对密度与糖度测定比含醇量、含膏量的测定更简单、快速，易于掌握。

图7-7　浸提法制备红枣酊

（3）操作要点

① 投料，利用提升器将洗净沥干的原料从投料口加入到浸提制酊锅中（每立方米制酊

锅投料80kg）；

② 加溶剂，从乙醇进液管加入配制好的85% ～ 86%的乙醇240kg；

③ 加热，夹套中缓慢通入蒸汽，到达回流温度后，调节蒸汽阀门，维持回流浸提；

④ 浸提中进行搅拌，搅拌速度50 ～ 60r/min，每次浸提中搅拌20 ～ 30min即可，第一次浸提4h，第二次浸提3h，第一次洗涤2h，第二次洗涤1h；

⑤ 浓缩浸提液，枣子浸提液的浓缩（第一次、第二次浸液）先通过降膜式连续薄膜蒸发器进行常压浓缩，使浸提液的体积减少1/3左右，然后在具有搅拌器的浓缩锅中进行减压回收酒精，控制最后产品的含醇量在30% ～ 40%之间，含膏量40% ～ 50%，如果需要稀的酊剂亦可浓缩成20%含膏量的制品；

⑥ 渣中酒精回收，浸洗完毕将洗液放尽后，在原浸提制酊锅中按原红枣质量加入1.5倍清水，在适当搅拌下，用蒸汽夹套间接加热，进行常压回收，可回收原料红枣质量0.7 ～ 0.8倍的低浓度酒精，该低浓度酒精可作为95%乙醇的稀释剂；

⑦ 出料、洗锅，开动搅拌，用水冲洗锅底，进行出料，然后将制酊锅冲洗干净，备用。

7.6.2　浸膏的制法

7.6.2.1　茉莉浸膏的生产

我国目前生产茉莉浸膏多采用转动浸提方法。

（1）原料规格

茉莉花一般于晚上7 ～ 9时开放。根据气候、季节和花的健弱，开放时间有迟有早，农民在花朵成熟之后采摘当天晚间能够开放的新鲜、洁白、饱满的成熟花蕾，装到通风良好的花筐中，送到工厂。作为浸提原料的花朵需满足以下条件：当天采摘的新鲜、洁白、饱满、当晚能够开放的花蕾；带花蒂较少（花蒂长的属二等花，因为花蒂过长会给鲜花浸膏产品带上草青味）；花朵不应夹杂有其他青叶等杂质，且不含雨花和开败的花朵。成熟的茉莉花蕾每千克有4400朵左右。

进厂的花朵应薄层摊开于花架上，如有头香吸附装置应放在头香吸附室内保存。花层厚度一般在5 ～ 10cm，过厚会增加下层花的压力而妨碍花朵的呼吸，影响继续发育和开放，同时也会使花层内部温度升高、变黄，增加酸值。一般花层内温度不宜超过35℃，可均匀摊放在花筛上以便通风，防止发热。在花季高峰，花架和花筛少，花朵摊成较厚的花层时，要时常进行轻轻翻动，以防止发热变质，但需注意要轻轻翻动，又不能翻动过多，否则会导致花受机械损伤和揉搓。投料时正开放的花朵应在95%以上。

（2）溶剂

生产茉莉浸膏的溶剂应采用香花溶剂油规格的石油醚（沸程为60 ～ 71℃）。

（3）浸提操作要点

在每立方米转鼓式浸提器中，装花200kg，通常是1.5m³的浸提器，每批装花300kg，石油醚用量为286g/mL。花装入花筛之后，即按比例将溶剂泵入浸提器内，然后开动转鼓式浸提器，转速5 ～ 8r/min。

① 浸提时间及次数：第一次浸提时间90min，第二次30min，第三次30min，共浸提三次，实际上后两次为洗涤作用。

天然香料学

② 浸提温度：香花浸提应在室温下进行，如有条件，可进行低温浸提（5～10℃）。在低温条件下进行浸提，可以减少部分蜡质和其他杂质的浸出，还能抑制浸提过程中由于机械运动受损伤的花朵中酶的活动，以免影响所得浸膏的色泽、香气质量和酸值。

③ 常压浓缩：第一次浸液进行薄膜蒸发浓缩，洗液循环用于下批料的浸提。浓缩液含膏量应控制在20～30g/L之间，浸液在浓缩之前，应放在澄清桶中令其自然澄清，将其上层清液转到浓缩系统的高位槽中，以便进行浓缩。

④ 真空浓缩制膏：这一步操作对浸膏质量极为重要，操作时要注意保护浸提液中的有效香成分和加快浓缩过程。真空浓缩前要进行一次压滤，压滤后还应放在沉淀桶中，沉淀2h后，使花粉杂质下沉至沉淀桶的下部圆锥部位，将含有花粉的部分单独储存，集中后另行处理。真空浓缩要求在较低的温度下，把石油醚快速脱除干净。真空度为80.0～83.4kPa，加热温度在35～40℃，采用夹套热水加热，在120～150r/min搅拌下进行溶剂回收，冷凝器中需用-15～-10℃盐水（氯化钙）进行冷凝、冷却回收、捕捉溶剂，为了防止接收器中回收的溶剂挥发损失，接收器应用-10～-5℃的盐水冷却保温。

⑤ 减压浓缩：减压浓缩一般是采用间歇操作。在减压浓缩过程中，锅内浸提液呈半凝固状态，绝大部分溶剂已经蒸发回收，锅内物料中的残留溶剂量已经极少，为了尽快将锅内残留于物料中的石油醚脱除，常添加少量无水乙醇，利用无水乙醇与石油醚形成共沸物的原理，能在较低的温度下，将残留的石油醚带出脱净。因为无水乙醇与石油醚的共沸物组成为1∶4，这样就可据此计算无水乙醇的添加量，一般无水乙醇的添加量为浸膏量的5%左右。

⑥ 脱醚：所谓脱醚就是加入浸膏量5%的无水乙醇于锅中，经过充分搅拌均匀，加热水温由原来的35～40℃升高到52～54℃，在浸膏熔化的温度下，真空度提高到93.3～94.7kPa下，过15min左右，将石油醚脱除干净，脱醚时间不宜过长，否则影响浸膏的头香。

⑦ 溶剂回收：可用直接蒸气蒸馏法回收溶剂。当温度升高时，一些未被浸出的杂质成分，如花托中的青辣味，通过水蒸气的蒸馏作用而进入溶剂中，为了避免更多的青辣味进入溶剂中，回收时温度不宜过高。但一般情况下，花渣中回收的石油醚，要经过特殊处理后才能使用，否则一股青辣味进入浸提用溶剂之中，将会影响浸膏香气质量。

⑧ 出料排渣、洗锅清洁：转鼓式浸提器是用人工方法出渣，然后倾入螺旋输送器或传送带上，送出车间。出渣结束后，应用清水将浸提器内残余花渣冲洗干净，否则将会影响下批料的产品质量。

茉莉花浸膏质量要求：色泽呈黄绿色或浅棕色膏状物，具有茉莉花鲜花特征香气；熔点介于46～53℃；酸值小于13；酯值大于75；净油含量50%以上；茉莉花浸膏得率0.25%～0.26%。

7.6.2.2　桂花浸膏的生产

桂花是我国人民喜爱的香花品种，清香悠远，桂花用作食品添加剂有着悠久历史。苏州香料厂最早生产桂花浸膏，如今桂林、遵义、六安等地的香料厂都已生产。

（1）原料要求

用于生产浸膏的桂花，主要以金桂、银桂为主，以银桂香气最佳。价格也以银桂为贵，银桂较金桂贵27%左右。桂花的采摘多在花期的高峰季节，树底下放白布单，振摇枝条，将落下的半开鲜花从布单上收集，这样收集的鲜花开放度不一。

桂花采摘下来之后，就地放在盐水（水∶盐∶白明矾=100∶30∶3）中保藏，再送至工厂，安排加工生产浸膏。调香师认为以盐水腌过的原料制成的浸膏甜香香气较足，但花香略差。

（2）浸提与洗涤

将盐桂花经水洗后，沥干4h，然后投放入浸提机，溶剂用量为40.00g/L，在转鼓式浸提机中浸提2h，转速3～4r/min。用回收的石油醚洗涤两次，将第一次浸提时花上黏着的浸提液成分洗涤溶解。第二次浸2.0h，第三次洗涤1.5h，洗液不必浓缩，可作下次浸提用。

（3）澄清、过滤

将浸提液（第一、二次）合并，在澄清桶中澄清1～2h后，放去下部锥形部分的水分和花粉杂质，然后经过压滤，即得澄清待浓缩的浸提液。

（4）常压浓缩

经澄清、压滤的浸提液，进薄膜蒸发器中，浓缩回收石油醚。温度控制在70℃的条件下浓缩成浓浸液，应控制浓浸液固体物含量在2%～2.5%之间。制好的浓浸液再经压滤后澄清30min，制成澄清浓浸液，如压滤后不清，可再压滤直至澄清为止。

（5）减压浓缩制膏

上述澄清浓浸液，经压滤除去花粉固体不溶解物等杂质后，可进行减压浓缩，水浴温度在50～55℃的条件下，回收大部分石油醚，然后添加得膏量5%的无水乙醇进行真空脱醚，条件同于茉莉浸膏制法。

（6）制得产品物化规格

颜色外观：黄色或棕黄色膏状物。香气：具有桂花特定香气。熔点40～45℃。酯值40。净油含量：60%。

第8章

压榨法

8.1 压榨法简介及其应用

8.1.1 压榨法的定义及原理

压榨法是通过机械传导压力不断压缩果皮或油料种子，将果皮细胞中的精油压榨出来，再经淋洗和油水分离、去除杂质得到精油。压榨法是从香料植物原料提取精油的传统方法之一，主要用于柑橘类精油的提取，如甜橙、柠檬等。压榨法有整果冷磨法和碎散果皮冷榨法两种，还有机械法和手工法之分，但其提取原理基本相同。

国内资料表明，利用压榨法生产的精油，色泽为淡黄色液体，出油率较低，为1.0%～1.6%，但使用冷榨法制备植物精油，可以保持植物精油原有的味道，其香气更接近于天然鲜橘果香，得到精油的质量较好。压榨后的残渣仍可用水蒸气蒸馏法提取得到部分橘油，压榨法适合于工业大规模连续生产柑橘香精油。使用直接压榨法提取柑橘皮精油具有操作简单、所得精油油质好的优点，且由于压榨过程中不使用任何化学试剂，不会造成环境污染。

橘子、柚子和枸橼是柑橘属的三个基本种，它们通过突变或种间交叉繁殖形成佛手、橙子、柠檬、柑、香柠檬等品种，其中佛手是枸橼的变种。这些水果在世界各地100多个国家和地区均有广泛种植，盛产于北纬35°以南的地区，最重要的产地是美国、中国、巴西和地中海盆地地区。中国的柑橘类植物早在汉代就有了种植记载，目前国内柑橘资源极为丰富，品种品系在百种以上，可加工性很强，其产品更是多达1000种以上，包括罐头、蜜饯、果汁、果酒等诸多形式。然而在柑橘类水果加工的过程中往往会产生大量的废弃物（如果皮等），占果实总质量的40%～50%，这些废弃物若处置不当不仅会浪费大量的资源，还会对环境造成严重的危害，因此对柑橘类水果废弃物进行回收再利用是一项颇具现实意义的课题。根据市场调研在线网发布的2023—2029年中国天然植物精油行业分析与市场需求预测报告分析，2023年中国柑橘精油行业的市场规模约为800亿元，年增长速度在20%左右。预计到2025年，中国柑橘精油行业的市场规模将达到1150亿元。

柑橘类水果的外果皮上布满大量肉眼可见的油胞，其中含有丰富的精油与色素，因此非常适合于提取柑橘类水果精油，作为水果加工业的副产品，具有来源广泛、成本低廉、效益可观的优势，是变废为宝、提高工厂经济效益的重要途径。柑橘类植物精油可应用于食品产业，比如可作为赋香剂和调味剂，在饮品、糖果、冰淇淋等食品中起到改善口感的作用，作为绿色抑菌剂在食品包装行业也引起了极大的关注。此外，在卷烟、日化、医学等领域也有着重要的应用，比如用于调配烟用香精；作为日化香精为香水、肥皂、洗涤剂、洗发水、沐浴露、化妆品等调香赋香；还具有镇静安神、抗菌消炎、去除自由基等作用以及缓解糖尿病、癌症等疾病的潜力。

柑橘油的化学成分，如甜橙油除含大量的易于变化的萜烯类成分外，其主成分醛类（柠檬醛、十碳醛）受热也容易氧化变质，所以柑橘油适用冷榨和冷磨法。首先根据橘果的形态选择加工工艺和设备，国内罐头厂所用的磨果机适用于圆形整果，如广柑、柠檬一类。对于散皮则适用螺旋压榨机。无论冷榨还是冷磨，其取油的原理相仿。

油囊位于表层便于提取，含油的细胞位于橘皮外层橘黄层的表面，而且油囊在橘皮的外果皮层中含有精油细胞（图8-1）。当精油蓄积过多时会将细胞压迫形成油囊。油囊直径较大，可达到0.4～0.6mm。油囊周围组织是由退化的油细胞堆积包围而成的。当人们将橘皮用手挤压时，会发现精油喷射而出。压榨法就是利用油囊位于橘皮外表面，且油囊易破碎的特点，将油囊压破或刺破使精油从橘皮中分离出来。无论手工操作的锉榨法、海绵法或Avena的整果磨皮法，都是运用了这一原理。

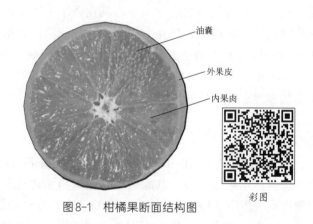

图8-1 柑橘果断面结构图

8.1.2 压榨法的步骤

压榨法可分为手工操作法和机械法两大类。机械法又可分为整果得油法和散皮提油法两类。

根据柑橘油生产过程，其操作可以分为以下几个步骤：

① 原料预处理：整果和散皮的清洗和清水浸泡，做好原料准备；

② 压榨锉磨：根据方法不同，或者压榨，或者锉磨；

③ 油水分离：利用高速离心机，分离经过沉淀、过滤的油水混合液，从而获得粗制柑橘油；

④ 精制：离心分离而得的粗制油，经适当冷冻，再经离心分离、过滤、混合、调配、检验，符合一定标准后正式成为精制柑橘油产品。

图8-2所示为压榨法制备橙皮精油的示意图。

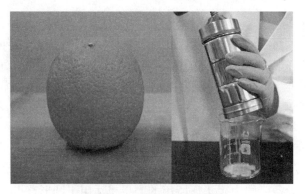

压榨法制备橙皮
精油

图8-2 压榨法制备橙皮精油

8.1.3 柑橘类植物精油的应用领域

（1）食品生产

柑橘类精油最为广泛的应用就是作为香味剂添加到各类食品中，包括清凉饮料、糖果、饼干、点心、冰淇淋等。把柑橘精油当作主要呈味剂，添加一些辅料做成水溶性、油溶性和乳化香精，应用到不同类型的食品中，比如水溶性香精可用于饮料、酒制品中；油溶性香精可用于糖果、巧克力及面包等烘焙食品中；乳化香精可用于柑橘味雪糕、饮料、果汁等。也有报道称柑橘类精油可以加入巧克力中，例如柠檬精油和柑橘精油等，不仅可以赋予巧克力对应的水果口味，丰富消费者的选择，带来清爽口感，还可以使食品组织软化，提高适口感。此外，乳化香精具有分散效果好、能提供均一而稳定的香气、香味还原度高、可以给予饮料所需的浊度、带来更好感官体验等优点，还可以延缓香气的释放速率，使产品风味保持更久。

（2）食品保鲜

柑橘类精油内含抑菌成分，可作为食品的保鲜剂、抗菌剂来延长各种食品的保质期，例如面包、肉类、海鲜、水果蔬菜等。其原理为柑橘类精油含有大量萜烯类成分，它们具有破坏和渗透细菌细胞壁脂质结构的能力，从而导致蛋白质变性和细胞膜破坏，细胞裂解，内容物流出并最终导致细胞死亡，可作为广谱杀菌剂来使用。随着消费者对天然抗菌剂的日益青睐，柑橘类精油将会是理想的化学防腐剂替代品之一。此外，还可将柑橘类精油做成可食用抗菌薄膜涂料来对果蔬进行保鲜，它具有低成本、高成效等优点。

（3）抗氧化

抗氧化活性是绝大多数精油都具备的性质，很多文献也对柑橘类精油这一性质进行了报道。其主要是依靠一些萜烯类化合物与酚类化合物（如α-蒎烯、萜品烯、百里香酚等）来抑制或阻断自由基链式反应，通过防止链式反应的启动和阻断链式反应的进行两种方式实现。此外，柑橘类精油显著的抗氧化性质具有减缓人体衰老的功效，而且它们对皮肤细胞的抗氧化效果已经有了深入研究，在化妆品领域也有一定的应用价值。有研究者以外源性过氧化氢作为羟自由基来源来构建对人皮肤成纤维细胞氧化损伤模型，然后通过检测细胞存活和生长的状态来研究几种柑橘类（夏橙、椪柑、柠檬、蜜柑）精油对损伤细胞的保护效果，结果显示椪柑精油的抗氧化效果最优，经过涂抹操作后对成纤维细胞的损伤有相当好的防护作用，使细胞活力从54.9%提高至58.8%～71.9%，为柑橘精油在护肤方向的应用奠定了一些理论基础。

（4）日化工业

橙皮精油等柑橘类精油中都含有一种重要化学成分柠檬烯，它可以用作清洗液的添加剂去除门窗、机械、墙壁、厨具等上面的各类油污，一般可通过对精油进行分馏来制得，在大多数情况下可以代替具有腐蚀性的碱性清洁剂在家庭日常和机械设备中使用，应用前景广阔。

（5）卷烟

柑橘类精油有着人工合成香料无法替代的独特香味，在开发高香气低焦油卷烟产品方面前景广阔。将柑橘类精油这种天然香料添加到卷烟中，可弥补卷烟生产与储藏中香味物质的损失，使烟味变得丰满而富有层次，增加甜润度，降低干燥感，赋予特征果香味，增加对消费者的吸引力。烟草行业也逐渐重视将精油等香味添加剂作为提高卷烟品质、吸引更多消费者的方法，卷烟香料香精的研发和生产作为烟草工业关键技术仍在不断发展。饶先立等（2019）采用水蒸气蒸馏法制备了巴西苦橙皮精油和苦橙花精油，将其喷在烟丝上并卷制成烟支，在经过一段时间的平衡后进行感官评价。经过评吸小组的口感鉴别，苦橙皮精油以果香、甜香为主香韵，青香、花香为辅，当在卷烟中的添加量为烟丝质量的十万分之一时，其在卷烟中可柔顺烟气，提升卷烟的圆润感。

总的来说，柑橘类精油香气自然芬芳而独特，在食品工业、日化工业、卷烟工业以及医学治疗等方面都具有广泛应用潜力，市场巨大。虽然目前生产精油的新技术有很多，但是真正投入到工业生产实现大规模提取的却很少。因此，对于柑橘类精油提取技术的挖掘首先要精准了解精油特性，对精油的提取工艺不断优化提高以适应各种行业应用的需求，以低成本、高质量、高得率为原则，不断攻克技术应用难关，把技术转化为生产力，为精油的综合研究与应用提供有力保证。

8.2　分类与特点

常见的压榨法包括海绵法、锉榨法、机械压榨法。

8.2.1　海绵法

目前柠檬油和甜橙油的生产仍采用此方法。该法是先将整果切成两半，用锐利的刮匙将果肉刮去。再将半圆形果皮于水中浸泡一段时间，使之膨胀变软之后，从水中取出，并将其翻转，使橘皮表面朝里与吸油的海绵相接触，对着海绵用手从外面压榨，这样使油囊破裂，精油被释放出来吸附在海绵上，当海绵中的精油吸附达到饱和时，将精油挤出流到下面的陶瓷罐中。陶瓷罐盛满油液后，静置澄清使圆形细胞碎屑沉淀。精油浮于上层，下层为植物中的水分，最后将上层精油倾斜滤出。该方法步骤烦琐，产率低，人力消耗较大，且只能回收50% ~ 70%果皮中的精油。

8.2.2　锉榨法

这一方法又叫Ecuelle法，起源于法国南部尼斯（Nice）。虽然在欧洲这一方法已经不再使用，但在意大利最先采用的机械生产柑橘油的原理，都是根据这一方法发展起来的。该法是利用具有突出针刺的铜制漏斗状锉榨器，将柑橘的整果在锉榨器的尖刺上旋转锉榨，使油囊破裂精油渗流出来。并通过锉榨器下端的手柄内管，流到盛油和水的容器内，盛油和水的瓷罐放在冷室中，静置分出精油。

该法同样具有出油率低且需要较多劳动力的缺点，此外，该法生产出的精油质量低于海绵法，意大利南部卡拉布里亚（Calabria）分析了锉榨器的结构特点，研制出香柠檬的压榨机，从而成为机械法提取柑橘油的先例。

8.2.3　机械压榨法

海绵法与锉榨法都是手工操作，前者是将整果切成一半后加工，后者是用整果在锉榨器上锉磨。但是通过人们的研究，机械压榨法无论对整果还是散皮都能进行压榨。目前国内柑橘油的生产都已采用机械法。食品厂与香料厂采用磨皮机进行冷磨提油，冷磨法适合广柑一类的圆果的提油。而杭州香料厂用散皮提油，所用的方法是螺旋压榨法。

8.3　影响压榨效率的因素

8.3.1　橘皮海绵层阻碍精油分离

橘皮的中果皮层内面较厚，主要含有纤维素和果胶，而外果皮层油囊分布较多。在水果成熟过程中，中果皮组织内，纤维结构伸长分枝形成错综复杂内有细胞间隙的网状结构，称为海绵体。通常这一海绵体层较厚，而每个橘果果皮中所含精油量不高，以柠檬为例，每只柠檬平均质量大约100～120g，柠檬皮质量约占一半，其中所含精油约0.5～0.7g，这样数量较少的精油当油囊破裂时，无疑被海绵体所吸收。在压榨提油过程中，海绵体成为精油从橘皮组织中分离的障碍，这一现象无论整果还是散果皮提油都存在。为了避免这一现象的发生和减少它的阻碍，在手工海绵法提油时，通常将剥下来的新鲜半果果皮，浸泡在清水中，使海绵体部分吸收大量水分，这样一来，被水分所饱和的海绵体吸附精油的现象可大大减少，对精油的分离极为有利。对散皮来说清水浸泡同样重要。

8.3.2　清水浸泡橘皮提高出油率

用清水浸泡橘皮的外果皮时，油囊的周围细胞中的蛋白胶体物质和盐类构成高渗溶液有吸水作用，使大量水分最后渗透到油囊和油囊的周围，这样油囊的内压增加，当油囊受压破裂时就会使油液顺利射出，这对出油有利。清水浸泡的另一个作用，就是中果皮吸水较外果皮多，吸水后的中果皮海绵体就不再吸收精油，使出油率增高。通常新鲜采集下来的柑橘或者尚未熟透的柑橘压榨时出油率高，如果采集树上过熟的柑橘或采摘后已存放多时，其皮富有弹性，坚韧不易破伤，压榨或磨锉比较困难，这样果皮如经适当的清水浸泡使之适度变软，则有利于压榨和冷磨出油。对果皮进行浸泡可以适当减少加工过程中过高的压力、过多的磨伤以及解决果皮过硬和过软的问题。因此清水或石灰水浸泡果皮是压榨法的重要加工步骤之一。

8.3.3　果胶和果皮碎屑影响油水分离

柑橘果种类不同，果皮的厚薄各异，而且油囊在外果皮中的分布有深有浅，油囊也有大有小。这样在磨果机的设计上就要求有不同大小的尖刺或具有不同的转速，或者在冷压时要求施以不同的压力，磨果与压榨时橘果受伤过多，或者因压力过大，或者清水浸泡橘皮过软，都会导致产生过多橘皮碎片，进入油液中。这样将导致果胶成分溶解在油液中，将使油水分离困难。在散皮采取螺旋压榨提油时，在清水浸泡适度后，再用2%～3%浓度的石灰水浸泡，使果皮中的果胶酸转化为果胶酸钙，这样中果皮层的海绵体凝缩变得软硬适度。这是因为果胶酸钙不溶于水。如果浸泡不透，果胶酸未能充分转化为果胶酸钙，则橘皮过软，压榨时不但要打滑，而且会产生糊状物的混合液，造成过滤和出油困难。但浸泡过度，橘皮变得过硬而脆，在压榨时出来的残渣变成粉状物，它将吸附一部分油分，不利于出油。

8.4 压榨相关设备及工艺

　　最简单的压榨设备是在木桶内装一个固定的凹形下压板，在凹形中放上柑橘类果皮，在上方有一个凸形上压板，上压板与手柄相连，将上压板压下时，果皮油囊受压破裂，精油流出。

　　要处理大批量柑橘类果皮，可采用螺旋压榨机。螺旋压榨机有一个锥形螺旋轴，由大到小，轴外有两片半圆形多孔板包住。果皮进入运转着的螺旋轴后，被逐步推向小端，压缩比为10：1，即果皮由10体积变为1体积。果皮受压破碎，油囊开裂精油喷射而出。螺旋压榨法带来的问题是海绵组织被破坏，大量果胶酸溶入水中，给油水分离带来困难。

8.4.1 压榨法提取精油的工艺

　　冷磨法适宜于从整果取油，提取精油的工艺过程如图8-3所示。

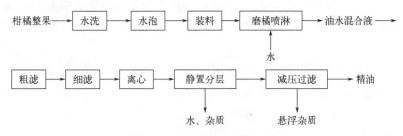

图8-3 冷磨法提取工艺流程图

冷榨法适宜于从果皮取油，螺旋压榨法提取精油的工艺如图8-4所示。

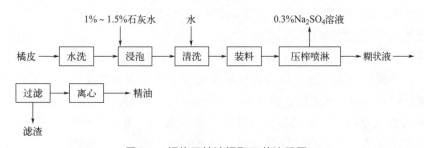

图8-4 螺旋压榨法提取工艺流程图

冷磨、冷榨所用的加工设备不同，使果皮的破碎情况不一样，得到的油水混合物的组成也不相同。冷磨法得到的油水混合液中，除了水和悬浮杂质以外，就是精油。冷榨法的压力大，果皮能被压成碎屑，不仅外果皮的油囊破裂流出精油，而且中果皮内的果胶酸也被挤出，影响到精油与水的分离。所以这两种加工方式的工艺有一些区别。但总的来说，还是相似的，可分为预处理、磨榨喷淋、过滤、离心分离和产品精制等过程。

（1）原料预处理

原料预处理包括水洗、浸泡等操作。

整果要先用水洗去表面的杂物，使水渗入油囊，增大内部压强。鲜果皮用水洗去表面杂质后，要用1%～1.5%的石灰水浸泡，使胶酸变为不溶于水的果胶酸钙，并使果皮浸泡到有弹性而又不能折断，使冷榨时精油有较强的喷射力。干果皮在用水洗去杂质后，用水浸泡软化，然后用石灰水浸泡剂处理。

浸泡剂与果皮的质量比一般为4∶1，浸泡6～8h，浸泡的方法有静置浸泡和循环浸泡两种。循环浸泡法要有水泵和高位槽，浸泡池底的浸泡液经水泵输送到高位槽，再由高位槽经喷淋管均匀地喷到果皮上。

浸泡过的果皮表面附有石灰浆，影响过滤和分离，故应该用大量清水冲洗，除去石灰浆。

（2）磨榨喷淋

不管是冷磨还是冷榨，油囊破裂后，精油不可能全部喷射出来，仍有一部分留在油囊中，也有一部分被果皮屑和海绵组织吸收，需要用喷淋水不断地喷射到被磨榨的原料上去冲洗，把精油洗出来。整果冷磨可用清水也可用循环喷淋水喷淋。冷榨果皮用0.3%的Na_2SO_4溶液喷淋，在使用循环喷淋水时，要用小苏打或醋酸调整酸度，控制pH值在7～8或6～7，微碱性能抑制酶的活动，微酸性能保护精油的有效成分。此外，往循环喷淋水中加些电解质，保持其质量分数为0.3%，能防止胶溶作用，以免生成果胶酸胶体。循环喷淋水被使用半天或一天以后要用蒸馏法回收水中精油。如果循环喷淋水已开始变质，应弃去。

（3）过滤

冷磨、冷榨总要产生果皮碎屑，螺旋压榨得到的碎屑会更多。用喷淋水冲洗时，果皮碎屑与油水混合液被收集在一起。在油水分离之前，首先要除去果皮碎屑。通常用铜网作过滤材料，先用24～26目的铜网进行粗滤，除去较大的碎皮后用80～100目的铜网进行细滤，除去较小的碎屑。

（4）离心分离

除去了果皮碎屑的油水混合液，要用离心机使密度不同的油分离。加入油水混合液，进料量不宜太多，否则影响分离效果。当离心一定时间后，要停机拆洗一次。

（5）磨榨后果皮的处理和产品精制

冷磨后的果实，经剥皮得到果肉，可加工成罐头。而果皮经破碎后，可用水中蒸馏法回收精油。用螺旋压榨法，过滤得到的碎屑也可用水中蒸馏法回收精油。循环喷淋水也可用水中蒸馏法得到精油。从果皮、果皮屑、循环喷淋水，经水中蒸馏出来的精油叫水中油。

由高速离心机分离出来的精油，可能含有极少量的水分和杂质。静置到精油澄清后，采用减压过滤法除去悬浮杂质，这样得到的精油叫冷法油。冷法油的质量好，水中油不得与冷法油混合使用，冷法油含有不稳定的萜烯类物质，在使用前常用60%～75%乙醇进行处理。

8.4.2　压榨设备

压榨设备系柑橘、柠檬之类鲜果的综合利用设备，大致可分为整果或碎散果皮加工两种类别。整果加工是在不破坏果实完整性的情况下，从其表皮中提取精油，如冷磨广柑油、冷磨柠檬油等。碎散果皮加工则适用于橘皮、柚皮、生姜，经压榨使其表皮里的油囊破裂提取冷榨油。现将各类压榨设备和高速橘油分离机介绍如下。

（1）柑橘取油机

亦称磨橘机，适用于柑橘、柠檬等鲜果。整果在机内上、下振动的齿条尖端撞击下，刺破表皮里的油囊，在不破坏果实完整性的情况下，从其表皮中提取冷磨柑橘油或冷磨柠檬油。

该机由进料传动、机架、激振器、刮板、水泵等部分组成。机器中各运转机构，都是由单独电动机控制的。进料滚筒与刮板输送由电动机通过皮带无级变速器及链轮、齿轮减速后分别带动。两套激振器部件各由一台电动机通过三角皮带进行传动，水泵由一台电动机直接带动。

经过洗刷干净后的整果柑橘、柠檬等鲜果由进料口经进料滚筒分配到刮板输送链上。在往前推移的过程中，与不断上下振动的齿条尖产生撞击和翻动。被刺破的表皮中油囊将精油射出，由喷淋水冲洗下来，通过出液槽和出液斗，将油水混合送出。取油后的鲜果则随着刮板输送链由下层的出料口输出。油水乳化液经高速橘油分离机得冷磨油。该机的振幅和鲜果被磨时间可在一定范围内进行调节。处理能力为2500kg/h（鲜果）。刮板速度1.3～2.5m/min，无级调节，振动频率2300次/min，鲜果应分级、清洗浸泡后再加工。

（2）整果磨橘机

亦称阿文那磨橘机，该设备适用于柑橘、柠檬等。鲜果在旋转的磨盘上借助于离心力使整果与盘面和器壁上磨橘板相磨撞，使表皮里的油囊破裂。在保持鲜果完整性的同时，从表皮中提取冷磨柑橘油或冷磨柠檬油。机体内主轴上有上、下两个水平磨盘，磨盘面上镶不锈钢磨橘板，机体四周则砌有玻璃磨橘板，磨橘板的表面均带有棱锥体尖刺。该机是由机身、料斗、加料门、磨盘、主轴传动机构、喷淋系统、出汁刮板、出料门、阻尼器及由蜗轮和凸轮组成的定时机构等部分组成的。磨盘主轴通过伞齿、传动轴、皮带轮、无级调速器和电动机带动。传动轴上另一皮带轮为带动过滤压渣机用。加料门与出料门以及喷淋水开关均由连杆、凸轮、蜗轮、蜗杆、链轮、无级调速器和电动机来带动。

分级后的鲜果经洗刷干净后，在加料门关闭时，定量地加入料格内。根据给定的程序，料门自动打开，整果即落到磨盘上面。同时喷淋水也自动开启不断冲洗。在盘上的鲜果被离心力推向机壁，与水平方向及垂直方向的磨橘板相碰击，精油射出，在水的喷淋冲洗下，得油水混合液。鲜果在机内停留一段时间后，出料门自动向机体内开启，整果随之滚出。出料门打开时喷淋阀也随之关闭。

磨盘转速由无级调速器在120～200r/min范围内调节。鲜果刺磨时间也是由无级调速器在每次60～150s范围内调节。转速与时间随品种、成熟度、新鲜程度和大小等级的不同而异。以柠檬为例可分为四级：磨盘转速200～220r/min，停留时间每次90～135s，加料量每批10～12kg，平均得油率为4.3%。广柑可分为大、中、小三级：磨盘转速

145 ～ 175r/min，停留时间每次65 ～ 80s，加料量每批14 ～ 16kg，平均得油率2.33%。每小时每套整果磨橘设备约可加工柠檬320 ～ 400kg。根据我国柑橘产地分布情况，设计了简易磨橘机，以适应分散就地加工鲜果或落果用。其工作原理与磨橘机相同，采用人工操作，转盘与外壳内壁则采用金刚砂涂层，磨盘转速375r/min。

（3）柑橘皮螺旋压榨机

该机是柑橘果皮的综合利用设备，适用于各种柑橘类碎散果皮。在连续作用的机械力压榨下，将表皮中油囊挤破，提取冷榨柑橘油。亦可用于整果榨汁。该机（图8-5）由机座、加料斗、榨螺、加料螺旋、轴承座、电动机等部分组成，其传动由电动机通过三角皮带轮及减速器后驱动螺旋轴。加料螺旋由螺旋轴通过链轮等机构带动。

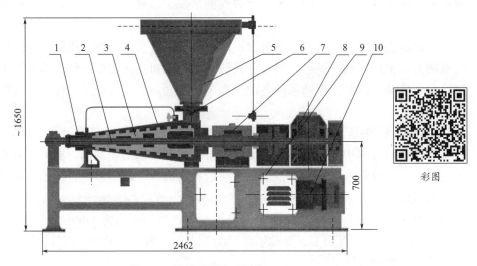

彩图

图8-5　柑橘皮螺旋压榨机

1—闷头；2—转动轴；3—榨螺；4—外壳；5—加料斗；6—加料螺旋；7—轴承座；8—减速器；9—机座；10—电动机

原料（碎散柑橘类果皮）加入料斗后，由加料螺旋均匀地堆入压榨腔内，由推进端螺旋推进。原料在自动连续推进的过程中的速度越来越慢，螺旋与榨笼之间构成的空间体积逐渐缩小，促使原料的密度增加。压力逐渐加大，形成了对原料的压榨作用。表皮中油囊破裂，油囊里的精油受压射出，柑橘皮压成碎渣。在喷淋水冲洗下形成油水混合液，通过多孔榨笼，流入接液斗。碎渣通过螺旋机尾排出。为保证橘油得率及控制碎渣的干湿度，可调节调压头的环形间隙。

处理能力：碎散果皮400 ～ 500kg/h，果肉2t/d，最大压缩比10：1，榨笼外径锥度1：5，压榨旋转速度80r/min。

（4）橘油分离机

亦称碟式高速分离机（图8-6）。该机由传动装置、机架、转鼓、定位销、计数器、刹车等部分组成。转鼓内装有分离碟片、碟座、碟盖、分水环、紧圈、压盖等部件。该机适用于冷磨、冷榨出来并经沉淀过滤后的柑橘油、水混合液，借助于离心力将两种不同密度的液体分离，以分得粗制柑橘油。

油水混合液存于混合液高位槽内，通过调节管道上的阀门来控制流量。流量要稳定，分离液中的含油量正常情况下应在1.5% ～ 2.5%范围内。分水环是分离机内部控制排水量的零件，可根据不同品种选择应用，选用是否适当，对精油分离效果和得率都有直接关系。根据生产实践，所选用的分水环大体为：广柑油 ϕ110 ～ 116mm；红橘油 ϕ110 ～ 113mm；柚子油 ϕ113mm；柠檬油 ϕ116mm。本机属间歇式高速分离机，由于混合液带入的固形物逐渐积聚在转鼓内，使分离效率降低，因此运转一定时间后要停机清洗。本机属高速精密机械，安装、试车、运行过程中应严格按照操作规程进行。启动后约 3 ～ 5min，运转方达到要求。待转速达 6000r/min，电流稳定在 5 ～ 7A，计数器转速正常后才能逐渐加料。可分离混合液 1000 ～ 1500L/h。

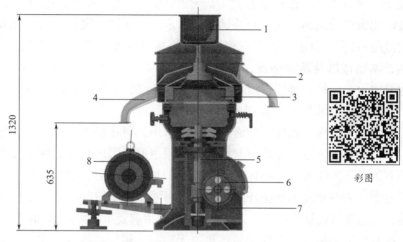

图8-6　碟式高速分离机

1—加料斗；2—出油口；3—转鼓；4—出水口；5—主轴；6—涡轮；7—机座；8—电动机

（5）自动排渣离心机

自动排渣离心机是一款从冷磨、冷榨柑橘的油水混合液中分离橘油的设备。主机由传动装置、机架、分离盘、分离碟片、计数装置、排渣装置、刹车等组成，电动机由离合器斜齿轮传动主轴带动分离钵转动。

柑橘油水混合液进入自动排渣离心机后，高速钵的离心作用将橘油从水中分离出来。当操作液进入高速钵的分离室时，钵内的渣和杂质由于离心力的作用实现渣液分离，待分离结束，滑座向下滑而打开高速钵达到排渣目的。

自动排渣离心机生产能力可达 3000L/h，转钵外径 400mm，转速 6000r/min，可在下列范围内任意调节各参数，排渣周期 4 ～ 26min，排渣时间 5 ～ 120s，清洗时间 5 ～ 120s。

8.5　应用实例

四川青江机器股份有限公司、湖北东方红粮食机械股份有限公司、龙岩中农机械制造有限公司、河南双象机械有限公司是目前我国生产液压双螺旋压榨设备的主要生产厂家，生产设备主要用于各种香料、果皮、豆类等油料产品的压榨。其工艺如下。

（1）原料筛选

冷榨橘油的质量在很大程度上取决于橘皮的新鲜程度，以及是否有霉烂变质现象。霉烂变质的柑橘皮，不仅影响精油的质量，而且浸泡时不易使果胶钙化，给压榨过滤等操作带来困难，使得率降低。新鲜柑橘皮的保藏，要用箩筐分装，严防堆放发热，避免雨淋日晒，有条件的能放置在0～4℃冷风库中则更为理想。

在保藏中要注意防止橘皮受压导致油囊破裂，在库的原料应力求先进先出，有秩序地投产。而且要进行比较严格的选料，霉烂皮、杂皮、脏皮要从原料中筛除。筛除的原料除了严重变质外，可采用蒸馏法提油。

（2）浸泡处理

浸泡是冷榨橘油生产过程中比较重要的一环，处理适当与否直接影响得油率的高低，故应予以充分重视。浸泡是指用1%～2%的石灰浆液浸泡，通过浸泡使柑橘皮所含的果胶酸转化为果胶酸钙，因果胶酸钙不溶于水，以便油水混合液的过滤及离心分离。浸泡时浸泡液的pH应控制在12左右。根据果皮的品种不同，浸泡液的浓度、浸泡时间略有不同。早橘、本地橘以及新鲜橘皮，采用料液比为4：1，浸泡液浓度为1%～1.5%的石灰水，浸泡时间为6～8h；鲜广柑皮料液比为4：1，鲜柚子皮料液比为6：1，而浸泡液浓度为2%，浸泡时间因皮厚薄，分别为8～10h。

浸泡时为了保证橘皮完全淹没在石灰水中，可在最上层果皮表面压一顶竹片以防果皮漂浮。浸泡液的浓度与浸泡时间的长短、浸泡时气温的高低、柑橘皮本身干湿度和橘皮的品种有关，各条件间相互影响。一般根据具体条件，通过实验选择应用。

浸泡分为静止浸泡和循环浸泡，后者可缩短浸泡时间，并能使橘皮上下一致得到均匀浸泡。浸泡液可反复使用2～3次，但每次使用前要重新测定pH值，适当补充石灰。

橘皮浸泡要适当，以皮子呈黄色、无白芯、稍硬、具有弹性、油的喷射性强为宜，此种状态的橘皮在压榨时不打滑，残渣为颗粒状，渣中含水含油量低，在过滤时较顺利，不易糊筛，黏稠度不高。如果浸泡不透，果皮有白芯白点，弹性差，油的喷射力不强，在压榨时易打滑，残渣呈块状，渣中含水、含油量较高，过滤时困难，易糊筛且黏稠度高；如果浸泡过度，皮子呈深黄或焦黄色，硬而脆，易折断，无喷射力，压榨时残渣呈粉末状态，易堵塞机器，渣中含油量高，含水分少，过滤容易，黏稠度低。因此，浸泡不透或浸泡过度均会影响得油率。

（3）清洗

经过石灰浆浸泡的柑橘皮，经捞出后，将黏附在表面的石灰浆冲洗干净，以降低橘皮的碱性便于过滤和分离。洗净的橘皮用箩筐分装，以备压榨加料使用。

（4）压榨

经过清洗后的橘皮进行加料，在加料时应注意调节出渣口的堵头，使排榨均匀而畅通，同时注意适当开放喷淋水。喷淋水有两条，一条是在加料斗的上方，随原料进入榨螺时一起带入，另一条是装在多孔榨笼外壳的上方，将压榨时由榨笼喷出的油分用水冲洗下来，然后进入接料斗。喷淋水的用量、榨笼外壳上的流量应大于加料斗处的流量。其量应与橘皮加料量和分离机分离量相适应。喷淋水是循环使用的，第一次配制时，可用清水400～500kg，按水量计加入0.2%～0.3%硫酸钠，充分搅拌以提高油水分离效果。循环的喷淋液在循环使用时，通常会因橘皮中石灰液未洗净，其pH值逐渐增高。为了便于油水分离，pH值应控制在7～8之间。喷淋水循环使用一定时间后，水质中会含有大量果胶或沉淀物，从而变得浑浊黏稠，这对油水分离极为不利。此时，应放弃一部分喷淋水，补充新水；而被放弃的喷淋水则可放入蒸馏锅中回收其精油。

（5）沉淀过滤

经过压榨后的榨汁往往会有细微的渣滓和黏稠的糊状物，因此必须经过沉淀过滤，以减轻橘油分离机的负荷。过滤后的残渣含有大量的橘油，需将油水液及时挤干。残渣可通过蒸馏回收精油。

（6）离心分离

沉淀过滤后的油水混合液，采用高速（6000r/min）橘油分离机将油水分离，分离后即得粗制柑橘油。

第9章

吸附法

9.1 吸附法简介

吸附法是用非挥发性溶剂或固体吸附剂将植物原料中的芳香成分提取出来的一种方法。茉莉花、兰花、橙花等香气成分易释放且香气强的花朵可以采用吸附法加工,用于生产一些受欢迎的高档香料。

吸附作用主要是固体的表面力作用的结果,表面之所以有吸附能力是由于固相表面分子(或原子)处于特殊状态,固体内部分子所受的力是对称的,故彼此处于平衡,但在界面分子的力场是不饱和的,即存在一种固体的表面力,它能从外界吸附分子、原子或离子,并在吸附表面上形成多分子层或单分子层。固体的表面积越大,吸附力也就越大。具有较大表面积的固体,常称为吸附剂,如活性炭、硅胶、分子筛以及XAD-4树脂等。被吸附剂吸附的芳香物质经过一定时间吸附后,终将达到吸附的平衡关系,这时在吸附剂上所吸附的芳香物质不再随时间增加而增长。一般在即将达到平衡关系时,就要更换吸附剂。吸附过程如图9-1所示。饱含了芳香物质的吸附剂,可通过低沸点有机溶剂或用超(亚)临界

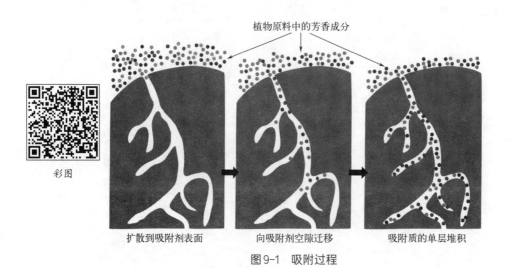

植物原料中的芳香成分

扩散到吸附剂表面　　　　向吸附剂空隙迁移　　　　吸附质的单层堆积

彩图

图9-1　吸附过程

CO_2脱附（或称"解吸"）方法，把吸附剂上芳香物质脱附（解吸）下来。如采用溶剂脱附方法，尚需经浓缩和脱除溶剂后，才能获得吸附精油；如采用超（亚）临界CO_2脱附，就能直接在CO_2卸压分离后获得吸附精油。

9.1.1 吸附法基本原理

吸附法生产天然香料的原理是采用非挥发性溶剂或固体吸附剂将植物原料中的芳香成分浸取出来，使之溶解到有机溶剂中，然后蒸去溶剂。在吸附过程中，当两相组成一个体系时，其组成在两相界面与相内部是不同的，处于边界上的分子为了求得吸力的平衡，与不同相的分子接触而产生吸引力，处在两相界面处的成分自动发生累积或浓缩，也就产生了吸附现象。在天然香料提取过程中，吸附通常是指香料中的某些成分被吸附剂吸取的现象，这种吸附剂多半是一种表面积较大的稀疏的固相。我们所熟知的花茶就是茶叶吸附茉莉花释放出的香气物质而制成的茶叶。

另一种形式的吸附叫作吸着，是一种被吸物质向吸着剂（往往是液体）的内部扩散生成溶液的吸收现象。如将氨通到水中使之成为氨水，就是一种吸收过程。这种吸收过程在天然香料加工中也常常使用，如在头香捕集中将带有香气的气体通入己烷溶剂中，以便吸收其中的芳香成分。

在脂肪冷吸法和油脂温浸法中，它们的原理主要是脂肪和油脂的吸收作用，不是吸附现象。吸收是指物质从一相转移到另一相的扩散过程，是分子或原子从一个相主体均匀地进入另一相的内部。当脂肪和油脂经过长时间或一定形式吸收后，达到饱和，再经适当处理就成为冷吸香脂，或再进一步作脱脂处理就可制得香脂净油。

9.1.2 吸附及吸附平衡

（1）吸附产生的原因

固体表面是不均匀的，即使从宏观上看似乎很光滑，但从原子水平看是凹凸不平的，所以受力也是不均匀的。由于固体表面原子受力不对称和表面结构不均匀性，它可以吸附气体，表面自由能下降，而且不同的部位吸附和催化的活性不同。

固体表面层物质受到指向内部的拉力，这种不平衡力场的存在导致表面吉布斯自由能的产生。固体不能通过收缩表面降低表面吉布斯自由能，但它可利用表面的剩余力，从周围介质捕获其它的物质粒子，使其不平衡力场得到某种程度的补偿，致使表面吉布斯自由能的降低。

（2）物理吸附与化学吸附

物理吸附（图9-2）是吸附剂和吸附质之间通过分子间力（范德瓦耳斯力、氢键作用力）相互吸引，形成的吸附现象。对吸附质没有选择性、易脱附，属于单层或多层分子吸附；物理吸附过程是可逆的，几乎不需要活化能，吸附和解吸的速度都很快，易达到平衡。该种吸附方式受吸附剂的比表面积和细孔分布的影响较大。

化学吸附（图9-3）是被吸附的分子和吸附剂表面的原子发生化学作用，在吸附质和吸附剂之间会发生电子转移、原子重排或化学键的破坏与生成。化学吸附的吸附热较大，需要一定的活化能才能进行。此外，化学吸附是一种选择性吸附，即一种吸附剂只对某些或某些种类的物质有吸附作用。对于化学吸附而言，一般为单分子层吸附，吸附后较为稳

彩图

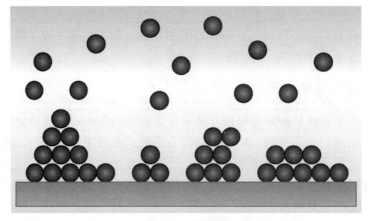

图9-2　物理吸附

定且不容易发生解吸。该种吸附方式受吸附剂表面化学性质和被吸附分子化学性质的影响较大。

与物理吸附不同，化学吸附相当于吸附剂表面分子与吸附质分子发生了化学反应，在红外、紫外-可见光谱中会出现新的特征吸收谱带。物理吸附与化学吸附的区别见表9-1。

彩图

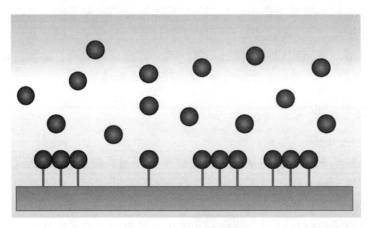

图9-3　化学吸附

表9-1　物理吸附与化学吸附的区别

项目	物理吸附	化学吸附
吸附力	范德瓦耳斯力、静电作用力	化学键力
吸附层数	单层或多层	单层
吸附热	较小（气体凝结热）	较大（化学反应热）
选择性	选择性弱	选择性强
可逆性	可逆（可解吸）	不可逆（不可解吸）
吸附速率	较快 （受温度影响小，受吸附剂的比表面积和细孔分布影响大）	较慢 （受温度影响大，受吸附剂表面化学性质和被吸附分子化学性质影响大）

（3）吸附平衡

随着吸附质在吸附剂表面数量的增加，解吸速度逐渐加快。当吸附速度和解吸速度相当，即在宏观上当吸附量不再继续增加时，就达到了吸附平衡。达到吸附平衡时吸附剂对吸附质的吸附量称为平衡吸附量。平衡吸附量的大小与吸附剂的物化性能、比表面积、孔结构、粒度、化学成分等有关，也与吸附质的物化性能、压力（或浓度）、吸附温度等因素有关。

（4）吸附热力学

吸附热力学主要研究吸附过程所能达到的程度问题，通过对吸附剂上吸附质在各种条件下吸附量的研究，得到各种热力学数据。

取温度恒定，单位质量吸附剂的吸附量 q 和气相中组分的分压 P（或单位体积液相中溶质的物质的量 c）的平衡关系，用吸附等温线（adsorption isotherm）表示。

吸附剂的表面是不均匀的，即使被吸附分子和吸附剂表面分子之间、被吸附的各分子之间的作用力都相等，吸附等温线的形状也不相同。

研究吸附等温线可以得到吸附剂、吸附质的性质以及它们之间相互作用的信息。吸附等温线是各类吸附曲线中最重要的，各种吸附理论往往是以其是否能给出定量描述一种或几种类型吸附等温线来评价的。对于一定的吸附剂与吸附质的体系，达到吸附平衡时，吸附量是温度和吸附质压力的函数，即：

$$q=f(T, P)$$

通常固定一个变量，求出另外两个变量之间的关系。

例如：恒温下，T=常数，$q=f(P)$，吸附等温线；

恒压下，P=常数，$q=f(T)$，吸附等压线；

恒吸附量下，q=常数，$P=f(T)$，吸附等量线。

根据大量气体吸附等温线的实验结果，单一组分气体物理吸附等温线被分为六种基本类型（图9-4）。实际的各种吸附等温线大多是这六类等温线的不同组合。图中纵坐标为吸附量，横坐标为相对压力 P/P_0，P 为气体吸附平衡压力，P_0 是气体在吸附温度时的饱和蒸气压。

从吸附等温线可以反映出吸附剂的表面性质、孔分布以及吸附剂与吸附质之间的相互作用等有关信息。

① Ⅰ型——Ⅰ-A型（图9-5）

称为兰缪尔型吸附等温线，可用单分子层吸附来解释。在2.5nm以下微孔吸附剂上的吸附等温线属于这种类型。当吸附剂仅有2～3nm以下的微孔时，虽然发生了多层吸附和毛细凝聚现象，但一旦将所有的孔填满后，吸附量便不再随比压而增加，呈现出饱和吸附。相当于在吸附剂表面上只形成单分子层。

② Ⅰ型——Ⅰ-B型（图9-6）

固体吸附剂具有超微孔（0.5～2.0nm）和极微孔（<1.5nm），外表面积比孔内表面积小很多。在低压区，吸附曲线就迅速上升，发生微孔内吸附；在平坦区发生外表面吸附。微孔吸附势很大。在接近饱和蒸气压时，由于微粒子之间存在缝隙，在大孔中发生吸附，

天然香料学

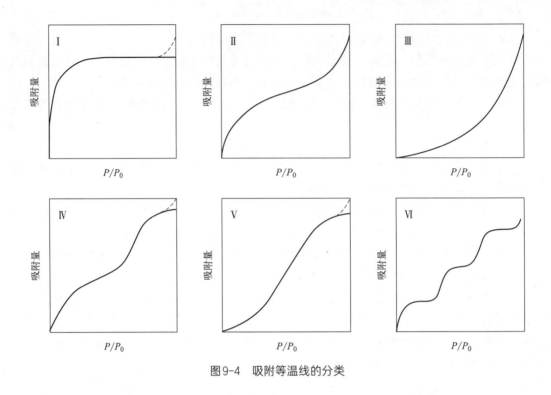

图9-4 吸附等温线的分类

等温线又迅速上升（虚线）。活性炭常呈现这种吸附类型。此外，在吸附温度超过吸附质的临界温度时，由于不发生毛细管凝聚和多分子层吸附，即使是不含微孔的固体也能得到Ⅰ型等温线。

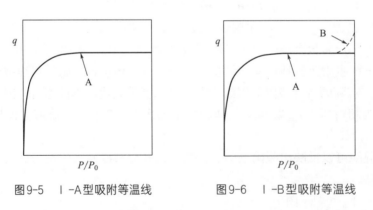

图9-5　Ⅰ-A型吸附等温线　　　　图9-6　Ⅰ-B型吸附等温线

③Ⅱ型（图9-7）

Ⅱ型常称为S型等温线，是最普通的物理吸附。吸附剂孔径大小不一，属于多分子层吸附。在相对压力约0.3时，等温线向上凸，第一层吸附大致完成。可由多层吸附的BET吸附等温式来解释，且第一层吸附热比吸附质的凝聚热大。随着相对压力的增加，开始形成第二层吸附，在相对压力接近1时，吸附层数无限大，发生毛细管和孔凝聚现象，吸附量急剧增加，又因为孔径范围较大，大于5nm，所以不呈现饱和吸附状态。非多孔性固体表面发生多分子层吸附属于这种类型，发生亲液性表面相互作用时也常见这种类型。

④ Ⅲ型（图9-8）

在固体和吸附质的吸附作用小于吸附质之间的相互作用时，呈现这种类型等温线，这种类型较少见。它的特点是吸附热与被吸附组分的液化热大致相等。在憎液性表面发生多分子层吸附的吸附等温线属于Ⅲ型。

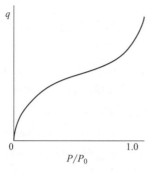
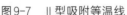
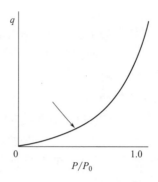

图9-7　Ⅱ型吸附等温线　　　　图9-8　Ⅲ型吸附等温线

⑤ Ⅳ型（图9-9）

多孔吸附剂发生多分子层吸附时会有这种等温线，表面具有中孔和大孔。在相对压力较低时，吸附剂表面形成易于移动的单分子层吸附，吸附等温线向上凸起；在相对压力较高（约0.4）时，吸附质发生毛细凝聚现象，等温线迅速上升。在升高压力时，由于中孔内的吸附已经结束，吸附只在远小于内表面积的外表面上发生，曲线平坦。后一段凸起的线段是由于吸附剂表面建立类似液膜层的多层分子吸附引起的。在相对压力接近1时，在大孔上吸附，曲线上升。

⑥ Ⅴ型（图9-10）

吸附剂为过渡性孔，孔径在2～5nm之间；发生多分子层吸附，有毛细凝聚现象和受孔容的限制。

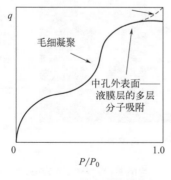
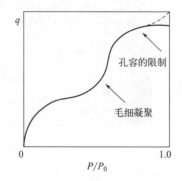

图9-9　Ⅳ型吸附等温线　　　　图9-10　Ⅴ型吸附等温线

9.2　吸附法分类及特点

吸附法生产天然香料有非挥发性溶剂吸收法和固体吸附剂吸收法两种主要形式，常用于处理一些名贵鲜花。固体吸附剂吸收法实质上是典型的吸附操作，所得产品为精油；而非挥发性溶剂吸收法所得产品为香脂。

9.2.1 非挥发性溶剂吸收法

根据操作温度的不同，这种吸收法又可分为温浸法和冷吸收法（又名脂吸法）。

（1）温浸法

温浸法的原理是借助于热力作用使细胞膨胀，发生质壁分离，水渗入细胞壁和细胞质中，溶解液泡中的物质，使其穿过细胞壁，扩散到外部溶剂中。主要生产工艺与搅拌浸提法极其相似，只是浸提操作控制在50～70℃下进行。所使用的溶剂是经过精制的非挥发性的橄榄油、麻油或动物油脂，在50～70℃下这些油脂呈黏度较低的液态，便于搅拌浸提。温浸法中用于吸收香气的油脂一般要反复使用，直至油脂被芳香成分饱和。经过一次搅拌温浸并筛除残花后得到的油脂，称为一次吸收油脂。一次吸收油脂与新的鲜花经过二次搅拌温浸后得到二次吸收油脂。吸收油脂被反复利用，直至接近饱和，冷却即可得到所需的香脂。

（2）脂吸法

脂吸法诞生于法国格拉斯，因为其需要大量的人力和物力，所以也是最为昂贵的一种精油提取法。脂吸法是在特定尺寸的木制花框中多层玻璃板的上下两面涂敷"脂肪基"，再在玻璃板上铺满鲜花。所谓的"脂肪基"是冷吸收法专用的膏状猪牛脂肪混合物，是将2份精制猪油和1份精制牛油加热混合、充分搅拌再冷却至室温而得的。脂肪基吸收鲜花所释放的气体芳香成分，间隔一段时间从花框中取出残花再铺上新花，如此反复多次直至脂肪基被芳香成分所饱和，刮下玻璃板上的脂肪即为冷吸收法的香脂产品。从花框中取出的残花还可用挥发性溶剂进行浸提以制取浸膏。如图9-11所示为脂吸法提取鲜花中的芳香成分示意图。

脂吸法制备茉莉香脂

图9-11　脂吸法提取鲜花中的芳香成分

尽管引入了用挥发性溶剂提取的现代工艺，但古老的脂吸法仍然发挥着重要的作用，并在几代人的努力中不断完善。

脂吸法的做法是先在玻璃板上涂层脂肪（通常是非常纯净的猪油或牛油），再将刚摘下的花瓣铺撒在这层脂肪上。接着，把玻璃板层层堆积放入木制框架中，此时玻璃板上的脂肪会渐渐吸收花瓣中的精油和脂质。几天后，再将压平的花瓣换成新鲜的花瓣。更换的时间随着花种的不同而有差异，如茉莉花约三星期换一次。重复更新花瓣的步骤，直到这层脂肪已经无法再吸收精油和脂质为止。除去所有脂肪中的废弃物，像陈腐的花瓣或花梗等，再收集这些脂肪（此时称为香脂）。接着，将酒精加入香脂中，剧烈摇晃24h，让脂肪和精油分离。用这种方法收集的油就称为原精，它是非常浓稠的油。它的香气和疗效都非常强，和蒸馏法所得的精油相比，只使用微量原精，就能达到很好的效果。有些原精，如玫瑰原精在室温下呈固态，但只要握住瓶子用体温温热几分钟，它就会变成液态。另外一种吸附方法是用沾满橄榄油的棉布取代玻璃板。用木制框架撑起棉布，放上新鲜花瓣，再把棉布层层堆积（与采用玻璃板的方法相同）。铺撒在棉布上的花瓣需要每天更换，直到橄榄油已经无法再吸收精油和脂质。我们称此阶段的香油为法国香油，它可以直接当作润肤香油，也可以再用酒精分离出原精。这两种方法是传统香水工业常用的方法，特别是格拉斯附近的工厂经常用这种方法生产优质香油。但现在大约只有10%的原精是利用脂吸法生产的，因为脂吸法既费时又不经济。

脂吸法的成功与否在很大程度上取决于所使用的脂肪基的质量。准备脂肪基时必须十分小心，它必须几乎无臭和具有适当的一致性。如果脂肪基太硬，花朵就不能与脂肪充分接触，降低了它的吸收能力，导致花油的产量低于正常水平。另一方面，如果它太软，容易吞没花朵，花朵就会被粘住，当摘除时，花将保留粘连脂肪，导致相当大的收缩和损失。因此，花团应具有较为坚硬的表面，以便于挪走枯萎的花朵。鲜花的采集过程是在凉爽的酒窖中进行的，每个制造商必须在鲜花收获的月份根据酒窖中当时的温度准备鲜花。多年的经验证明，一份高度纯化的牛脂和两份猪油的混合物是非常适合的。这种混合物确保了吸收剂的高吸收率和适当的相容性。这样制备的脂肪基是白色的、光滑的、稠度均匀、不含水且几乎没有香气。一些生产商在准备脂肪团的时候还会添加少量的橙花或玫瑰水。这些添加物在某种程度上掩盖了成品的香气，使其带有轻微的橙花或玫瑰香味。

9.2.2　固体吸附剂吸收法

一些固体吸附剂如常见的活性炭、硅胶等，可以吸附香势较强的鲜花所释放的气体芳香成分，利用这一性质人们开发了固体吸附剂吸收法以制取高品质的天然植物精油，并在20世纪60年代实现了工业应用。此法是典型的吸附循环操作，包括吸附、脱附和脱附液蒸馏分离三个主要步骤，所用的脱附剂一般为石油醚，蒸馏分离一般亦含常压蒸馏和减压蒸馏两步。吸附是用空气吹过花室内的花层再与吸附器内的吸附剂接触进行气相吸附，空气进入花室之前要分别经过过滤和增湿处理，以保证高质量精油的纯净，避免吸附剂被污染，并提高空气的芳香能力。

上述两种吸收法的手工操作繁重，生产效率很低。由于吸收法的加工温度不高，没有外加的化学作用和机械损伤，香气的保真效果最佳，产品中的杂质极少，所以产品多为天然香料中的名贵佳品。但是吸收法尤其是冷吸收法受其吸收或吸附机制的限制，只适用于芳香成分易于释放的花种，如橙花、兰花、茉莉花、水仙、晚香玉等，而且最好用新采摘的鲜花。

9.3　影响吸附效率的因素

（1）影响吸附效率的主要因素

① 吸附剂的性质：吸附剂的种类不同，吸附效果不同。一般是极性分子（或离子）型

的吸附剂容易吸附极性分子（或离子）型的吸附质，非极性分子型的吸附剂容易吸附非极性分子的吸附质。由于吸附作用是发生在吸附剂的内外表面上，所以吸附剂的比表面积越大，吸附能力就越强。另外，吸附剂的颗粒大小、孔隙构造和分布情况，以及表面化学特性等，对吸附也有很大的影响。

② 吸附质的性质：吸附质的溶解度对吸附有较大的影响。一般说来，吸附质的溶解度越低，越容易被吸附；吸附质的浓度增加，吸附量也随之增加，但浓度增加到一定程度后，吸附量增加变慢；如果吸附质是有机物，其分子尺寸越小，吸附进行得越快；极性的吸附剂容易吸附极性的吸附质，非极性的吸附剂容易吸附非极性的吸附质。

③ pH：pH对吸附质的存在形态（分子、离子、结合物等）和溶解度均有影响，从而影响吸附效果。并且pH对吸附的影响还与吸附剂性质有关。例如，活性炭一般在酸性溶液中比在碱性溶液中具有更高的吸附量。

④ 温度：吸附反应通常是放热的，因此温度越低对吸附越有利。但在废水处理中，一般温度变化不大，因而温度对吸附过程影响很小，实践中通常在常温下进行吸附操作。

⑤ 共存物的影响：在物理吸附过程中，吸附剂可对多种吸附质产生吸附作用，因此多种吸附质共存时，吸附剂对其中任何一种吸附质的吸附能力，都要低于组分浓度相同但只含该吸附质时的吸附能力，即每种溶质都会以某种方式与其他溶质竞争吸附活性中心点。此外，悬浮物会阻塞吸附剂的孔隙，油类物质会聚集于吸附剂的表面形成油膜，它们均对吸附有很大影响。因此在吸附操作之前，必须将它们除去。

⑥ 接触时间：吸附质与吸附剂要有足够的接触时间，才能达到吸附平衡。平衡所需时间取决于吸附速度，吸附速度越快，达到平衡所需时间越短。

（2）吸附剂的选择

在天然香料生产中所应用的吸附，属物理吸附，这样被吸附上的精油不会发生化学变化，可以通过脱附得到精油，而且精油质量也不会发生改变。在吸附过程中不希望发生极性吸附，否则会影响脱附。用作吸附剂的物质要有大的表面积，而且要有足够的活性。吸附剂的活性是以其单位质量或单位体积所吸附物质的量来表示的。通常活性值以百分率表示，即每100份质量的吸附剂能吸附吸附质的质量。

一般吸附剂均可再生，恢复活性后仍可重复使用。在对新鲜香花或含苞待放的香花花蕾进行吹气吸附或头香吸附时，一般以采用颗粒状吸附剂为宜；而作为香料脱色（即吸附色素物质）用途，多采用粉状吸附剂。目前工业上常用的吸附剂主要有硅胶、活性氧化铝、活性炭、沸石分子筛、碳分子筛。

① 硅胶

硅胶是一种坚硬、无定形链状和网状结构的硅酸聚合物颗粒，分子式为 $SiO_2 \cdot nH_2O$，为一种亲水性的极性吸附剂。它的制备方法是用硫酸处理硅酸钠的水溶液，生成凝胶，将其水洗除去硫酸钠后，经干燥得到玻璃状的硅胶。工业上用的硅胶分成粗孔和细孔两种，粗孔硅胶在相对湿度饱和的条件下，吸附量可达吸附剂质量的80%以上，而在低湿度条件下，吸附量大大低于细孔硅胶。

② 氧化铝

活性氧化铝是由铝的水合物加热脱水制成的，它的性质取决于最初氢氧化物的结构状态，一般都不是纯粹的 Al_2O_3，而是部分水合无定形的多孔结构物质，其中不仅有无定形的凝胶，还有氢氧化物的晶体。由于它的毛细孔通道表面具有较高的活性，故又称活性氧化铝。它对水有较强的亲和力，是一种对微量水深度干燥用的吸附剂。在一定操作条件下，它的干燥深度可达露点 $-70℃$ 以下。

③ 活性炭

活性炭是由木质、煤质和石油焦等含碳的原料经热解、活化加工制备而成的，具有发达的孔隙结构、较大的比表面积和丰富的表面化学基团，是特异性吸附能力较强的炭材料的统称。

将没有活性的粗炭或回收再用的回收活性炭变成具有活性的炭的过程为活化。活化的目的在于自孔隙和表面上将阻塞和遮盖的干馏产物驱走。扩大原有的孔隙与形成新的孔隙，从而增加比表面积。粗炭的活化首先将炭烧至 $900℃$，更高的温度会发生石墨化，显著降低吸附能力。或以有机溶剂萃取孔隙中的有机物，然后再烧灼并通以气态氧化剂（氧、空气、水蒸气）氧化炭的表面以除去溶剂等挥发性杂质。

各种规格的活性炭都有一定吸附性。比较重要的有：单位质量活性表面、活性度、密度（表观密度）及粒度等。一般来说，普通活性炭的比表面积在 $500 \sim 1500 \ m^2/g$ 之间，高性能活性炭的比表面积可以达到 $2000 \sim 3000 m^2/g$。炭中含有水分则降低其活性。不同牌号的活性炭其密度变化范围较大。

真密度：指不计孔隙时炭的单位体积的质量，一般介于 $1.75 \sim 2.10 g/cm^2$。

表观密度：包括孔隙在内的单位体积的质量，一般介于 $500 \sim 1000 kg/m^3$。

松密度：包括孔隙及粒间空处的体积，一般介于 $200 \sim 600 kg/m^3$。

活性炭有粉状和粒状，随制法的不同有规则的或片状和粒状的。在香料行业中，从馏出液中和用吹气吸附法从空气中吸收芳香物质都采用颗粒炭，而脱色吸附色素物质多用粉状炭。

④ 沸石分子筛

沸石分子筛又称合成沸石或分子筛，沸石的特点是具有分子筛的作用，它有均匀的孔径。

⑤ 碳分子筛

实际上也是一种活性炭，它与一般的碳质吸附剂不同之处，在于其微孔孔径均匀地分布在狭窄的范围内，微孔孔径大小与被分离的气体分子直径相当，微孔的比表面积一般占碳分子筛所有表面积的 90% 以上。碳分子筛的孔结构主要分布形式为：大孔直径与碳粒的外表面相通，过渡孔从大孔分支出来，微孔又从过渡孔分支出来。在分离过程中，大孔主要起运输通道作用，微孔则起分子筛的作用。由于分子筛的多孔结构，它可以是一种很好的添加剂载体，可以很好地吸附香精，保持其香味，然后在刷牙时能释放出来，起到很好的效果。可以预见它对香料香精有很好的吸附性。利用其原理可以应用于牙膏中香精成分的释放。

⑥ 微晶纤维素

微晶纤维素是一种众所周知的精油赋形剂，可以吸附和固化多组分液体薄荷精油。

⑦ 微胶囊

微胶囊化是用成膜材料将香精等目的物质包覆形成微小粒子的技术，具有节省原料、降低成本、减少污染、缓释性强等优点，微胶囊一般可制成自由流动的粉末，亦可制成悬浮体。所谓香精的微胶囊化即利用高分子膜将香精油脂包埋起来，使之与外界隔绝的过程。

其中，被包埋的油脂称为芯材，包覆芯材的物质称为壁材。微胶囊法虽可以长时间有效保存香精的香味和有效成分，但微囊壁一旦破损，样品不能重复利用。

⑧ 淀粉和淀粉微球

淀粉微球是一种原料广泛、易降解、无污染的生物制剂，具有对功能性物质起保护作用的特性，用淀粉微球吸附目的物质还可达到缓释作用，能提高目的物质的使用效率。淀粉微球料对存放条件要求较高，潮湿环境易造成微球损耗，且淀粉微球的制备过程中影响微球成型的条件较复杂。香料香精物质的香味容易散发，保存时间不长。通过吸附或包埋除药物之外的其他物质，如将香料香精吸附于淀粉微球中，可延长香味的散发时间；将常规的液态香精转换成固态，使物质不易变质，并对功能性物质起到保护作用；用淀粉微球吸附目的物质还可达到缓释作用，更有利于目的物质的利用，提高使用效率。

⑨ 介孔材料SBA-15

介孔材料SBA-15与活性炭、磷灰石相比，具有长程有序、大小可调的中孔孔径，同时较大的比表面积、较好的热稳定性和水热稳定性使其在催化和吸附等领域都有广阔的应用前景。

9.4　吸附相关设备

工业上应用最多的吸附设备是固定床吸附器，主要有立式和卧式两种，都是圆柱形容器。卧式圆柱形吸附器，两端为球形顶盖，靠近底部焊有横栅条，其上面放置可拆式铸铁栅条，栅条上再放金属网（也可用多孔板替代栅条），若吸附剂颗粒细，可在金属网上先堆放粒度较大的砾石再放吸附剂。立式吸附器基本结构与卧式吸附器相同，吸附流程如图9-12所示。

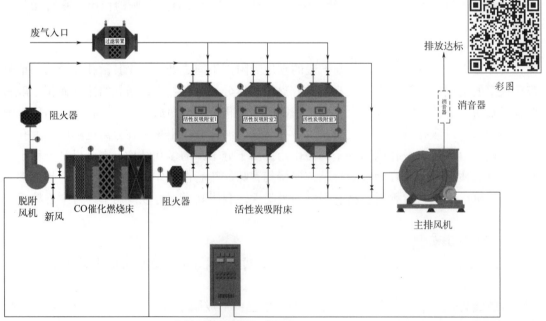

图9-12　吸附流程图

设备使用注意事项如下。

① 保证吸附器和管道的密闭：设备和管道应具有最少的可拆卸接合；排送含有有机溶剂的管道壁厚应大于5mm；含有机溶剂的设备和管道均应经过砾石阻火器与大气相通。

② 杜绝工作场所产生火花：马达应是防爆型的或放在专门隔离的场所；防静电、防雷击。

③ 杜绝活性炭升温到接近其燃点（300℃）：严格控制炭层温度，测温点应能达到炭层中心及炭层的各部分；应避免炭层的急剧氧化而放出大量热；解吸时炭层温度控制在105～110℃之间，解吸用的过热蒸气不应高于120℃；若炭层冒烟或引燃时，应立即引水缓慢淹没炭层，不可鼓风；避免解吸冷凝液倒流入炭层而剧烈放热；吸附器停止操作时间超过24h，活性炭在解吸后应用水淹没炭层。

流化床吸附器（图9-13）多用于固体与气体、液体与液体的反应，特点是气体与固体接触相当充分，气流速度是固定床的4倍以上；固体的流态化，优化了气固的接触，提高了界面的传质速率，从而强化了设备的生产能力，流化床采用了比固定床大得多的气速，因而可以大大减少设备投资；气体和固体同处于流化状态，不仅可使床层温度分布均匀，而且可以实现大规模的连续生产；由于吸附剂和容器的磨损严重，流化床吸附器的排除气中常带有吸附剂粉末，故后面必须加除尘设备，有时直接装在流化床的扩大段内。

移动床吸附器（图9-14）的特点：①固定吸附剂在吸附床中不断移动，固体和气体都以恒定的速度流过吸附器；②处理气量大，吸附剂可循环使用，适用于稳定、连续、量大的气体净化；③吸附和脱附连续完成；④动力和热量消耗较大，吸附剂磨损较为严重。

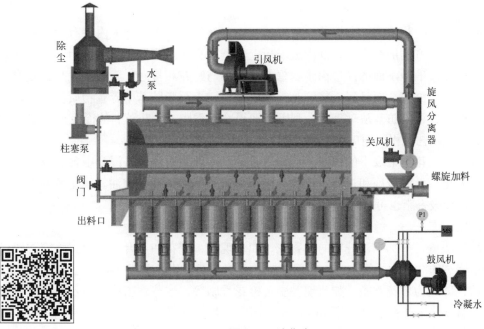

彩图

图9-13 流化床

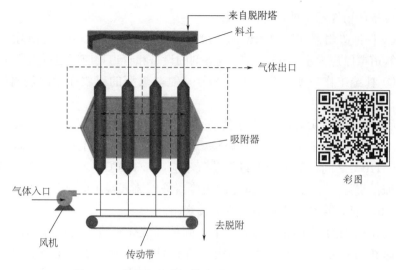

图9-14　移动床吸附工艺流程图

9.5　应用实例

常见的香料吸附工艺可分为：脂肪冷吸法（脂吸法）、油脂温浸法和吹气吸附法。

（1）脂肪冷吸法

脂肪基一般用1份高度精炼的牛油和2份精炼的猪油混合而成，软硬适中，吸收力强，非常适宜于香花的冷吸。用于冷吸的香花，有茉莉、大花茉莉和晚香玉等，一般是采收成熟花蕾，由于精油随花蕾开放而逐渐形成，而且放香时间持续较长，所以很有利于冷吸过程。

加工时，先将脂肪基涂于方框的玻璃板的两面，随即将花蕾铺于框内涂有脂肪基的玻璃板上。铺了花的方框层叠堆放，框内玻璃板上的鲜花直接与脂肪基接触，脂肪基就起到溶剂作用；而在玻璃板下面的涂层由于木框叠起，不与鲜花相接触，脂肪基就起到吸附作用。每天更换一次鲜花，而且每天将鲜花框上下翻转，直至脂肪基中芳香物质基本上达饱和时为止，然后，将脂肪基从玻璃板上刮下，即得冷吸香脂。大花茉莉的冷吸过程需要70天左右，其生产工艺流程如图9-15所示。

另外，每天从花框上取下的残花，可以用石油醚萃取制取浸膏。浸膏中含有较多的脂肪，如用乙醇进行低温冷冻和过滤可以除去脂肪和花蜡，得到残花净油。残花净油香气比冷吸香脂差，冷吸香脂也可制成冷吸净油。

（2）油脂温浸法

油脂温浸法适宜于加工已开放的鲜香花，如玫瑰花、橙花和金合欢花等。将鲜香花浸在温热的精炼过的油脂中，经一定时间后更换鲜香花。直至油脂中芳香物质达饱和时为止。除去废花后，即成为香花香脂，如玫瑰香脂、橙花香脂等。这些香脂也可用乙醇制成香脂净油。油脂温浸法生产香脂的工艺流程见图9-16。

（3）吹气吸附法

在20世纪50年代前，苏联首先采用吸附法进行吹气吸附加工茉莉花。在1958年广州百花香料厂曾进行过茉莉花浸提前吹气吸附，然后将吹气吸附后的残花进行浸提的试验。

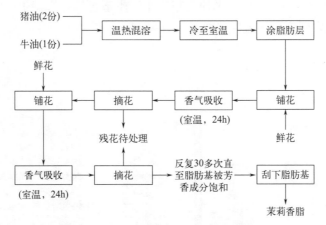

图9-15　脂肪冷吸法生产茉莉香脂工艺流程图

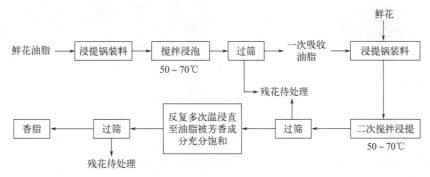

图9-16　油脂温浸法生产香脂工艺流程图

吹气吸附可分为静态吸附和动态吸附两种：

① 静态吸附

将花朵与吸附剂一起静置保藏，通常是用50cm×60cm的玻璃板紧紧镶好在架子中，在玻璃板上直接铺放活性炭，其上均匀地铺好花层（1～2层）20～40g，再把第二个架子叠在上面，要注意架子与架子之间的密封。从静态吸附中发现，要延长花朵的生命，也就是增加精油的油量，在静态的条件下，必须把花和炭放得尽量紧密，最好把它们适当混合起来。在没有放活性炭的对照框中，发现花经过一个昼夜之后，花梗变黑，脉纹深暗，萎软而带酸气。而与活性炭密切接触的花朵则依然新鲜，在静态吸附中，除将花朵与活性炭密切接触外，在室内创造良好的对流对提高精油得率也有好处。静态吸附过程详见图9-17。

② 动态吸附

为了克服静态吸附在吸附过程中所产生的缺

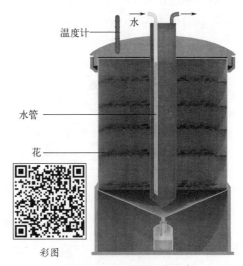

图9-17　静态吸附示意图

点，将流动的空气送入吸附室中，以便将花周围的气体进行转换，并将气流带到吸附器中与吸附剂接触，吸附芳香成分。为了使吸附室中产生适合鲜花维持生命的适宜条件，还要保持吸附室内的适宜湿度，其流程如图9-18所示。

彩图

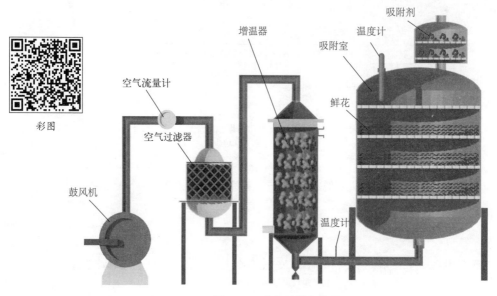

图9-18 动态吸附示意图

动态吸附的操作条件如下。

a. 吸附室中新鲜花朵要铺成薄层，铺得比较好的情况是每1L容积装花20～30g。这样即使通气流速不大（5～10L/kg花）也不致发热。吸附室中的温度可以高出室温，但最好控制花室的温度不要高出室温过多，以25℃为宜。

b. 每平方厘米吸附器截面上的空气流速约为1L/min，而炭层厚度为8～10cm时，炭可吸收约8%的精油，超过8%之后，芳香成分开始逸出。

采用吹气吸附法（动态），精油得率可达0.37%，而用挥发溶剂法进行萃取，浸膏得率一般不超过0.35%，而按鲜花计，精油得率在0.1%～0.2%之间，可见采用动态吸附后，茉莉精油的得率得到了明显的提高。吹气吸附工艺流程见图9-19。

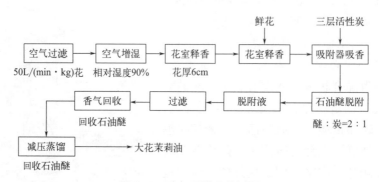

图9-19 吹气吸附工艺过程

（4）其他吸附法——顶空吸附

娇嫩的鲜花香气或食品香味，在其顶空部位所挥发的香气成分，一般用抽吸或吹洗方法，将其抽吸或吹洗到疏水型或憎水型的吸附剂中。常用的吸附剂有经处理过的活性炭、多孔聚合物、XAD-4树脂等，中国科学院华南植物园对白兰花、黄兰花、水仙花等做了顶空吸附试验研究。饱和了顶空花香和食品香味的吸附剂，常用易挥发的乙醚或戊烷等溶剂进行脱附（解吸），以获得天然逼真的顶空香气或香味。随着工艺发展，顶空吸附成为了一种提取进样的方式用于色谱分析，将待测样本置于恒温密闭容器中，通过加热升温使得挥发性组分从样本中挥发出来，在顶空瓶里面的气液（气固）两相中达到热力学平衡之后，直接抽提顶部气体打入气相色谱质谱联用仪中进行分离分析，从而进行一些挥发性香气物质的检测。

茉莉花属于木樨科茉莉属（素馨属），广泛分布于我国南方各地。在浙江、江苏等地均系盆栽，以便冬季移入温室过冬，在广州一带茉莉花于4～10月成熟，花的成熟季节花香扑鼻浓郁。采收洁白、丰满或含苞待放的成熟花蕾，采摘后的成熟花蕾是有生命的，仍继续进行呼吸泌香。在花朵中含有可以通过酶催化作用而转化为芳香成分的物质，正是这些物质逐步分解转化成各种芳香成分。这些芳香成分的散发使茉莉花周围的空气有芳香，简称之为顶空成分。如果顶空成分的浓度增加，就会抑制花朵中香气成分的向外扩散，也会抑制芳香物质的继续生成，如果用载气将茉莉花周围的顶空香成分带走，或将其成分稀释使其表层上浓度消散，这对茉莉花花瓣内芳香的继续泌香将有促进作用。

根据上述茉莉花泌香过程的原理，在吸附时可选择适宜鲜花开放的环境条件，利用必要的设备回收茉莉花在开放过程中散发到空气中的头香，使之不再逸散损失。

在实际生产中，通常将鼓风机的进气端与装有吸附剂的管路末端相接，使进入花室（吸附室）的空气吸收花层上顶空茉莉花香，然后将带香的空气通过吸附剂层对香气吸收浓缩。一般头香吸收需要5h，这时吸附剂多数已饱和，饱和的吸附剂用CO_2进行超临界脱附，从而获得茉莉头香。经5h吸过头香的茉莉鲜花，仍保持浓郁的鲜花香，符合浸提的投料要求，可以继续进行挥发溶剂浸提生产浸膏。

采用吸附法头香得率可达0.27%，而且吸附后鲜花制得的浸膏香气比未进行抽吸的鲜花浸提所得的浸膏香气透发且得率略高（未抽吸浸膏得率0.25%，而经抽吸的浸膏得率0.28%）。然而，抽吸后其精油得率降低（未抽吸为69.5%～71.5%，而抽吸后65.5%～69.42%）。

将头香吸附所得精油与茉莉鲜花浸膏合并，其香气与刚开放不久的茉莉花朵散发出的清鲜香气较为一致，香气透发飘逸且持久；而未加头香吸附所得精油的浸膏则缺乏茉莉鲜花所具有的头香。头香吸附所得精油也可单独用于配制高级茉莉花型化妆品香精。

9.6　吸附法的局限性

吸附法生产天然香料的原理与浸提法相似，不同的是该法采用非挥发性溶剂或固体吸附剂。非挥发性溶剂吸附法和固体吸附剂吸附法，这两种吸附法的手工操作繁重，生产效率很低。因此，在天然香料的生产中，特别适用于对一些名贵花朵香气成分的提取。吸附法的不足之处在于吸附剂的吸附容积小，当处理量大时，需耗用大量吸附剂，而且吸附剂需要再生，这也给生产过程的连续化和自动化操作带来一定的困难。

第10章

超临界流体萃取法

10.1　超临界流体萃取法简介

10.1.1　超临界流体

　　常见的物质状态主要有三种：气态、固态、液态。事实上除了这三种，还有离子状态、超临界状态等。一般来说，物质的压力和温度同时超过它的临界压力和临界温度的状态，我们称为超临界状态。如水的临界温度为374.2℃，临界压力为22.0MPa，此时可称为超临界水，此时水的性质既保持了液态水的部分物理性质，也保留了气体的部分性质，将这种既不是气体也不是液体的状态称之为流体，也就是超临界流体水。不仅水有超临界状态，一些化学性质稳定，且在临界温度和压力下不分解的纯物质也存在超临界状态。通常我们会将温度超过临界温度的流体称为超临界流体。常见的超临界流体有二氧化碳、乙烯、三氯甲烷、水、乙烷等。

10.1.2　超临界流体的性质

　　超临界流体是一种介于气体和液体的流体，因此既有气体的优点和性质，也有液体的性质和优点，超临界流体的黏度低，黏度与气体相接近但比液体小几个数量级。扩散性能好，扩散系数介于气体和液体之间，比液体大$10 \sim 100$倍，具有与气体相近的扩散和运动特性。因而渗透性、传质性远高于一般的液体溶剂。超临界流体的溶解性强，溶解能力高于气体，与液体相近。

　　超临界CO_2流体萃取技术需要根据其对不同物质的溶解能力的大小来确认是否适合采用。一般来说，超临界CO_2流体对不同物质的溶解能力存在以下的规律。

　　① 亲脂性、低沸点成分可在10MPa以下萃取，如天然植物和果实中的香气成分。

　　② 当混合物中的组分间的相对挥发度或极性有较大差别时，可以在不同压力下使混合物得到分馏。

　　③ 强的极性基团（—OH、—COOH）的引入，使得萃取变得困难。在苯的衍生物范

围内，具有三个羟基酚类的物质，以及具有一个羧基和两个羟基的化合物仍然可以被萃取，但那些具有一个羧基和三个以上羟基的化合物是不能被萃取的。

④ 更强的极性物质，如糖类在 40MPa 以下很难被萃取出来。

⑤ 化合物的分子量越高，越难被萃取。

超临界流体的溶解度随压力的增加而增加，随温度的增加而降低。实际应用上，可利用其变化来实现物质的萃取与分离。目前，在超临界流体的萃取和开发中，对溶解特性的利用发展最为成功和广泛，即以超临界流体替代传统的有机溶剂对许多天然产物有效成分进行萃取，有许多过程都实现了工业化并取得了较大的收益。目前对超临界流体的性能还在研究开发中，其中超临界 CO_2 流体萃取应用最为广泛。

10.1.3　超临界 CO_2 流体萃取的原理

二氧化碳的临界温度为 31.1℃，临界压力为 7.32MPa，临界点温度接近于室温，临界压力适中，临界密度较高，且二氧化碳化学性质稳定，无腐蚀性，无毒性，不易燃，不易爆，萃取后容易从分离成分中去除，在提取二氧化碳时不存在潜在的有害溶剂。这意味着人体和环境都不会受到污染，在食品和药品领域应用范围较广。超临界 CO_2 流体萃取技术是利用二氧化碳在超临界状态下对溶质有很高的溶解能力，而在非临界状态溶解度很低的特性来实现萃取与分离。

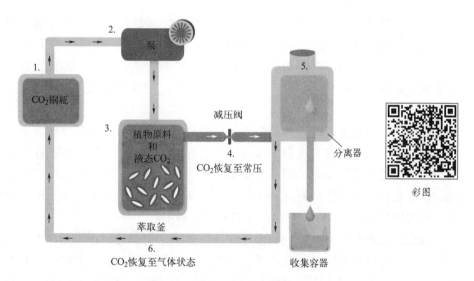

图 10-1　超临界 CO_2 流体萃取基本过程

超临界 CO_2 流体萃取的基本过程如图 10-1：将萃取原料装入萃取釜，以超临界二氧化碳流体作为溶剂。二氧化碳气体经热交换器冷凝成液体，用加压泵把压力提升到工艺过程所需的压力，同时调节温度，使其成为超临界二氧化碳流体，作为溶剂从萃取釜底部进入，与被萃取物料充分接触，选择性溶解出所需的化学成分。含溶解萃取物的高压二氧化碳流体经节流阀降压到低于二氧化碳临界压力下，进入反应釜。由于二氧化碳溶解度急剧下降而析出溶质，自动分离成溶质和二氧化碳气体两部分。前者为过程产品，定期从分离釜底部放出，后者为循环二氧化碳气体，经热交换器冷凝成二氧化碳液体而循环使用。整个分离过程是利用二氧化碳流体在超临界状态下对有机物有特殊增加的溶解度，而低于临界状态下对有机物基本不溶解的特性，将二氧化碳流体不断在萃取釜和反应釜间循环，从而有效地将需要分离提取的组分从原料中分离出来。

10.2 超临界流体萃取的特点

超临界流体萃取（supercritical fluid extraction，SFE）是一种较新的萃取技术，是由萃取和分离两部分组合而成的。该技术在较低的温度下操作、效率高、溶剂易分离等，同时用 CO_2 作萃取剂，萃取过程不发生化学变化、不燃烧、无味、无臭、无毒、安全性高、价廉易得、不造成环境污染等。超临界流体具有较高的扩散性，从而减小了传质阻力，这对多孔疏松的固态物质和细胞材料中的化合物的萃取特别有利；对改变操作条件（如压力、温度）特别敏感，这就提供了操作上的灵活性和可调性；且超临界流体可在低温下进行，对分离热敏性物料尤为有利；同时具有低的化学活泼性和毒性。

超临界流体萃取的操作特性主要是选用合适的溶剂和萃取操作条件。选择溶剂主要考虑它对提取的物质要有较高的溶解度，对人体和原料要有安全性。此外，理想的溶剂还必须具有适当的临界压力和较低的沸点。CO_2 是食品工业上应用最普遍、最吸引人的溶剂。用 CO_2 进行超临界萃取时，其操作压力和温度条件随被萃取物质的不同而有较大差异，一般可被分为全萃取区、脱臭区和分馏区。

全萃取区在超临界区内压力较高的部分，此区是目的物质可全部溶出的操作区域。据研究，溶质的溶解度随操作压力和温度的升高而增大，而温度的上限受制于被萃取物料的热敏性，压力的上限受制于设备投资和安全以及生产成本。因此，在全萃取区进行超临界萃取必须考虑在优质、高产、安全、经济性之间综合权衡，寻求最佳操作压力、温度方案。

脱臭区是近临界点附近的超临界区，混合物的脱臭可视为另一种全萃取。因为在这一萃取过程中，操作温度和压力维持在溶剂临界点附近不变，过程不是在最大溶解度下进行的，但是挥发性高的组分，即通常带有特殊香气的物质，相对来说则可从混合物中顺利地除去。近临界点区操作法有两种用途，一是从所需产品中去除不理想的芳香化合物；二是萃取有用的芳香物，供配制食品的香料和风味料用。

分馏区是在超临界区域内的中压区。当多组分物系进行超临界萃取时，利用溶剂对各组分选择性程度的差异而产生分馏。因此，此法适用于分离相对挥发没有明显差异的组分。超临界流体分馏的另一方法是先行萃取，然后通过压力或温度不同的一系列分离器，使之逐步完成各成分的分离。虽然理论上可行，但是若要萃取设备达到精确恰当的温度或压力差异，以期获得理想的馏分，则萃取系统及其操作将变得十分复杂，费用较高。

10.3 影响萃取效率的因素

超临界 CO_2 流体萃取过程受很多因素的影响，包括被萃取物质的性质和流体的状态等；萃取系统中二氧化碳所处的状态对萃取过程也有很大影响，如二氧化碳的温度、压力、流量、夹带剂及样品的物理性质等。

　　超临界流体的密度对温度和压力的变化非常敏感，同时它的溶解能力在一定压力范围内与其密度成正比，因此可以通过控制温度和压力来改变物质在超临界流体中的溶解度，特别是在临界点附近，温度和压力的微小变化可导致溶质溶解度发生几个数量级的突变，这就为SFE技术可行性提供了研究基础。

　　超临界CO_2流体萃取的工艺流程是根据不同的萃取对象和为完成不同的工作任务而设置的，主要分为提取段和分离段，其中提取段指溶质由原料转移至CO_2流体的过程，分离段指溶质和二氧化碳分离及不同溶质间的分离。在超临界CO_2流体萃取的实际操作过程中会受到很多因素的影响，而导致我们采用不同的萃取工艺流程。

　　（1）萃取压力的影响

　　萃取压力是SFE最重要的参数之一，萃取温度一定时，压力增大，流体密度增大，溶剂强度增强，溶剂的溶解度就增大。对于不同的物质，其萃取压力有很大的不同。

　　（2）萃取温度的影响

　　温度对超临界流体溶解能力的影响比较复杂，在一定压力下，升高温度，被萃取物挥发性增加，这样就增加了被萃取物在超临界气相中的浓度，从而使萃取量增大；但另一方面，温度升高，超临界流体密度降低，从而使溶解度减小，而导致萃取量降低。因此，在选择萃取温度时要综合这两个因素考虑。

　　（3）原料粒度的影响

　　原料粒度大小可影响提取回收率，减小原料粒度，可增加固体与溶剂的接触面积，从而使萃取速度提高。不过，当原料的粒度过小时，会形成高密度的床层，使CO_2流体流动通道阻塞，影响流体在固体床中的传质效率并增加物料的处理成本。因此一般以粒度1～5mm为宜。

　　（4）CO_2流量的影响

　　CO_2流量的变化对超临界萃取有两个方面的影响。CO_2的流量太大，会造成萃取器内CO_2流速增加，CO_2停留时间缩短，与被萃取物接触时间减少，不利于萃取率的提高。但另一方面，CO_2的流量增加，可增大萃取过程的传质推动力，相应地增大传质系数，使传质速率加快，从而提高SFE的萃取能力。因此，合理选择CO_2的流量在SFE中也相当重要。

　　（5）夹带剂的选择

　　超临界流体萃取的溶剂大多数是非极性或弱极性的，对亲脂类物质的溶解度较大，对较大极性的物质溶解度较小。针对这一问题，在纯的超临界CO_2中加入一定量的极性成分（即夹带剂）可显著地改变超临界CO_2流体的极性，拓宽其适用范围。夹带剂分为两类，一类是非极性夹带剂，另一类是极性夹带剂。夹带剂的种类不同，所起作用的机制也各不相同。一般来说，夹带剂可从两个方面影响溶质在超临界流体中的溶解度和选择性：一是溶剂的密度；二是溶剂与夹带剂分子间的相互作用。一般来说，少量夹带剂的加入对溶剂的密度影响不大，甚至还会使超临界溶剂密度降低；而影响溶质溶解度与选择性的决定因素，是夹带剂与溶质分子间的范德瓦耳斯力或夹带剂与溶质之间形成的特定分子间作用，如氢键及其他各种作用力。另外，在溶剂的临界点附近，溶质溶解度对温度、压力的变化最为敏感，加入夹带剂，混合溶剂的临界点相应改变，如能更接近萃取温度，则可增加溶解度对温度、压力的敏感程度。

（6）被萃取物质的影响

有机化合物分子量大小和分子极性强弱，是决定该物质能否萃取的关键；碳原子数小于12的正构烷烃在流体中全部互溶，大于12的溶解度降低，相比正构烷烃，异构烷烃的溶解度更大。碳原子数小于6的正构醇在流体中全部溶解，大于6的溶解度骤减，苯酚溶解度为3%，甲基取代苯酚时溶解度上升。酯化将明显增加化合物在超临界流体中的溶解度。溶质分子结构对其在超临界CO_2流体中的溶解度是关键影响因素，随着萜类化合物中含氧取代基增多，极性增大，在流体中的溶解度下降。

10.4　超临界CO_2流体萃取设备

超临界CO_2流体萃取流程如图10-2所示。

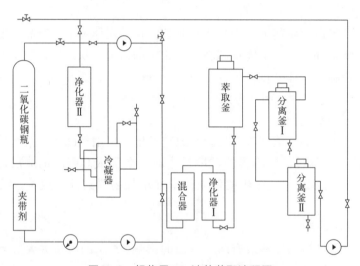

图10-2　超临界CO_2流体萃取流程图

超临界CO_2流体萃取装置主要包括前处理、萃取、分离三部分，主要设备有压缩机、泵、阀门、换热设备、萃取釜、分离釜和贮罐等，其中萃取釜和高压泵是装备中的关键设备。

（1）萃取釜

萃取釜是超临界萃取装备中的关键设备，根据化工容器的规定，它属于高压设备，需要解决高压（一般8～45MPa或更高）下产生的机械、热交换、流体运动和安全保证等问题。因此，对不同形态物料需选用不同的萃取釜。萃取釜结构的一个重要参数是长径比，对于固态物料，其长径比为1：4～1：5，对于液体形态物料，其长径比约为1：10。萃取釜承受压力高，它的制造用钢材决定装置的段高工作压力，因此研究高强度特种钢材，减小釜壁厚度，节省材料和费用很有必要。

与萃取釜配套的分离釜的研究也应同时进行，以适应工业化生产的需要。分离釜可根据分离目的设置一级或多级分离，而且可与精馏、吸附等工序相结合，达到提取、分离与纯化的目的。

对于固态物料，超临界CO_2流体萃取多为半间歇操作，被萃取物料一次性装入萃取器，超临界CO_2流体连续通入，萃取器中的物料需频繁更换，萃取器也需经常打开清洗，即高压萃取釜必须经常打开和关闭。为便于操作，缩短间歇操作时间，萃取釜应采用快开式结构。目前国内全膛式快开盖装置常用的有3类，即卡箍式、齿啮式和剖分环式。萃取釜能否正常连续运行在很大程度上取决于密封结构的完善性。当介质通过密封面的压力降小于密封面两侧的压力差时，介质就会产生泄漏，萃取釜就无法正常工作。由于超临界CO_2具有较强的溶解能力和渗透能力，对于大多数用橡胶密封的萃取装置，无论采用什么规格型号的橡胶，通常使用3～5次就要更新，这对于工业化装置而言是不经济的，所以工业化萃取釜宜采用卡箍式快开结构的釜盖。采用自紧式密封，不仅能起到较好的密封效果，而且装拆方便，使用寿命也较长。吊篮与萃取釜之间的密封也非常重要，它直接影响产品的得率。

在设计萃取釜时，还须考虑吊篮的装卸方便和安全问题，工业生产与实验室试验的差异是多方面的，其中一项是工业化生产特别讲究效率，要求停机时间少，能连续生产。超临界萃取装置不能连续运转的原因之一是堵塞，但如果在萃取釜进出口处与吊篮上下部安装多功能过滤装置，不仅能有效防止物料进入管道造成堵塞，还可改善CO_2流体进出萃取釜的状况，避免沟流现象发生，提高传质效率。

（2）高压泵

高压泵的作用是输送高压CO_2流体并调节流量大小。要实现萃取过程，要求其压力平稳，脉冲小，并能根据生产需要实现无级调节。由于超临界CO_2流体具有很强的溶解能力和渗透能力，因此须采用专用的CO_2高压泵，如采用普通柱塞高压泵，需对其进行改造。

① 要在泵头外部加冷却水系统，以便有效地保证输送介质不汽化，否则就不能保证泵的正常运行，达不到增压目的；

② 一般柱塞高压泵的密封垫圈为耐磨橡胶或聚四氟乙烯，在萃取成品含有油的情况下，超临界CO_2流体也会含有少量油，高压下CO_2渗透性强，因此使耐油橡胶很快膨胀，聚四氟乙烯在高压下易被流体切割损坏而发生泄漏，出现不增压现象，因此密封垫圈须采用金属材料；

③ 普通柱塞高压泵的填料为石墨和聚四氟乙烯，适用介质为水，而改变为超临界CO_2流体，容易造成密封性能下降，出现泄漏；改用高碳纤维和金属填料，能较好地满足要求。

实验室常用的超临界CO_2流体萃取设备如图10-3所示。

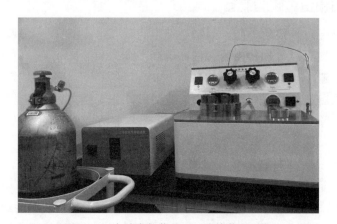

超临界萃取木姜子
精油

图10-3　实验室超临界CO_2流体萃取设备

天然香料学

10.5 应用实例

10.5.1 啤酒花有效成分的提取

随着时代的进步，萃取工艺的设备越来越先进，技术也越来越先进，萃取啤酒花是一个超临界萃取技术成功实现工业化的项目，并且该项目已在欧美国家形成了较大的规模。

啤酒花是啤酒酿造中不可缺少的一种添加物，其有益于啤酒的稳定，并且啤酒特有的苦味与香味就是因为啤酒花。啤酒花的超临界二氧化碳（SC-CO$_2$）萃取物中有价值的物质为软树脂和硬树脂，软树脂由α-酸（也称葎草酮）和β-酸（也称蛇麻酮）构成，其中α-酸是啤酒酿造中最重要的物质；硬树脂是由软树脂氧化而成的，虽然其在酿造过程中无任何价值，但它对啤酒香气有一定影响。此外，其中还含有一些其他物质，如挥发性油、单宁、脂肪和蜡等。

以前的技术手段比较落后，因而早期啤酒生产主要直接使用干花。自从成功地实现了用超临界CO$_2$变压萃取分离法提取啤酒花的有效成分，便在很大程度上提高了啤酒花有效成分的纯度。相对于溶剂萃取法而言，SFE方法有较高的萃取率与选择性，萃取物的质量也高于其他商品萃取物，并且用该方法得到的萃取物符合食品规范，对人体健康有益。

随着科学技术的进步及生产设备的逐渐完善，人们对啤酒花有效成分提取技术的研究不断深入，有相关文献报道，用亚临界CO$_2$（L-CO$_2$）来萃取啤酒花中的有效成分会有更高的选择性，用此技术可只将葎草酮、蛇麻酮及重要的酒花油萃取出来，而没有任何副产物。萃取温度为7~15℃，分离操作时通过降压的手段使CO$_2$气化，然后再通过一些必要的操作就分离出了提取物。因为萃取的温度较低，并且是在惰性CO$_2$环境中进行的，所以其有效成分不会遭到破坏，形成高质量的产物。氧化会使物质的性质发生变化，从而影响其功能，为了防止氧化，保证萃取物的质量，啤酒花的粉碎及萃取物的收集等工序需要在不活泼的CO$_2$气体中进行。

10.5.2 蛋黄油和蛋黄磷脂制备

作为人体一种无可替代的类脂，磷脂是细胞的重要组成部分，呈现出极为突出的生物学性状。天然磷脂属于混合物，主要包括卵磷脂、脑磷脂等。相关医学实验证明，天然磷脂具有改善血脂、避免动脉粥样硬化与高脂血症导致的心脑血管疾病等能力。同时，天然磷脂也具有改善大脑机能、保持机体活力、避免肝硬化等能力。当前，磷脂在欧美国家属于一种重要的食品添加剂，并且没有限制，而在我国，在经济飞速发展，人们对生活品质的要求日益增强的大背景下，磷脂的需求量呈大幅增长态势。

磷脂能够以大豆为原材料制成。比如，在大豆油脱胶环节会产生一种非常黏稠的黑色物质，这就是磷脂含量在60%以上的粗磷脂。通常情况下，利用有机溶剂萃取能够滤除其所包含的油以制取95%左右含量的磷脂。然而，采用该方法不能获得纯度更好的粉末磷脂。现阶段，一些文献报道了借助超临界萃取技术对副产品粗磷脂进行深度提纯的方法。

相较于大豆，蛋黄所含的磷脂更多，故现阶段人们以蛋黄粉为原料制成达到医药标准的高质量磷脂，此为磷脂的主要来源之一。蛋黄粉不但含脑磷脂、卵磷脂、肌醇磷脂等，而且含有蛋白质、蛋黄油及少量的水。当前所采用的常规分离方法是溶剂法和高温煎煮法，这两种方法均呈现明显的劣势，前者会使卵磷脂与蛋白质中出现无法完全滤除的有机溶剂，并且会给环境造成损害；后者会导致卵磷脂酸值大幅增加，颜色变深，发生分解现象。现阶段的各项研究表明，在相应的温度环境中，借助超临界 CO_2 实施萃取，能够有效消除蛋黄粉所含的多种物质，如甘油三酯和胆固醇等，以制备出以蛋白质与磷脂为主要成分的保养品。借助夹带剂或与有机溶剂萃取法联合使用能够制成纯度更好的蛋黄磷脂。该产品在我国已形成工业化规模生产，尽管需要一次性投入较多的固定资金，但相对来讲其生产成本并不大，比用传统提取法生产出的磷脂的纯度与质量要更好一些。

10.5.3　辣椒红色素的脱辣精制

作为一种重要的天然色素，辣椒红色素的使用性能非常出色，它来源于成熟辣椒果皮，已在化妆品、食品、医药等的着色领域获得大规模推广。常规溶剂萃取法，存在纯度低、香气杂、溶剂残留等缺点。在科技迅猛发展的大背景下，辣椒红色素必须符合全球市场日益提高的质量标准，然而采用常规萃取法制成的产品不能达到相应的质量标准，因此我国不得不出口半成品，赚取微薄的利润。但是，借助超临界流体萃取技术制成的辣椒红色素具有杂质少、质量高的优势。

采用超临界萃取技术借助线性升压的操作方式对辣椒油树脂进行全分离。当压力较低时，获得的萃取物以黄色素和辣味成分为主，红色素的馏出物获取数量与压力成正比，就分离效果而言，在规定条件下获得红色素的萃取压力小于10.0MPa；如果压力大于12.0MPa，一般能够将辣椒油树脂里的红色素组分彻底提取出来。所以，在压力较低的条件下，借助SFE方法能够将色素里的黄色和辣味成分消除，当压力提升至相应水平时，能够分离得到红色素和树脂等更难溶的组分。如此，可制取出杂质少、脱辣彻底的高品质辣椒红色素。

10.5.4　薄荷醇的提纯

薄荷是一种天然香料植物，它的叶、茎经水蒸气蒸馏所得到的精油称为薄荷原油。薄荷原油是一种混合物，成分较复杂，现已鉴定的成分约几十种，除含有大量的薄荷醇（占比70%～90%）外，尚有薄荷酮、薄荷酯、蒎烯等。薄荷醇呈针状或棱柱状有规则的晶体，具有清凉的薄荷香气。薄荷醇普遍用于医药行业中，有祛风、消炎、镇痛等药效，也可用于牙膏、口香糖、饮料的加香等。

常规的从原油中分离薄荷醇的方法是冷冻结晶法，即原油经过静置除水、粗脑提取（冻析）、脱水、压滤、配料结晶、烘选、风凉、筛选、包装等过程。该方法冷冻结晶的温度最低需要 -40℃，冷冻时间长达60h，能耗太高，同时，生产周期长达180h，生产率低，薄荷醇的提取率也不太高。

采用超临界 CO_2 流体萃取技术对薄荷原油中薄荷醇进行提纯的最佳萃取参数为压力

90～95MPa、温度35～45℃。由于薄荷酮与乙酸薄荷酯等其他成分的溶解度大于薄荷醇，所以在萃取过程中先被萃取出来，薄荷醇更多地保留在萃取残余物中。薄荷油中薄荷醇纯度的提高，极大地缩短了结晶所需的时间。所以该方法对于通过冷冻结晶生产薄荷醇的工艺而言，可大大地提高结晶效率，降低生产成本。

采用超临界CO_2流体提纯薄荷醇的工艺流程为：薄荷叶（茎）——预处理——水蒸气蒸馏——薄荷原油——超临界CO_2流体萃取——薄荷醇产品——薄荷酮与乙酸薄荷酯等杂质。

10.5.5　栀子花头香精油的萃取

栀子有很多品种，我国南方各地均有栽培。栀子花香具有清香香韵，可用于高级化妆品的加香。目前生产栀子花精油普遍采用溶剂法，不但精油的质量差，而且得率低，仅为0.19%～0.25%。另外，鲜花原料堆放过程中，头香成分大量散失在空气中。

采用超临界CO_2流体从栀子花中萃取头香精油时，先用吸附剂吸附栀子花散发出的头香成分，再用超临界CO_2流体将吸附剂中的头香成分萃取出来。使用的吸附剂为活性炭，预先用超临界CO_2流体处理。吸附时，首先将栀子花放入鲜花存放器，底部放少量水，启动膜式压缩机，使空气经过花层抽入压缩机，并通过冰瓶中冷凝器脱除水分，空气中的头香成分被吸附剂吸附，尾气经流量计计量后放空。

其工艺流程为：栀子花——吸附——超临界CO_2流体萃取——分离——栀子花头香精油。

金波等人（1990）用275g活性炭吸附29.9L栀子花散发的头香成分，然后在0.5L规模的萃取设备中进行超临界CO_2流体萃取，萃取条件为50MPa、35℃，分离条件为5MPa、30℃时，可得到头香成分8.61g，精油得率为0.029%。该条件下所得精油为浅绿色到黄绿色的透明液体，香气与鲜花极为接近，明显优于溶剂法生产的浸膏和精油。

10.5.6　芫荽籽精油的萃取

芫荽为一年或两年生草本植物，其茎可作香味蔬菜，芫荽籽干燥入药，具有健脾胃、祛风祛痰等功效。从芫荽籽中提取的挥发油或油树脂主要用作调味香料，油中的芳樟醇常用作合成香料的原料。国际上年产200kt芫荽籽，其中20kt用于水蒸气蒸馏法生产精油（精油产量达100t/年）。芫荽籽油主要产地是俄罗斯（90t/年），其次是罗马尼亚、摩洛哥和印度。

采用超临界CO_2流体萃取芫荽籽精油的工艺流程为：芫荽籽——预处理——超临界CO_2流体萃取——分离——芫荽籽精油。

范培军等人（1995）以芫荽籽为原料，对比了不同提取方式（超临界CO_2流体萃取法、水蒸气蒸馏法）所提取精油的区别，发现采用超临界CO_2流体萃取法（10MPa，35℃，1h）得到的精油的香气比水蒸气蒸馏法精油更清新自然；虽然两种精油的主要成分均为芳樟醇，但超临界CO_2流体萃取精油中丁酸己烯酯含量远高于水蒸气蒸馏法；另外，超临界CO_2流体萃取精油中含有较多的中性油脂和少量的游离脂肪酸。因此，超临界CO_2流体萃取精油香气明显优于水蒸气蒸馏精油。

10.6 发展趋势及展望

超临界流体萃取技术可同时完成蒸馏和萃取两个步骤，而且可在接近室温的环境下完成，不会破坏生物活性物质，适合于一些热敏性等其他难分离的物质。由于超临界CO_2流体具有高扩散能力和高溶解性能，且溶质与溶剂分离只需改变温度和压力即可，使其与传统的分离方法相比，具有溶解能力强、传递性能好、分离效率高、操作简便、渗透能力强及选择性易于调节等优点，广泛应用于食品、天然产物、药物、环境重金属回收等方面工业化生产，分离出的产品纯度高。超临界CO_2流体是美国食品药品监督管理局（FDA）和欧洲食品安全局（EFSA）公认的便宜、环境友好型的介质，该技术也被称为是一种"超级绿色技术"。

与传统的提取技术相比，尽管超临界CO_2流体萃取技术具有无可比拟的优势，但它也存在着自身不可克服的问题，主要表现在以下几个方面。

① 对极性大、分子量较大的物质萃取效果较差，需要添加夹带剂或在很高的压力下萃取，这就要选择合适的夹带剂或增加高压设备。

② 对于成分复杂的原料，单独采用超临界CO_2流体往往满足不了纯度的要求，需要与其他的分离手段联用。

③ 超临界CO_2流体的临界压力偏高，增大了设备的固定投资。

基于上述原因，目前超临界CO_2流体技术具有以下几个发展趋势：超临界染色技术、超临界沉淀技术、超临界反应、超临界色谱、超临界挤压等新型超临界技术发展迅速；选择合适的改性剂和寻求适宜的超临界流体势在必行；超临界流体技术与其他高新技术联用。

随着超临界流体萃取技术研究的不断深入和应用范围的不断扩大，超临界流体萃取技术的应用也进入一个新的阶段，超临界流体萃取技术已不再只局限于单一的成分萃取及生产工艺研究，而是与其他先进的分离分析技术联用或应用于其他行业形成了新的技术。近年来，超临界流体技术的新应用主要体现在以下两方面。

（1）超临界流体萃取与色谱联用技术

随着科学技术的发展，人们将液相色谱或气相色谱与超临界流体萃取联用，这样在分析萃取成分、效率、含量等方面的研究中可以提供更加准确的分析结果，且由色谱图直接反映出来，具有直观性。余佳红等（2000）用该技术萃取测定了银杏叶粗提物中黄酮类化合物的含量，方法简便快速，萃取完全。

（2）纳滤与超临界流体萃取联用

纳滤与超临界流体一样，都可用于萃取分离物质，而这两种方法有着各自的优点和不足，因此Sarrade等（2003）将两种操作的优点结合起来发展成一个新的混合操作，成为一种新的联用萃取技术，从而增强了两种功能作用，使萃取效果明显，可以达到最优的分离效果。

超临界流体具有许多不同于一般液体溶剂的物理化学特性，基于超临界流体的萃取技术具有传统萃取技术无法比拟的优势，近年来，超临界流体萃取技术的研究和应用从基础数据、工艺流程到实验设备等方面均有较快的发展。超临界流体除萃取外，还可作为反应物参加化学反应，从而提高反应速率、选择性，还可与精馏、超声波、微胶囊等技术结合起来产生更大的社会经济效益，而且超临界流体色谱已经问世，大大拓宽了它的应用范围，取得了一系列重大成果。随着对超临界CO_2流体的性质、萃取机理以及过程控制因素等方面认识的进一步深化和完善，我国的超临界CO_2流体技术将会有更大的发展。

第11章

分子蒸馏技术

11.1 分子蒸馏技术简介

分子蒸馏技术最早可以追溯到第二次世界大战以前,伴随真空技术和真空蒸馏技术发展起来的液相分离技术。早在1920年,最早的发明人之一Hickman博士利用分子蒸馏设备做过大量的小试实验,并发展到中试规模。第二次世界大战以后,Kawala和Stephan(2000)经实验发现,在原有设备和温和操作条件下,适当增加蒸发面和冷凝面之间的距离,可在保证蒸发速率和分离效率的同时,有效提升处理量,因此他们提出"分子蒸馏",又称为"短程蒸馏"。20世纪60年代初,分子蒸馏技术得到了迅速的发展,广泛应用于与人民生活息息相关的日用化工行业。20世纪90年代以来,随着人们对天然物质的青睐,对绿色食品的偏爱以及回归大自然浪潮的兴起,特别是中药现代化、国际化进程的迫近,分子蒸馏技术在高沸点、热敏性天然物质的分离方面得到了前所未有的发展。目前,分子蒸馏技术已成为国内外正在进行工业化开发应用的一项高新分离技术,已成功应用于石油、医药、食品、精细化工和油脂等行业。

11.2 分子蒸馏技术原理

根据分子运动理论,液体混合物的分子受热后运动会加剧,当接收到足够能量时,就会从液面逸出而成为气相分子。随着液面上方气相分子的增加,有一部分气体就会返回液体。在外界条件保持恒定情况下,最终会达到分子运动的动态平衡。分子蒸馏分离纯化原理正是利用不同种类分子逸出液面后其运动平均自由程的不同而实现物质的分离。

(1)分子碰撞

分子与分子之间存在着相互作用力。一种是吸引力,另一种则是排斥力。分子间的吸引力的前提条件是两分子离得足够远。而排斥力的作用则是两分子接近到一定程度之后才能表现出来,并且两分子越接近,其排斥力越强。因而当两分子接近到一定程度,其分子间的排斥力则会使两分子分开。这种由接近到排斥进一步分离的过程就是分子的碰撞过程。

（2）分子有效直径

分子发生斥力的质心距离，即在碰撞的过程中，两个分子质心的最短距离。

（3）分子运动自由程

一个分子相邻两次分子碰撞之间所经过的路程。

（4）分子运动平均自由程

由分子运动自由程的定义可知，不同的分子其运动自由程不同。而同一分子在不同的外界条件下，其自由程也不同。在某一时间间隔内其自由程的平均值称为分子运动平均自由程，用 λ_m 表示。从理想气体分子动力学理论可以推导出分子运动平均自由程的定义式：

$$\lambda_m = \frac{1}{\sqrt{2}\pi d^2 n} = \frac{KT}{\sqrt{2}\pi d^2 P} = \frac{RT}{\sqrt{2}\pi d^2 N_A P}$$

式中，K为玻尔兹曼常数；d为分子有效直径；n为分子数密度；T为分子所处环境温度；P为分子所处环境压强；R为气体常数（8.314）；N_A为阿伏伽德罗常量（6.02×10^{23}）。

由上述公式可以看出，影响分子运动平均自由程的主要因素有温度、真空度以及分子有效直径。分子运动平均自由程和分子直径有关，不同种类的分子λ_m也不同；当P一定时，某物质的λ_m会随着温度的增加而增加；当温度一定时，因其λ_m与P成反比，则P越小（真空度越高），λ_m越大，分子间碰撞机会就越少。

常规蒸馏是在气液相平衡的基础上，在蒸馏物质的沸点温度下根据蒸馏物质在气液相组成上的差异进行的分离。分子蒸馏不同于常规蒸馏，它是运用不同物质分子运动平均自由程的差别而实现物质分离的。分子的平均自由程公式为：

$$\lambda_m = \frac{V_m}{f}$$

式中，λ_m为分子的平均自由程；V_m为分子的平均速度；f为碰撞频率。

由上式知，不同的分子由于其运动速度和有效分子直径的不同，它们的平均自由程是不相同的，轻组分分子的平均自由程大，重组分分子的平均自由程小，分子蒸馏的分离作用就是利用不同分子的平均自由程不同实现的。具体的蒸馏过程如下：分子蒸馏装置首先对液体混合物进行加热，能量足够的分子就会逸出液面成为气体分子，在离液面小于轻组分的平均自由程而大于重组分的平均自由程处设置一个捕集器，轻组分就会不断被捕集，轻组分的动态平衡被破坏，使得混合液中的轻组分不断逸出，而重组分因到达不了捕集器很快趋于动态平衡，不再从混合液逸出，这样液体混合物便达到了分离目的。

11.3 分子蒸馏技术的特点

从分子蒸馏技术的原理及设备设计的形式上看，分子蒸馏技术有如下优点。

（1）蒸馏温度低

常规蒸馏是依靠不同物料的沸点差进行分离的，因此物料必须加热至沸腾。而分子蒸馏是利用不同种类的分子受热逸出液面后的平均自由程的不同来实现分离的，只要蒸气分子由液相逸出就可以实现分离，该分离过程在远低于沸点的温度下进行操作，是一个没有沸腾的蒸发过程。由此可见，分子蒸馏技术更有利于节约能源，特别适用于一些高沸点、热敏性物质的分离，且可以分离常规蒸馏中难以分离的共沸混合物。

（2）蒸馏压强低

常规蒸馏装置存在填料或塔板的阻力而难获得较高的真空度，而分子蒸馏本身是必须降低蒸馏体系的压强来获得足够大的分子运动平均自由程。分子蒸馏装置内部结构比较简单，整个体系可以获得较高的真空度（一般只有0.133~1Pa），物料不易氧化受损且有利于沸点温度降低。此外，分子蒸馏可以通过真空度的调节，有选择性地蒸出目的产物，去除其它杂质，该方法可以通过多级分离同时分离多种物质。

（3）受热时间短

分子蒸馏技术要求加热面与冷凝面之间的距离小于轻分子的平均自由程，距离很小且轻分子由液面逸出后几乎未发生碰撞即射向冷凝面，受热时间极短（0.1~1 s）。另外，蒸发表面形成的液膜非常薄，加之液面与加热面的面积几乎相等，传热效率高，这样物料受热时间就变得更短。从而在很大程度上避免了物料的分解或聚合，降低热损伤，使产品的收率大幅度提高。

（4）分离程度高

分子蒸馏常用来分离常规蒸馏不易分开的物质。对于采用两种方法均能分离的物质而言，分子蒸馏的分离程度更高。

常规蒸馏的相对挥发度为：

$$\alpha = \frac{P_1}{P_2}$$

而分子蒸馏的相对挥发度为：

$$\alpha_r = \frac{P_1}{P_2} \times \sqrt{\frac{M_1}{M_2}}$$

式中，M_1 为轻分子的分子量；M_2 为重分子的分子量；P_1 为轻分子饱和蒸气压；P_2 为重分子饱和蒸气压。

由此可以看出，由于 M_2 大于 M_1，所以分子蒸馏的相对挥发度 α_r 大于常规蒸馏的相对挥发度 α，这就表明分子蒸馏较常规蒸馏容易分离，且随着轻重分子分子量差愈大，这种差别愈显著。

（5）不可逆性

普通蒸馏是蒸发与冷凝的可逆过程，液相与气相间形成平衡状态。而分子蒸馏过程中，轻分子从蒸发表面逸出直接飞射到冷凝器上，中间不与其它分子发生碰撞，理论上没有返回蒸发面的可能性，为不可逆过程；加之分子蒸馏设备的结构特点，使得分离效率远高于常规蒸馏。

（6）无沸腾和鼓泡现象

分子蒸馏是液层表面的自由蒸发，液体中无溶解空气且在较高的真空度下进行，一次蒸馏过程中不能使整个液体沸腾，没有鼓泡现象。

天然香料学

（7）清洁环保

分子蒸馏技术被人们一致认为是一种温和的绿色技术，无毒、无害、无污染、无残留，能极好地保证物料的天然品质，收率高且操作工艺简单、设备少，还可用作脱臭、脱色。另外，分子蒸馏技术还可以与多种技术配套使用，如超临界流体萃取技术、膜分离技术等。

11.4　分子蒸馏设备

常用的分子蒸馏设备（图11-1）主要由分子蒸馏器、冷凝器、转子系统、真空系统四部分组成。其蒸馏流程如图11-2所示。

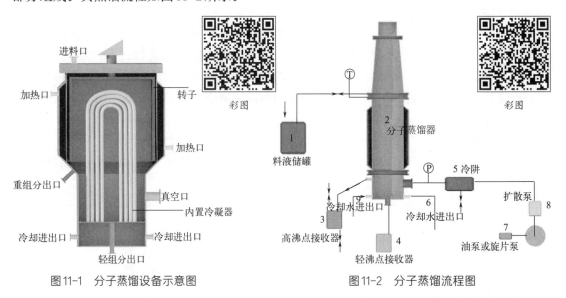

图11-1　分子蒸馏设备示意图　　　　图11-2　分子蒸馏流程图

11.4.1　分子蒸馏器

一套完整的分子蒸馏设备主要包括脱气系统、分子蒸馏器、真空系统和控制系统。脱气系统的作用是将物料中所溶解的挥发性气体组分尽量排出，避免高真空度下导致物料暴沸。

根据分子蒸馏器的结构形式和操作特点，大体可分为简单蒸馏型与精密蒸馏型，但现今采用的装置多为简单蒸馏型。简单蒸馏型有静止式、降膜式和离心式三种形式。

（1）静止式分子蒸馏器

静止式分子蒸馏器出现最早，结构最简单，其特点是一个静止不动的水平蒸发表面（图11-3），按其形状不同，静止式可分为釜式、盘式等。静止式分子蒸馏设备一般适用于实验室及少量生产，在工业上已不采用。

（2）降膜式分子蒸馏器

降膜式分子蒸馏器（图11-4）在实验室及工业生产中有广泛应用。其优点是液膜厚度小，并且沿蒸发表面流动；被蒸馏物料在蒸馏温度下停留时间短，热分解的危险性较小，蒸馏过程可以连续进行，生产能力大。缺点是液体分配装置难以完善，很难保证所有的蒸发表面都被液膜均匀覆盖；液体流动时常发生翻滚现象，所产生的雾沫也常溅到冷凝面上，降低分离效果。刮膜式分子蒸馏设备，是降膜式设备的一种特例，从结构上看，刮膜式釜

144

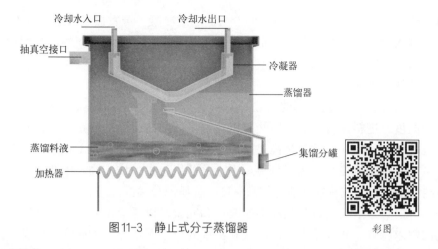

图 11-3 静止式分子蒸馏器

中设置一个硬碳或聚四氟乙烯制的转动刮板，它既保证液体均匀覆盖蒸发表面，又使下流液层得到充分搅动，从而强化了物料的传热和传质过程。

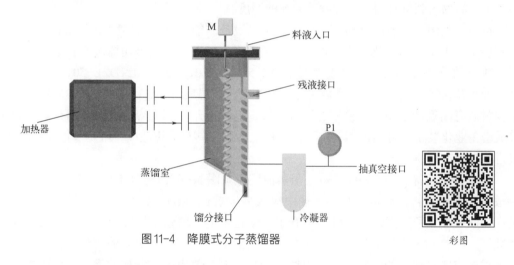

图 11-4 降膜式分子蒸馏器

（3）离心式分子蒸馏器

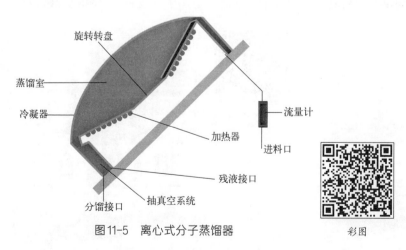

图 11-5 离心式分子蒸馏器

离心式分子蒸馏装置（图 11-5）是将物料送到高速旋转的转盘中央，并在旋转面扩张形成薄膜，同时加热蒸发，使之向对面的冷凝面蒸发冷凝。蒸发器是高速旋转的锥形容器，液体从底部进入，在离心力的作用下形成覆盖整个蒸发面、持续更新的、厚度均匀的蒸发膜。馏出物从锥形冷凝器底部抽取，残留物从蒸发面顶部外缘通道收集。该装置是目前较为理想的分子蒸馏装置之一。

该装置的优点是能形成极薄的液膜（0.04~0.08mm），物料停留时间短，热分解率低；可调节蒸馏温度、进料流量、蒸发器转速以及蒸发面与冷凝面的间距，蒸馏效率高，分离效果好。适用于各种物料，尤其是高黏度、热敏感物质的蒸馏，在工业上应用较广。但离心式分子蒸馏装置结构复杂、密封程度要求十分严格，设备成本高，因此较适用于大型生产及产品经济价值较高或特殊性能（如高黏度）物质的分离。

目前，各国对分子蒸馏设备仍在不断改进和完善，以适应不同产品其装置结构与配套设备不同的需求特点，研究重点是离心式和刮膜式分子蒸馏器。如研究者研发了改进型刮板式分子蒸馏装置，采用Smith式45°对角斜槽刮板，通过斜槽促使物料围绕蒸馏器壁向下运动，使物料产生有效的微小的活跃运动，而非被动地将物料滚碾在蒸馏器壁上，实现了短且可控的物料驻留时间，并控制了薄膜的厚度。

目前，我国已具备独立研制开发分子蒸馏设备的能力，已有多种型号规格的产品应用于实验室、中试和工业化生产。如上海德大天壹化工设备有限公司提供实验室、中试及小规模生产的分子蒸馏设备，主要型号有DZ-5、DZ-10、DZL-10、DZL-50、DZL-100等。蒸发面积从0.05m^{2}到1m^2，真空度可达0.01Pa，蒸馏温度有200℃、250℃、350℃、400℃，主要材质有高硼硅玻璃、不锈钢、钛合金等。无锡市鼎丰压力容器有限公司开发了分子蒸馏成套工业化装置，可实现高真空下长期稳定运行，具有适应性广、可调节性能好的特点，可进行多种产品的生产。

分子蒸馏设备类型：MD-S80分子蒸馏装置（图11-6），适合于分离沸点高、黏度大、热敏性的天然物料，如从玉米胚芽油中提取维生素E；MD-S150分子蒸馏装置（图11-7）是在MD-S80分子蒸馏装置基础上提升了自动化水平，增强了提取效率。离心式是分子蒸馏装置（图11-8）中较为理想的一种装置，料液会被送到高速旋转的转盘上，在离心力作用下扩散成薄且均匀的薄膜，料液停留时间短，蒸发效率高，分离效果好。离心式转盘装置特殊，结构复杂，对真空密封技术要求高，适用于大规模生产和高经济效益物质的分离。

彩图

彩图

图11-6　MD-S80分子蒸馏装置

图11-7　MD-S150分子蒸馏装置

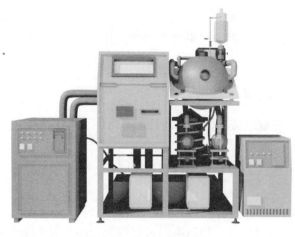

图 11-8　离心式分子蒸馏　　　　　　彩图

11.4.2　冷凝器

在分子蒸馏设备中，冷凝器被内置在蒸馏器的内部。蒸发面与冷凝面间距一般为 1~20cm，其中 1~5cm 最为常见。

11.4.3　转子系统

转子设计不仅要考虑强度、刚度等问题，还要考虑动平衡、动密封、振动和磨损等问题。转子系统还起到使液膜均匀分布及除沫作用。

11.4.4　真空系统

真空系统由分子蒸馏器密封系统和真空机组两部分组成。而密封系统主要部件是轴封，轴封可以选用磁流体密封、磁耦合密封或机械密封。分子蒸馏过程是在高真空过程中进行的，因此设备的密封性是十分重要的，没有良好的密封系统，高真空是无法保证的，分子蒸馏也不可能实现。而真空机组一般由油扩散泵和旋片泵二级真空组成。

11.5　分子蒸馏技术的基本流程

11.5.1　工艺流程

分子蒸馏技术的主要工艺流程如下。

① 物料在加热表面上形成液膜：通过重力或机械力在蒸发面形成快速移动、厚度均匀的薄膜。

② 分子在液膜表面自由蒸发：分子在高真空和远低于常压沸点的温度下蒸发。

③ 分子从加热面向冷凝面的运动：在蒸馏器内保持足够高的真空条件下，使蒸发分子的平均自由程大于或等于加热面和冷凝面之间的距离，则分子向冷凝面的运动和蒸发过程就可以迅速进行。

④ 分子在冷凝面的捕获：保持加热面和冷凝面之间达到足够的温差，冷凝面的形状合理且光滑，轻组分就会在冷凝面上瞬间冷凝。

⑤ 馏出物和残留物的收集：馏出物在冷凝器底部收集，残留物在加热器底部收集，没有蒸发的重组分和返回到加热面上的极少轻组分残留物，由于重力或离心力的作用，滑落到加热器底部或转盘外缘。

11.5.2　分子蒸馏装置操作规程

在使用分子蒸馏装置前需经过严格培训，掌握其基本原理和操作流程。

开关机具体操作步骤及注意事项：

① 开启循环冷却水系统，注意检查各进水阀和回水阀；

② 开启真空系统及加热系统，注意升温速度；

③ 开启热水循环系统；

④ 将物料适当加热，进行蒸馏操作；物料不得含有颗粒，出料时不能把储料罐排空；

⑤ 在关闭真空系统之前必须先关闭该系统各管路阀门，以防物料倒流和吸水；

⑥ 热油系统停止加热后，冷却水必须继续通水冷却30min后再关泵；

⑦ 如遇突然停电，应立即关闭进料阀和真空管路碟阀，然后关闭真空泵及其他系统。

11.6　分子蒸馏的影响因素

影响蒸馏效率的因素主要有以下几个方面。

① 进料速率：进料速率是影响分子蒸馏分离效率的一个重要因素。进料速率的快慢主要影响物料在蒸发器壁面上的停留时间。选取适宜的进料速率对提高产品的含量（质量分数）和馏出物得率（体积分数）有重要的影响。进料时流速过快，待分离组分在蒸腾前流到蒸腾面底部，达不到分离作用；物料流速过慢，影响分离效率。

② 温度：影响分子蒸馏效率的温度包括蒸馏操作温度、蒸发面与冷凝面间的温度差。最适蒸馏操作温度是指能使轻组分分子获得能量落在冷凝面上，而重组分分子达不到冷凝面的温度。因不同成分的最适蒸发温度不同，需要通过试验加以确认。蒸发面与冷凝面之间的温度差理论上应介于50~100℃，实际操作中在馏出物保持流动性的前提下，温差越大越好，可以加快分离速度。在分子蒸馏分离过程中，蒸气分子一旦由液面中逸出就可以实现分离，而非达到沸腾状态，因此分子蒸馏的温度要远低于物质的沸点。

③ 真空度：分子蒸馏技术特别适用于高沸点、热敏性及易氧化物系的分离。在高真空的情况下可极大降低物料的沸点，保护热敏物料的特点品质。但对于不同物质的分离采用的真空度需要根据分离混合物的组成和物质的性能来确定。蒸馏温度一定，压力越小（真空度越高），物料沸点越低，分子平均自由程越大，轻分子从蒸发面到冷凝面的阻力越小，分离效果更好。

④ 刮膜转速：较高的刮膜转速有利于分子量大的目标物的脱除。刮膜的旋转可以使油脂均匀地在分子蒸馏筒体内壁形成薄液膜，提高转速，液膜厚度降低，有利于减少液膜的传热阻力、传质阻力，从而提高蒸发速率和分离效率；但对于低分子量物质，随着转速的提高，可能导致冷凝面冷凝物增多，且目标物冷凝时释放热量，而这部分热量不能及时流出，导致部分自由程相对较大的组分从冷凝面重新进入油脂中。

⑤ 被蒸馏物质的性质：相对挥发度越大，即待分离的轻质组分和重质组分的蒸气压之

比越大，两者的分离越容易。

⑥ 蒸腾液膜的覆盖面积、厚度和均匀度：蒸腾液膜越薄越均匀；覆盖面积越大，蒸馏作用越好。

⑦ 承载剂的运用：承载剂要求沸点高，对物料溶解性好，不与物料发生化学反应，易于分离。

⑧ 物料中的杂质：物料中的杂质会影响分子蒸馏的分离效率，必要时可运用离心机进行预处理。

11.7　分子蒸馏技术应用实例

11.7.1　在精细化工领域的应用

分子蒸馏技术在精细化工行业中可用于碳氢化合物、原油及类似物的分离；表面活性剂的提纯及化工中间体的制备；羊毛脂及衍生物的脱臭、脱色；塑料增塑剂、稳定剂的精制；硅油、石蜡油及高级润滑油的精制等；在天然产物的分离上，也可用于许多精油的精制提纯，应用分子蒸馏可以得到高品质的精油。

精油成分中往往含有双键、醛基、酯基等不稳定的官能团，在精制过程中受热后不稳定。因此，在传统蒸馏分离过程中，部分发香成分会因长时间受热而变质，使精油的品质下降。

陆韩涛等（1993）用分子蒸馏的方法对木姜子油、姜樟油、广藿香油等几种芳香油进行了提纯，结果见表11-1。结果表明，分子蒸馏技术是提纯精油的一种有效的方法，可将芳樟油中的某一主要成分进行浓缩，并除去异臭和带色杂质，提高其纯度。

表11-1　各种精油的分子蒸馏条件及实验结果

芳香油	原油性状	产物性状	温度 /℃	压力 /Pa	处理量 /（g/min）	得率 /%
木姜子油	浅黄色液体 质量分数ω（柠檬醛）=62.6%	淡黄色液体 质量分数ω（柠檬醛）=81.6%	28	40	2.5~3.0	70~72
木姜子油	浅黄色液体 质量分数ω（柠檬醛）=80.5%	淡黄色液体 质量分数ω（柠檬醛）=91.5%	45	33.3	1.0~1.5	80~82
姜樟油	黄色液体 质量分数ω（柠檬醛）=65.4%	浅黄色液体 质量分数ω（柠檬醛）=83.0%	30	33.3	1.5~2.0	68~70
广藿香油	棕褐色液体 有焦味	浅黄色液体 无焦味，无异臭	130	26.6	3.5~4.0	85~90
岩兰草油	黑色黏状液状 有焦味	浅黄色透明液 无焦味，无异臭	150	33.3	3.0~3.5	60~65
粗香叶醇	橙色浑浊液体 有焦味	无色透明液体 无焦味，无异臭	100	33.3	2.5~3.0	82~85

续表

芳香油	原油性状	产物性状	温度/℃	压力/Pa	处理量/(g/min)	得率/%
柏木油	棕红色透明液体有焦味	浅黄色液体无焦味，无异臭	80	31.9	1.8~2.0	80~82
柏木油蒸馏残液	黑色黏状液体有强烈焦味	浅黄色液体无焦味，无异臭	80	31.9	2.0~2.5	50~55

对干姜的有效成分的分离中，通过调节不同的蒸馏温度和真空度可得到不同种类的有效成分及其相对含量，调节适宜的蒸馏温度和真空度可获得相对含量较高的有效成分。

11.7.2　精油的提纯

随着日用化工、轻工、制药等行业和对外贸易的迅速发展，对天然精油的需求量不断增加。精油的主要成分大都是醛、酮、醇类，且大部分都是萜类，这些化合物沸点高，属热敏性物质，受热时很不稳定。因此，在传统的蒸馏过程中，因长时间受热会使分子结构发生改变而使油的品质下降。而分子蒸馏过程是在高真空和较低温度下进行的，在对精油进行提纯时，物料受热时间极短，因此保证了精油的质量，尤其是对高沸点和热敏性成分的芳香油，更显示了其优越性。

11.7.3　天然产物的分离和纯化

分子蒸馏技术广泛应用于天然药物化学成分的浓缩纯化等，该方法得率高、不易氧化，适用于具有热敏性成分的产品加工，如功能性脂类、脂溶性微量成分和挥发性精油等活性成分的提取。表11-2中列出了国内一些科研单位及企业利用此项技术进行试验和工业化生产情况。

表11-2　分子蒸馏技术的应用

成分名称	目的	蒸馏温度/℃	操作压力/Pa
玫瑰油	分离精制	120~170	1.33
藿香油	分离精制	130~190	1.33
互叶白千层油	分离精制	100~150	1.33
桉叶油	分离精制	75~110	13.3
木姜子油	分离精制	120~150	1.33
菠萝酮	提纯	130~160	1.33
紫罗兰酮	提纯	120~170	1.33
维生素A（天然）	浓缩分离	250~300	0.133
小麦胚芽油	脱酸	110~170	1.33
鱼油	脱酸、脱臭	100~120	0.133

续表

成分名称	目的	蒸馏温度/℃	操作压力/Pa
辣椒油树脂	提纯	80~120	13.3
硬脂精	从大豆油中分离	140~200	0.133
羊毛脂酸	分离精制	160~210	1.33
单甘酯	分离精制	200~240	0.133
硅油	分离单体	160~200	0.133
磷脂	浓缩分离	150~190	1.33

11.8　分子蒸馏技术的应用现状

分子蒸馏技术是一项现代化高新分离技术，已在食品工业中广泛地应用和推广。

在香料、香精工业方面的主要应用有天然精油的脱臭、脱色及提纯，如桂皮油、玫瑰油、香根油、香茅油、木姜子油等的提纯；从果汁、山核桃、奶酪、茉莉、扇贝、调味大料等原料中分离获取精油以及精制精油等；在传统分离纯化技术应用中，天然食品原料往往受到高温的作用或加入其他添加物而发生物理化学反应，引起热敏性有效成分的破坏或残留其他有害物质，导致食品天然性的丧失。分子蒸馏技术的特点就是受热时间短、分离程度高、无有害物质残留，尽量保持食品的纯天然性，特别适用于高沸点、热敏性、易氧化物质的分离和保持天然提取物的原有品质。

在提倡崇尚自然、回归自然，天然绿色食品越来越受青睐的当今社会，分子蒸馏技术在食品工业上的应用会不断拓展和发展，特别是食品油脂、食品添加剂、保健食品方面的应用也将有更广阔的发展前景。

11.9　分子蒸馏技术工业化应用存在的问题

分子蒸馏技术在工业化应用中主要存在以下几个方面的问题。

① 分子蒸馏整套设备一般为高真空设备，一次性投资大，且对密封条件要求严格，连续化生产能力低，且分子蒸馏器耗能量大，目前主要用于高附加值产品的制备，如油脂、医药等，这限制了分子蒸馏技术的工业化。针对这种情况，需加强新型分子蒸馏器的研制开发，朝着高效与节能的方向设计，并对分子蒸馏工艺中各种设备进行能量集成及调优，最大限度地利用能源，还需有效解决真空密封问题，这样才可使分子蒸馏技术易操作，安全，性价比高。

② 随着分子蒸馏技术的发展成熟，国内一些公司引进了多套分子蒸馏设备生产线用于生产研究。目前，分子蒸馏逐渐从实验室的研究发展到实际生产过程的应用，已经可以从动物的甘油中提取维生素、氨基酸等。由于分子蒸馏提取的产物纯度高，并且无污染，属于绿色生产工业，国内许多专家尝试将分子蒸馏技术应用到更广阔的领域中去，比如天然

产物提取、石油领域、化工领域、医药领域等。由于我国分子蒸馏技术研究起步比较晚，与国外这方面知名的大企业相比，存在一定的差距。将分子蒸馏技术与更多的领域相联系，不仅能产生非凡的分离效果，还能取得不错的经济效益，同时推动工业化应用进程。

③ 分子蒸馏技术属于近几十年发展起来的新型技术，其理论根源和传热机理尚未完全揭示，限制了分子蒸馏技术在应用上的突破。加强分子蒸馏基础理论的研究，揭示其规律性，对促进其成为一门真正实用的技术具有重要意义。

第12章

生物技术

12.1　生物技术概述

12.1.1　生物技术的发展历程

（1）传统生物技术的产生

传统生物技术从史前时代起就一直为人们所开发和利用，以造福人类。在石器时代后期，我国就会利用谷物造酒，这是最早的发酵技术。在公元前221年，周代后期，我国就能制作豆腐、酱和醋，并一直沿用至今。公元10世纪，我国就有了预防天花的活疫苗；到了明代，就已经广泛地接种痘苗以预防天花。在西方，苏美尔人和巴比伦人在公元前6000年就已开始啤酒发酵。埃及人则在公元前4000年就开始制作面包。

1676年荷兰人Leeuwenhoek（1632—1723）制成了能放大170~300倍的显微镜，并首次观察到了微生物。19世纪60年代法国科学家Pasteur（1822—1895）证实发酵是由微生物引起的，并建立了微生物的纯种培养技术，从而为发酵技术的发展提供了理论基础，使发酵技术纳入了科学的轨道。到了20世纪20年代，工业生产中开始采用大规模的纯种培养技术发酵化工原料丙酮、丁醇。20世纪50年代，在青霉素大规模发酵生产的带动下发酵工业和酶制剂工业大量涌现。发酵技术和酶技术被广泛应用于医药、食品、化工、制革和农产品加工等行业。20世纪初，遗传学的建立及其应用，产生了遗传育种学，并于20世纪60年代取得了辉煌的成就，被誉为"第一次绿色革命"。细胞学的理论被应用于生产而产生了细胞工程。在今天看来，上述诸方面的发展，还只能被视为传统的生物技术，因为它们还不具备高技术的诸要素。

（2）现代生物技术的发展

现代生物技术是以20世纪70年代DNA重组技术的建立为标志的。1944年Avery等阐明了DNA是遗传信息的携带者。1953年，Watson和Crick提出了DNA的双螺旋结构模型，阐明了DNA的半保留复制模式，从而开辟了分子生物学研究的新纪元。由于一切生命活动都是由包括酶和非酶蛋白质行使其功能的结果，所以遗传信息与蛋白质的关系就成了研究生命活动的关键问题。1961年，Khorana和Nirenberg破译了遗传密码，揭开了DNA编码的遗传信息如何传递给蛋白质这一秘密。基于上述基础理论的发展，1972年，Berg首先实现了

DNA体外重组技术，标志着生物技术的核心技术——基因工程技术的开始。它向人们提供了一种全新的技术手段，使人们可以按照意愿在试管内切割DNA、分离基因并经重组后导入其他生物或细胞，借以改造农作物或畜牧品种；也可以导入细菌这种简单的生物体，由细菌生产大量有用的蛋白质，或作为药物，或作为疫苗；也可以直接导入人体内进行基因治疗。显然，这是一项技术上的革命。以基因工程为核心，带动了现代发酵工程、现代酶工程、现代细胞工程以及蛋白质工程的发展，形成了具有划时代意义和战略价值的现代生物技术。

目前以基因工程、细胞工程、酶工程、发酵工程为代表的现代生物技术发展迅猛，并日益影响和改变着人们的生产和生活方式。所谓生物技术（biotechnology），是指"用活的生物体（或生物体的物质）来改进产品、改良植物和动物，或为特殊用途而培养微生物的技术"。生物工程则是生物技术的统称，是指运用生物化学、分子生物学、微生物学、遗传学等原理与生化工程相结合，来改造或重新创造设计细胞的遗传物质、培育出新品种，以工业规模利用现有生物体系，以生物化学过程来制造工业产品。简言之，就是将活的生物体、生命体系或生命过程产业化的过程。生物工程包括基因工程、细胞工程、酶工程、发酵工程、生物电子工程、生物反应器、灭菌技术以及新兴的蛋白质工程等，其中，基因工程是现代生物工程的核心。基因工程（或称遗传工程、基因重组技术）就是将不同生物的基因在体外剪切组合，并与载体（质粒、噬菌体、病毒）的DNA连接，然后转入微生物或细胞内进行克隆，并使转入的基因在细胞或微生物内表达，产生所需要的蛋白质。目前，人类有60%以上的生物技术成果集中应用于医药产业，用以开发特色新药或对传统医药进行改良，由此引起了医药产业的重大变革，生物制药也得以迅速发展。

12.1.2　生物技术的应用

现代生物技术自20世纪50年代产生以来，已广泛应用于农业、食品、医药、卫生、化工、环保、能源、海洋开发等领域，在解决人类食物、健康、资源、环境等重大问题方面发挥着越来越大的作用。从我国来看，目前生物技术主要应用于医药、农业领域。同时，在生物化工、生物环保、生物能源等领域，也有一批企业展现出较好的发展前景。生物技术的应用范围十分广泛，主要包括医药卫生、食品轻工、农牧渔业、能源工业、化学工业、冶金工业、环境保护等几个方面。其中医药卫生领域是现代生物技术最先登上的舞台，也是目前应用最广泛、成效最显著、发展最迅速、潜力也最大的一个领域。

（1）生物技术在医药中的应用

生物医药正在成为一些地区新的经济增长点。如长春生物医药产业已成为全市现代产业体系中最具潜力和成长性的战略性新兴产业，近几年来生物与医药产业工业产值年均增长速度快，呈现高速发展趋势。生物技术在医药上作出了重大的贡献。首先，用生物技术生产的抗生素成为抵御各种传染病的最重要手段，过去肺结核等传染病是造成中国人死亡的主要原因之一，而现在则降低到死亡原因的前十位以外。其次，用生物技术生产的各种疫苗的应用，有效控制甚至消灭了天花、麻疹、百日咳等重大疾病的危害，在综合防治流行性乙型脑炎、鼠疫、霍乱、伤寒、狂犬病等传染病中起到了不可替代的重要作用。以基因工程手段生产的乙肝疫苗已经代替传统的血源苗，每年约有1000万新生儿接种，有效地控制了乙肝病毒的传播，使我国的乙型肝炎患者大幅度减少。

生物医药解决了过去用常规方法不能生产或者生产成本特别昂贵的药品的生产技术问题，开发出了一大批新的特效药物，如胰岛素、干扰素（IFN）、组织型纤溶酶原激活物（TPA）、肿瘤坏死因子（TNF）、集落刺激因子（CSF）、人生长激素（hGH）、表皮生长因子（EGF）等，这些药品可以分别用以防治诸如肿瘤、心脑肺血管、遗传性、免疫性、内分泌等严重威胁人类健康的疑难病症，而且在避免毒副作用方面明显优于传统药品。

此外，还研制出了一些灵敏度高、性能专一、实用性强的临床诊断新设备，如体外诊断试剂、免疫诊断试剂盒等，并找到了某些疑难病症的发病原理和医治的崭新方法。我国的单克隆抗体诊断试剂市场前景良好。基因工程疫苗、菌苗的研制成功直至大规模生产为人类抵制传染病的侵袭，确保整个群体的优生优育展示了美好的前景。

随着医药生物技术的发展，小分子药物、核酸药物等一大批新型生物技术药物即将进入临床应用；基因治疗、组织工程、干细胞治疗、个体治疗、生物芯片等新兴诊断和治疗技术不断涌现，将为预防和治疗恶性肿瘤、艾滋病、心血管病等当前威胁人民健康的主要疾病作出新的重要贡献。

（2）生物技术在农业中的应用

农业生物技术已经为农业发展起到巨大的推动作用，我国是植物组织培养技术应用面积最大的国家。工厂种植作物的种苗主要是依靠植物组织培养生产的，大棚种植、植物组织培养技术已经改变了我国北方数亿人的冬季蔬菜膳食结构。

生物技术在农作物中已有广泛的应用。最初通过遗传工程获得而进入市场的作物是：玉米、大豆和棉花，它们经转基因后具有抗除草剂和棉铃虫的能力。随着世界人口的增长，农业将经历具有重大意义的革新。毫无疑问，生物技术作为科学和技术在这场变革中将起到关键性的作用。原则上讲，生物技术本身有能力帮助人们提高农业生产力和保护环境，但在实践中，生物技术作为环境保护的代理人其作用相对来说是微乎其微的。人们对它在环境保护以及促进人类进步中的作用仍将拭目以待。现代农业生物技术产业化虽然还处在发展阶段，但随着愈来愈多的生物技术产品从实验室走向实际应用，进入商品化阶段，生物技术为未来世界农业发展展现了美好的前景。

（3）利用生物技术开发海洋资源、保护生态环境

我国在利用海洋生物资源开发新药方面取得重要成果。抗骨质疏松药甘露糖醛酸钙络合物进行了接近中试规模的试验；治疗胃溃疡的药物等完成8个项目的临床前试验；抗肿瘤的基因重组藻胆蛋白、苔藓虫素等海洋生物药物已完成药效、急毒和长毒试验。

我国的环境生物技术研究起步时间不长，但在某些方面也初见成效。开展了针对难降解有机物，特别是苯酚、染料等的菌种筛选和高效菌的构建研究，并建立了我国第一个环境生物菌种库；相继开发出了一些适用技术及成套装置微孔曝气、循环式流化床、难降解有机废水的生物处理等，为我国的水污染控制提供了一些可行的实用技术；利用廉价原料发酵法生产生物可降解塑料的实验已取得初步成果，接近国际先进水平；另外一种生物可降解塑料原料L-乳酸的发酵产量有明显提高，已在上海、天津等地建厂。

天然香料学

12.1.3 生物技术的发展前景

（1）进行战略布局调整，形成产业聚集区

国外生物技术产业发展的经验表明，在一些地理、交通、信息、政策等环境较好的地域，容易形成生物技术产业研究开发和产业的"聚集区"。根据目前我国生物技术产业及产业发展情况，结合现有国家级的高技术产业开发区，可选择技术力量比较雄厚、投资环境较好并已有一定生物技术产业基础的地方作为生物技术产业化基地来研究，给予更为优惠的财政和税收扶持政策。集中力量有选择地发展多个生物技术产业聚集区，发挥生物技术产业发展的聚集效应，尽快形成较大的生物技术产业规模化。

（2）充分利用和合理保护我国丰富的生物资源

我国国土辽阔，特殊的地理、气候、人文、历史以及多民族等原因，使我国具有丰富的动物、植物、微生物及人类遗传资源，包括历史悠久的中医药宝库，为我国在生物技术领域的研究开发提供了得天独厚的有利条件。但从目前情况看，我国在生物资源的保护和利用方面还存在着明显的不足。大量的生物资源没有得到有效的保护和利用，甚至一些重要的资源流失严重。例如，我国虽有丰富的微生物资源，但资金和管理上的一些因素，导致研究、保藏和开发工作都处于非常困难的境地，至今没有一个明确的主管部门，也没有一个微生物资源管理的法规。因此，建议国家有关部门像重视人类遗传资源一样高度重视对所有生物资源的保护和利用，一方面应抓紧制定和完善有关各类生物资源管理的法规和规章制度；另一方面应尽快建立健全国家生物资源的保藏及服务体系，其中包括细胞库、菌种库、种质库、信息库等。

12.2 发酵工程在香料生产中的应用

发酵工程是生物技术的重要组成部分，是生物技术产业化的重要环节，它将微生物学、生物化学、化学工程学的基本原理有机地结合起来，是一门利用微生物的生长和代谢活动来生产各种有用物质的工程技术。目前，在香料香精的生物合成中应用最广泛的生物技术是发酵工程，以工农业废料为原料，利用微生物可以生产各种天然香料。

12.2.1 发酵法生产奶香香料

发酵法生产奶香型香味料是指采用一些微生物，以乳或乳制品为底物，发酵生产奶香型香味料的方法。由于微生物细胞内含有的酶系种类繁多，发酵产生的奶味香气成分多样化，包含酸类、醇类、酮类、酯类、硫化物等近百种香气成分，与天然牛奶十分接近，其香气自然、柔和，是纯人工调配技术难以达到的。有研究以乳品加工副产物乳清为底物，利用双乙酰乳酸乳球菌变种DRC1加上乳糖乳酸乳球菌712和乳酪肠膜样明串珠菌亚种543加上乳糖乳酸链球菌712的混合菌发酵制备双乙酰奶味香料，结果显示，添加0.03%过氧化氢和0.004%过氧化氢酶，可提高双乙酰的含量，所得的奶味香料双乙酰具有均匀纯正的奶香味。王丹等（2015）利用马克斯克鲁维酵母Y51-6发酵稀奶油，以酒精体积分数、感官评定作为优化指标，通过正交实验确定最佳发酵工艺条件为：蔗糖添加量7g/100mL、接种量7%（体积分数）、发酵时间40h、发酵温度45℃，该条件下制得的奶味香精风味较好。

在乳品发酵产香实验中，当体系中缺乏乳糖或是乳糖分解耗尽时，乳酸菌利用乳酸盐产生乙酸盐、乙醇和二氧化碳，这些中间体物质参与蛋白质、脂肪、核酸等物质的代谢，生成酮类、醛类、脂肪酸、含硫化合物、内酯等代谢产物，大大提高了发酵液的香气强度。

12.2.2　发酵法生产水果香型香料

用微生物细胞合成 γ-癸内酯是生物法合成果香型香料的一个很好的例子。用微生物细胞或生物酶催化合成甜味、果香型香料很成功，因为这一过程相当容易地模拟了植物内的酶催化生成相应物质的过程。化学分析表明，草莓的味道和香气至少由350种物质（包括100多种酯）共同作用而成，γ-癸内酯是其中之一。γ-癸内酯是手性分子，从水果中提取的 γ-癸内酯具有特定的立体结构，而化学法生产的却是消旋体，因此用生物法生产光活性的 γ-癸内酯吸引了许多研究人员的关注，并开展了大量的工作。de Andrade 等人（2017）评估了热带酵母菌株 *Yarrowia lipolytica* CCMA 0242 和 *Lindnera saturnus* CCMA 0243 生产 γ-癸内酯的能力，发现在相同的发酵条件下，酵母菌 *Lindnera saturnus* CCMA 0243 产生的 γ-癸内酯更多。

用发酵法也可生产苯乙醇，该化合物是许多水果香精的重要成分，具有柔和的玫瑰花香气，大量用于日化香精配方中，也用于食品香精及烟用香精配方。酵母可以部分代谢 L-苯基苯胺，包括脱氨基、脱羧基，然后还原，用溶剂萃取发酵液的方法回收产品。这一工艺利用了丰富、价廉的苯基苯胺，它也用于生产高强度甜味剂阿斯巴甜。酯是非常重要的香料物质，Sasi 等（2023）用脂肪酶或酯酶合成酯，用醋杆菌氧化甲基丁醇可产生甲基丁酸，其酯是许多香料的通用成分。工艺上采用分批加料方式，以防止甲基丁醇对醋杆菌的毒害作用。

12.2.3　发酵法生产复合香料

发酵法除可用于生产单一的香料外，还用于生产复合香料。例如酱油有其特有的香味，这种香味是多种香料的复合香味。通过大豆和小麦的曲霉固体发酵，可得到酱油。曲霉富含肽酶、蛋白酶、淀粉酶，所以从曲霉提取的生物酶可以将生物大分子水解成氨基酸、多肽和葡萄糖，它们被耐盐微生物转化为各种香味物质。乳酸可由 *Pedicoccus halophilus* 生产，乙醇可由 *Zygosaccharomyces rouxii* 生产，4-乙基酚多由假丝酵母菌生产。将上述三种微生物细胞制成固定化细胞，并分别装成固定化细胞柱，将三个固定化细胞柱串联使用，构成了一个新工艺。用该新工艺生产酱油，所用时间仅需传统酿造法的10%。Liang 等人（2023）建立了利用担子菌 *Ischnoderma benzoinum* 发酵大豆乳清生产生物香料的模型，在该发酵系统中，大豆乳清在发酵20h后呈现出浓郁的杏仁香和甜香，对发酵液进行分析发现苯甲醛（1.0mg/L）和4-甲氧基苯甲醛（1.1mg/L）是呈现杏仁香气的关键化合物。有研究者在一个有全蒸发膜的生物反应器中利用 *Ceratocystis moniliformis* 生产和回收几种香气物质如乙酸乙酯、乙酸丙酯、乙酸异丁酯、乙酸异戊酯、香茅醇和香叶醇，利用全蒸发膜及时移走产物可以降低反应器中产物的浓度并可以浓缩香气物质，香气物质的产率和分批培养相比要更高。

12.2.4　发酵法生产其他香料

酵母自溶和酸水解可以产生许多香味组分，如5-甲基-2-呋喃甲硫醇、2-甲基-3-噻吩硫醇等100多种成分。吡嗪类物质是一类不可缺少的重要风味化合物，在肉制品、焙烤食品、坚果中普遍存在并不断被鉴定出。现在已发现某些微生物如 *Coryne bacterium glutamicum* 和 *Pseudomo nastaelolens* 都可转化某些氨基酸类化合物生成吡嗪的衍生物。此外，酯类是在食品中存在最普遍的香气化合物，目前，乙酸乙酯、戊酸乙酯等均可以用生物技术制取，霉菌 *Aspergillus niger*（*Asp. niger*）所产的酶还能催化特殊的醇，如香叶醇、香茅醇与酸作用生成相应的酯，生成重要风味物质。

12.3　酶工程在香料生产中的应用

酶工程就是将酶或者微生物细胞、动植物细胞、细胞器等在一定的生物反应装置中，利用酶所具有的生物催化功能，借助工程手段将相应的原料转化成有用物质并应用于社会生活的一门科学技术。到目前为止，已报道约3000种酶，但只有几百种可商业化生产，且其中仅20种适合于工业生产过程，脂肪酶、酯酶、蛋白酶、核酸酶和糖苷酯酶可用于香料化合物的提取过程，而且还可将大分子前体化合物水解为小分子香料物质。

12.3.1　酶法制备香兰素

在香荚兰传统生香加工过程中，香兰素及其它香气成分的形成主要依赖于豆荚本身所含有的葡萄糖苷酶对糖苷化合物的分解作用，但这一分解作用一般都进行得缓慢而又不够完全。金丽等（2002）通过外加 β-葡糖苷酶后，能更快更完全地分解香兰素葡糖苷。酶促生香样品香兰素含量明显高于传统生香样品，同时其表面附有白色透亮的香兰素针状结晶，外观品质很好。

利用酶工程，可以生成许多香料香精的前体物质，应用这一方法，一方面可拓宽香料香精的原料来源，另一方面通过寻找廉价的原料，大大减少生产成本。1983年，Tien 和 Kirk 从 *Phanerochaete chrysosporium* 中分离出木质素过氧化物酶，并对其进行定性，发现它与木质素的解聚有关。1998年，Williamson 等以农业废料为原料，采用物理和酶工程相结合的方法，得到香兰素生物合成的重要前体物质——阿魏酸。

12.3.2　酶法制备咸味香精

通常所说的咸味香精主要包括牛肉、猪肉、鸡肉等肉味香精。目前备受关注的是采用还原糖与氨基酸、肽类、蛋白质等物质通过美拉德反应，产生肉类风味化合物，并且可通过改变原料、温度等工艺条件制备出风味不同的香味物质。而反应物中氨基酸来源的物质主要是通过酶解手段获得的。如常用氨基酸来源物质有牛肉酶解物、猪肉酶解物、鸡肉酶解物、酵母抽提物（YE）、水解植物蛋白（HVP）、水解动物蛋白（HAP）等。

其中，水解植物蛋白是一种营养型食品添加剂，以其柔和丰满的鲜美口感广泛用于肉产品加工、方便面、膨化食品以及调味品中。水解植物蛋白的制备主要以豆粕粉、玉米蛋白和花生饼等为原料，通过酸法或酶法水解将蛋白质分解成氨基酸和短肽。酸法水解会产生具有致癌性的物质，而酶法水解制备水解植物蛋白的产物是短肽和氨基酸，符合食品卫生的要求，因此，酶法水解植物蛋白制备肉味香精是当前的研究热点。

天津春发生物科技集团有限公司是国内较早应用现代技术生产咸味食品香精的企业。在牛肉香精的生产中，首先利用米曲霉对牛肉进行固态发酵，再利用酵母菌进行二次发酵，二次发酵过程中物料的游离氨基酸含量迅速增加，为美拉德反应提供了前体，最后通过热反应得到酱香浓郁、口感醇厚饱满、后味悠长的牛肉香精产品。

12.3.3　酶法制备奶味香精

酶法制备奶味香精是指以稀奶油、牛奶等为主要原料，通过脂肪酶的作用将乳脂肪分解，从而得到增强150~200倍的乳香原料。以此为基础配制的奶味香精，香气柔和，是奶制品加香的理想选择。这种方法的优点是由于酶对底物具有专一的识别性，改变反应条件就可能生成具有不同香味的产物，产品风格富有变化，产品香气柔和，醇厚浓郁。

乳脂肪的主要成分是饱和脂肪酸甘油三酯（约占55%）、不饱和脂肪酸甘油三酯（约占43%）、酮酸甘油三酯（约占1%）、羟酸甘油三酯（约占1%）。由乳脂肪产生奶香风味化合物的反应机理主要包括2个方面：一方面是乳制品中的饱和脂肪酸在脂肪酶的作用下水解成各种饱和及不饱和脂肪酸，其中C_4、C_6、C_8、C_{10}、C_{12}、C_{14}含量较丰富，具有较高的香气贡献度，是构成乳香的主要成分；另一方面是不饱和脂肪酸被降解为醛类。利用酶工程可以生成许多香料香精的前体物质，有研究显示，采用来源于酵母的脂肪酶来酶解奶油和稀奶油，当乳脂肪的酶解率过高（>76%）时，所产生的香气会又酸又臭，刺激性强，且口感似干酪，不太适合我国的消费习惯，而当奶油酶解率为55%~60%，酶解时间控制在3~4h时，则酶解产物可提高150~200倍。

酶在非水介质中不仅能保持其生物活性，而且表现出许多突出的优点，近年来引起了研究者的广泛关注。如今，非水体系被运用到脂肪酶促乳脂肪水解制备奶味香精的研究中，即向反应体系中添加合适的有机溶剂，在保持了酶的生物活性的同时，又增加了疏水性底物的溶解度，提高了反应效率，此外，有机溶剂的添加还能控制微生物的污染。研究证明，添加乙醇制备出来的奶味香精味道独特，与在水介质中的反应产物相比，奶味浓郁，但是乙醇的味道不能彻底消除，在分离技术上还有待进一步提高和完善。

12.3.4　酶法处理烟草原料

烟草原料处理是烟草工业的一个重要环节，处理的效果好坏直接影响烟草制品的质量。烟草原料的处理主要包括烟梗和烟末的处理、烟草的增香处理和烟草的低害化处理等。其中，通过添加某些适宜的酶进行处理，对提高烟草制品质量有明显的效果。

（1）烟梗、烟末的处理

烟草中有一部分烟梗，在烟草生产过程中也会出现部分烟末。烟梗和烟末的处理方法对烟草制品的产量和质量有很大影响。对烟梗和烟末的处理方法通常有膨化、压切等。在此过程中，如果添加适量的酶进行处理，则可以显著提高质量。

在烟草薄片的调制过程中，首先将烟梗研成粉末，按照1∶1的比例将烟梗粉末与烟末混合，调制成固形物含量为15%左右的稠浆，加入混合烟末质量0.5%左右的纤维素酶，用乙酸或者柠檬酸调节pH值至4.5，于室温下处理10~12h，然后制成烟草薄片。

如果采用压切法，可以将烟梗浸入含有纤维素酶、半纤维素酶和果胶酶的溶液中，用乙酸调节pH值至最适作用范围（pH3.5~6），浸泡30min后取出烟梗，在20~80℃温度条件下陈化0.5~24min，温度越高，陈化时间越短，然后按照常规方法进行压切。在处理液中还可以添加适量的甘油、丙二醇等，以利于烟梗的软化。

（2）烟草的增香处理

烟叶切成烟丝之前，在温度30~40℃、湿度80%~100%的条件下，添加一定量的硝酸还原酶和蔗糖转化酶进行处理，10天后烟叶出现甜香，12天后甜香更浓，并带有香豆素的香气。燃吸时烟气柔和，干味和涩味极微。

烟叶在发酵过程中，添加一定量的淀粉酶、蛋白酶等进行处理，可以促进烟叶内部有机物质的分解与转化，使各组分的比例趋向协调和平衡，具有缩短发酵周期、协调烟草香气、减轻刺激性气味、提高香气质量的作用。

12.4　细胞工程在香料生产中的应用

细胞工程包括细胞融合技术、动物细胞工程和植物细胞工程等内容。植物细胞工程主要是指植物细胞培养（又称为植物组织培养），基本理论依据是细胞学说和细胞具有潜在的"全能性"的理论。植物细胞培养至今已有100多年的历史，利用植物细胞培养发酵具有广阔的应用前景。

利用植物细胞、组织和器官大规模培养技术，可以大量培养香料植物，从而获得高价值的香料物质。食用香料植物组织培养在天然香料工业中的研究主要集中在快繁、种质保存、品种改良、新品种培养和脱病毒等方面，作为精油的生物反应器和为转基因技术提供植物受体的研究越来越受到人们的重视。

（1）细胞培养时前体的供应和培养基的组成

虽然一般认为在组织培养中，细胞具有次级代谢途径的潜在能力，但与正常植株相比，组织培养的细胞降低了这种能力。例如辣椒的主要成分——辣椒素，是从缬氨酸和苯丙氨酸合成的，该途径中辣椒素的直接前体是8-甲基壬烯，它与异己酸和香草胺相似。那么供给异己酸和香草胺可以提高辣椒素的合成水平，并认为可以超过原来以氨基酸为前体的合成水平。前体的联合使用可以证实是否从苯丙氨酸到香草胺和从缬氨酸到异己酸。实验证明，只要异己酸存在，辣椒素就产生，但若仅有缬氨酸供给，则辣椒素产量大大地下降，表明由缬氨酸到异己酸是辣椒素产生的限速步骤。

（2）形态学和细胞分化的作用

Constabel等（1974）通过对组织培养中次级代谢产物形成的研究，提出无论何时合成次级代谢产物，都依赖于植物细胞中特殊生物化学和结构上的改变，除非那些改变是能够被诱导的。精油和风味物质积累是在植物的特殊组织内，如薄荷的脉体、芹菜的油管、洋葱肥大的叶基。组织培养中精油和风味物质形成的研究已表明，风味物质的合成仅仅当培养物有形态上的分化，如产生茎、根时才能发生。在不同的香草植物组织培养时直到有了形态上的分化才能合成风味物质；在洋葱组织培养中，分化出根和茎是洋葱精油产生的基础。

（3）用植物细胞培养产生香气物质

通过植物细胞培养可进行香气成分的生物转换，这种转换包括氧化、还原、异构化、环化、氢化及水解反应，有些研究还发现了立体选择反应，利用这些反应系统制成了特异的香气成分。有研究人员利用蔷薇花的培养细胞进行萜烯类的转换，从外旋体的香茅醇醋酸酯中获得2%的玫瑰氧化物，玫瑰氧化物在培养的第十天达到最高浓度，这个浓度相当于天然玫瑰中含量的3~5倍。

香荚兰是世界上使用最广的香料。在利用植物细胞培养技术生产香兰素时，通常将香兰素的幼茎置于培养基上培养，通过形成白色、块状的愈伤组织的方式来制备香兰素。在培养过程中适当添加一些植物激素，如2,4-二氯苯氧乙酸、苄基腺嘌呤和萘乙酸等，可大大提高愈伤组织的发生率。曹孟德等（2002）报道了氮源、碳源及吸附剂对香荚兰细胞悬浮培养产生香兰素的影响，结果显示蔗糖比葡萄糖和果糖更适合作为香荚兰细胞生长及产生香兰素的碳源，最佳蔗糖浓度为5%；当培养基中仅含KNO_3时，有利于细胞的生长和香兰素的形成；然而，当培养液中去掉KNO_3，仅含NH_4NO_3时，细胞生长和香兰素的形成则均被抑制；当在培养基中添加吸附剂后，香荚兰细胞产生的香兰素含量明显增加，其中，活性炭的效果优于XAD-2，且香兰素的产量与活性炭用量成正相关。在针对培养基组成对香荚兰细胞悬浮培养产生香兰素影响的研究中发现，相比于全组成的MS培养基，香荚兰细胞在由矿物质盐组成培养基中所产生的香兰素含量更多。此外，采用植物细胞培养技术生产香兰素及其系列化合物时，还会受到多种因素影响，如外植体、使用培养基的类型、培养基中添加的前体物质的种类和数量、培养期的温度和光照强度等。

12.5　基因工程在香料生产中的应用

基因工程也可称为DNA重组技术，是指在分子水平上，通过人工方法将外源基因引入细胞，而获得具有新遗传性状细胞的技术。下面将以香兰素的合成为例，对基因工程在香料生产中的应用进行介绍。

（1）基因工程改造目标菌株

目前的研究表明，很多假单胞菌本身就拥有合成香兰素的关键基因fcs（编码Feruloyl-CoA合成酶）和ech（编码Enoyl-CoA水合酶），但同时也有进一步降解香兰素的基因，所以有研究者通过基因工程手段，增强合成基因fcs和ech的表达，降低香兰素降解基因vdh（编码香兰素脱氢酶）的活性，从而提高香兰素的产率。2011年，Di Gioia等人（2011）将一个含有fcs和ech基因的低拷贝重组质粒转入到荧光假单胞菌（$Pseudomonas\ fluorescens$ BF13）中，并将菌株的降解基因vdh失活，发酵获得约1.30g/L香兰素。Graf等人（2014）认为，要解决香兰素降解的问题，单纯降低vdh的活性还不够，所以他们不仅将假单胞菌（$Pseudomonas\ putida$ KT2440）的香兰素降解基因vdh敲除，还使钼离子转运载体失活（在假单胞菌中钼离子是某些氧化还原酶的辅助因子，所以失活钼离子转运载体，降低钼离子的摄入，就可能降低这些酶的活性，从而降低这些酶分解利用香兰素），来减少香兰素降解，且通过引入tac启动子系统，增强fcs和ech基因的表达，使假单胞菌转化阿魏酸合成香兰素的转化率3h就达到86.00%。另外，不只假单胞菌中存在香兰素降解基因vdh，拟无枝酸菌中也有，敲除该基因后，拟无枝酸菌转化阿魏酸合成香兰素的产率也得到了提高。

（2）异源表达香兰素合成关键基因生产香兰素

大肠埃希菌作为外源基因表达的宿主，遗传背景清楚，目的基因表达水平高，抗污染能力强，培养条件简单，技术操作简单，大规模发酵经济，适用于工业化生产。所以研究人员利用基因工程手段，将与香兰素合成有关的关键基因导入大肠埃希菌中进行异源表达生产香兰素。2005年，Yoon等人（2005）将关键基因 *fcs* 和 *ech* 导入大肠埃希菌中异源表达，优化后得到1.12g/L的香兰素。在此基础上，该课题组还引入重组质粒使 *gltA* 基因（编码柠檬酸合成酶）过量表达，并对三羧酸循环（tricarboxylic acid cycle，TAC）进行了一系列改造，中断部分TAC循环，最终经过24h的转化，得到5.14g/L香兰素，摩尔转化率为86.60%。不过，由于重组大肠埃希菌本身没有香兰素合成关键基因（*fcs* 和 *ech*），它携带这2个基因的遗传不稳定性成为该思路的一个缺陷。尽管目前微生物转化合成香兰素的产率普遍低于传统的化学法，但相信随着高新生物技术手段的发展，微生物转化合成香兰素将实现低成本、高效益的工业化生产，成为市场主要来源。

近年来，国内一些高校也致力于应用基因工程技术提高香料产量的研究。安徽大学黄子豪（2018）利用基因工程，将来源于酵母和粪肠球菌的异源杂合甲羟戊酸（MVA）代谢途径和来源于北美巨冷杉（*Abies grandis*）的牻牛儿基焦磷酸合成酶和蒎烯合成酶基因共同导入大肠埃希菌中并诱导表达，构建含完整的蒎烯代谢途径的大肠埃希菌工程菌，并评价了不同表达模式下大肠埃希菌工程菌产蒎烯的能力，为工业生物合成蒎烯奠定了基础。2022年，江南大学诸葛斌教授团队在微生物底盘细胞 *Candida glycerinogenes*（*C. glycerinogenes*，产甘油假丝酵母）中构建了合成萜烯的途径，通过过表达、基因敲除和反义RNA抑制等策略，萜烯的产量提高了近16倍，达到6.0mg/L。

此外，江南大学徐岩教授团队筛选获得高产γ-癸内酯的耶鲁维亚解脂酵母（*Yarrowia lipolytica*），并以紫外诱变获得的正向突变株作为基因组改组的出发菌库，获得了原生质体制备和融合的最佳条件，采用递推式融合法，经过三轮融合，获得了产量最高且遗传稳定性较好的菌株G3-3.21，产量为3.75g/L，是出发菌株的6.58倍。

利用具有生物活性的酶、微生物等生物催化功能生产香料、香精，与合成法相比较具有无可比拟的优点，它不仅带来生产方法的变革，而且所生产出的香料香精产品属于"绿色"范畴，符合当今发展的趋势。与此同时，也应该注意几个问题：其一是某些动植物来源的酶提取途径较为复杂以及某些作为起始物的天然原料本身成本较高，这都有可能增加生产成本；其二是对利用基因工程技术所获得的香料化合物安全性还存在一定的争议，这也有可能影响该技术在香料工业中的发展。但我们相信，随着科技工作者进一步探明动植物体内香料的合成途径以及人类认识水平的提高，生物技术在香料开发中的应用必将越来越广泛。

第13章

其他提取技术

13.1 机械辅助萃取技术

13.1.1 微波辅助萃取技术

微波是一种波长短（0.1~100cm）、频率高的电磁波。在微波的作用下，植物细胞内的极性物质吸收微波能，产生热量使细胞内温度升高，导致植物细胞内部压力升高，造成细胞膜和细胞壁破裂。另外加热导致植物样品细胞水分减少，细胞收缩出现裂纹，使细胞内物质容易被溶解至提取溶剂中，从而有效提高提取效率。

微波频率在300MHz至300GHz之间，具有波动性、高频性、热特性和非热特性四大基本特性。微波可选择性加热不同极性分子和不同分子的极性部分，使其进入介电常数较小、微波吸收能力相对较差的溶剂中，因此微波辅助萃取是一种有效的提取技术。在传统加热法中热传递公式为：热源——→器皿——→样品。因而能量传递效率受到了制约。而微波加热则是利用被加热物质的极性分子（如 H_2O、CH_2Cl_2 等）在微波电磁场中快速转向及定向排列，从而产生撕裂和相互摩擦而发热，该能量直接作用于被加热物质，其模式为：热源——→样品——→器皿。由于空气和容器对微波的吸收和反射可以忽略，因此该方法从根本上保证了能量的快速传导和充分利用。

微波辐射诱导萃取植物性天然香料是工业微波应用的新成就，该技术对萃取物有很好的选择性，可以有效地提取物料中的有用成分，具有萃取快、产率高、省时、低能耗、溶剂用量少、生产线组成简单、无污染等特点。采用微波辅助萃取技术（microwave-assisted extraction，MAE）提取的成分已涉及生物碱类、蒽醌类、黄酮类、皂苷类、多糖、挥发油、色素等。

（1）方法

将极性溶剂或极性溶剂和非极性溶剂的混合物与被萃取样品混合，装入微波制样容器中，在密闭状态下，用微波制样系统加热，加热后样品过滤得到的滤液可进行分析测定，或作进一步处理。微波辅助萃取溶剂应选用极性溶剂，如乙醇、甲醇、丙酮、水等；纯非极性溶剂不吸收微波能量，使用时可在非极性溶剂中加入一定浓度的极性溶剂，不能直接使用纯非极性溶剂；在微波辅助萃取中要求控制溶剂温度保持在沸点以下和在待测物分解温度以下。

（2）应用实例

微波辅助萃取技术的优点使其在天然香料的提取中得到了广泛应用。Cerdá-Bernad 等人（2022）通过响应面方法对藏红花副产物中总酚、总黄酮提取的最佳微波辅助萃取条件为：以乙醇（100%）为萃取溶剂，于 25℃ 下萃取 5min。刘晓庚和陈梅梅等人（2001）用微波辅助提取木姜子果实中的挥发性成分发现，微波辅助提取法与传统水蒸气提取法相比，提取率增加了 6.14%，且提取时间缩短了四分之三。赵华、张金生等人（2005）利用微波辅助萃取技术提取洋葱油，发现各因素对洋葱油提取率影响的主次顺序为：温度>料液比>时间。

王平艳等（2000）采用美国油葵和普通葵花籽为原料进行 MAE 法提取研究，证明 MAE 法提取葵花籽油是可行的。一项对美国油葵、普通葵花籽进行微波正己烷萃取的研究显示，MAE 法比传统的压榨法出油率高，且得到的油的品质、色泽等相差不大。郝金玉（2001）的研究显示，MAE 法也适用于西番莲籽中油脂的提取，与传统的索氏提取法相比，MAE 法具有萃取时间短、萃取溶剂用量少且回收率高等优点。王琴等（2002）探究了不同工艺对芝麻油提取率的影响，结果显示 MAE 法比常规索氏提取法的提取率高 5%，而萃取的时间却只有常规法的 1/200。Sharanyakanth 等（2021）研究比较了 MAE 法与传统法对孜然芹果挥发性化合物组成的影响，结果显示微波处理的样品比传统方法处理的样品更好地保留了其挥发性成分。

黄若华等（2000）对微波辅助萃取鸢尾过程的影响因素进行了研究，发现鸢尾根的粉碎度对提取率的影响很大，60~90℃ 的石油醚是微波辅助萃取鸢尾的合适溶剂。郝金玉等人（2000）以提取率、溶剂回收率和鸢尾酮总量为考察指标，确定了微波萃取鸢尾的最佳的工艺：微波功率 850W、辐射时间 120s、溶剂用量 160mL、洗涤干燥剂的溶剂量 20mL。

由业诚等人（1999）采用 MAE 法萃取大蒜有效成分，发现微波辅助萃取方法的萃取效率是索氏提取法的 1000 多倍，其能源消耗量仅为传统的 1/600。有其他研究人员以二氯甲烷为提取剂研究微波辅助萃取法的提取率并与传统的提取方法进行对比，结果显示微波辅助萃取得到的成分与传统方法一致，具有省时、节能等优点。

Bureau 等（1996）利用 MAE 法对葡萄及葡萄汁中糖基化风味前体物质进行萃取，当萃取条件为 2450MHz、1250W，连续萃取 2 次（葡萄每次 1min、葡萄汁每次 45s）时，被萃取的风味物质高达 97%。

（3）设备示意图

如图 13-1 所示为微波辅助萃取装置及提取罐示意图。

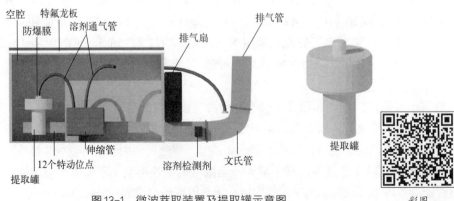

图 13-1　微波萃取装置及提取罐示意图

彩图

13.1.2　超声提取技术

超声提取是应用超声波强化法提取植物有效成分的方法。当超声波振动时能产生并传递强大的能量，引起媒质以大的速度加速进入振动状态，使媒质结构发生变化，促使有效成分进入溶剂中，并且，超声波在液体中还会产生空化作用（即在有相当大破坏应力的作用下，液体内形成空化泡的现象）。空化泡在瞬间胀大并破裂，破裂时吸收的声场能量在极短的时间与极小的空间内释放出来，形成高温与高压的环境，并且伴随强大的冲击波与微声流，从而破坏细胞壁结构，使其在瞬间破裂，植物细胞内的有效成分得以释放，直接进入溶剂并充分混合，从而提高提取率。另外，超声波还产生很多次级效应，如热效应、扩散、乳化、击碎、生物效应、化学效应、凝聚效应等，也能加速植物有效成分在溶剂中的释放扩散，有利于提取。与常规提取法相比，超声提取可提高提取率，缩短提取时间。目前，国内已有葵花籽油、杏仁油、松籽仁油等方面的报道。

杨柳等人（2019）运用超声波和水酶法协同分离大豆油发现，在提取温度为50℃、超声功率为400W、提取时间为15min的条件下，可将大豆油提取率提高至86.13%。武瑜（2012）以赤霞珠葡萄籽为原料，采用超声波辅助法提取葡萄籽油，通过二次正交通用旋转组合试验建立数学回归模型，确定葡萄籽油的最佳提取工艺为：以石油醚为提取溶剂，葡萄籽颗粒度为40目，料液比为1∶9，超声波功率为360W，提取温度40℃，超声时间为50min，在该工艺条件下超声波辅助法提取葡萄籽油的提取率可达93.21%。金晓芳（2011）以杏仁为原料，利用超声波辅助法提取杏仁油，经过试验确定最佳工艺条件为：以石油醚为提取溶剂，料液比为1∶8、提取温度为30℃、超声功率为250W、提取时间为10min，在该工艺条件下超声波辅助法提取杏仁油的提取率达49.27%，且经试验确定各因素影响大小次序为：超声时间>超声功率>料液比>超声温度。郭孝武（1999）研究了超声时间和频率对黄芩中黄芩苷提取率的影响，结果显示采用20kHz以上的超声频率提取10min以上时，其黄芩苷提取率大于煎煮法，且两种方法所提取的黄芩苷结构是一致的；采用超声对大黄中大黄蒽醌类成分进行提取，同样发现20kHz以上频率超声可提高大黄蒽醌类成分的提取效率。林翠英等（1999）用超声波提取白头翁总皂苷，大大简化了操作程序、缩短了提取时间，提高了产品产量和纯度，改进了既烦琐费时又易乳化的常用提取工艺。李益福、张美玲（2000）采用高效液相色谱法，以煎煮、超声、半仿生提取方法，对四种汤中阿魏酸和芍药苷的溶出量进行比较，结果表明超声技术提取方法不仅操作简单、低耗高效，而且还具有较高的提取效率。因此，超声提取技术作为一种新的提取方式，在天然香料的提取中有着广阔的应用前景。

虽然超声提取技术能避免高温高压对有效成分的破坏，但它对容器壁的厚薄及容器放置位置要求较高，目前大多研究仍处于实验室阶段，若用于大规模生产，还有待于进一步解决有关工程设备的放大问题。

13.2　快速溶剂萃取技术

快速溶剂萃取（accelerated solvent extraction，ASE）是在一定的温度（50~200℃）和压力（10~30MPa）下用溶剂萃取固体或半固体样品的一种新颖的样品前处理方法。在高温条件下，待测物从基体上的解吸和溶解动力学过程加快，可大大缩短提取时间。同时，加热的溶剂具有较强的溶解能力。因此可减少溶剂的用量，在萃取的过程中保持一定的压力可提高溶剂的沸点，使其保持液体状态，从而保证萃取过程的安全性。

影响萃取效率的几个因素。

① 溶剂：可以直接移用索氏萃取的溶剂组合；将低极性和高极性的溶剂以适当的比例混合往往比单一溶剂的萃取效率高；当样品介质的吸附性较强时，使用强极性高沸点的有机溶剂，有利于提高萃取效率。

② 温度：通常来说，ASE的萃取温度越高，越有利于样品的润湿，溶剂的扩散能力和穿透介质的能力越强，溶质从介质中解吸的能力也就越强，萃取效率越高。

③ 时间：通常ASE萃取时间在5~10min；连续多次短时间的静态萃取比一次性长时间萃取的效果要好一些。

④ 萃取压力：ASE萃取时所施加的压力对萃取效率没有太大的影响，其主要作用是保持溶剂在高温下为液体状态；然而，如果样品介质湿度较大或吸附性很强，提高压力可以迫使溶剂穿透介质而提高萃取效率。

⑤ 其它影响因素：样品的处理和装填方式有时会对萃取效率产生一定的影响；对半固体样品，通常要将其与惰性固体如细沙充分混合后再填充到萃取池中；对非均一性的样品介质，需要将样品充分研磨至63~150mm的粒径，以提高介质的均一性，同时缩短扩散路径，增加样品的比表面积，有助于萃取效率的提高。在萃取池的两端需放置筛板或石英棉，以防止细小颗粒堵塞连通管道。

13.3 索氏提取技术

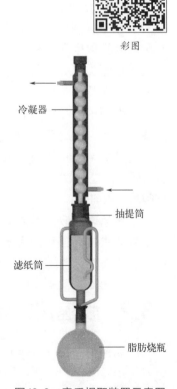

彩图

索氏提取法（Soxhlet extraction method），又名连续提取法、索氏抽提法，是从固体物质中萃取化合物的一种方法，常用于粗脂肪含量的测定。

脂肪广泛存在于许多植物的种子和果实中，测定脂肪的含量，可以作为鉴别其品质优劣的一个指标。国内外普遍采用抽提法来测定脂肪含量，其中索氏抽提法是公认的经典方法，也是我国粮油分析首选的标准方法。此法花费时间较长，在实验室多采用脂肪提取器（索氏提取器）来提取，索氏提取装置如图13-2所示。

该方法的原理为：利用溶剂回流和虹吸原理，使固体物质每一次都能为纯的溶剂所萃取，所以萃取效率较高。萃取前应先将固体物质研磨细，以增加液体浸溶的面积。然后将固体物质放在滤纸套内，放置于萃取室中，安装仪器，当溶剂加热沸腾后，蒸气通过导气管上升，被冷凝为液体滴入提取器中。当液面超过虹吸管最高处时，即发生虹吸现象，溶液回流入烧瓶，因此可萃取出溶于溶剂的部分物质。就这样利用溶剂回流和虹吸作用，使固体中的可溶物富集到烧瓶内。有机溶剂的抽提物中除脂肪外，还或多或少含有游离脂肪酸、

冷凝器

抽提筒

滤纸筒

脂肪烧瓶

图13-2 索氏提取装置示意图

甾醇、磷脂、蜡及色素等类脂物质，因而索氏提取法测定的结果只能是粗脂肪。

13.4　超高压萃取技术

超高压萃取技术（ultra high pressure extraction technology）是一种新型萃取技术，它具有萃取温度低、快速、高效、能耗少、操作简单等特点。随着技术的发展，超高压技术开始应用于天然产物的提取领域。天然产物中多含有热敏性成分以及易挥发性成分，超高压萃取技术是在常温下进行的，因此非常有利于这类成分的提取。此外，由于超高压萃取技术采用的是静态压力，压力传递可以瞬时完成，且压力均匀，保证了有效成分具有更高的生物活性。

超高压萃取过程一般分为 3 个阶段。

（1）升压阶段

压力在几分钟内（一般小于 5min）迅速由常压升为几百兆帕，固体组织细胞内外形成了超高的压力差，提取溶剂在超高压力推动下迅速渗透到植物内部维管束和腺细胞内。随着压力的迅速升高，细胞体积被压缩，如果超过其形变极限，会导致细胞破裂，细胞内的物质与溶剂接触被溶解；如果没有超过细胞的形变极限，提取溶剂在高压作用下，进入植物细胞内，有效成分溶解在提取溶剂中。

（2）保压阶段

该阶段一般在几分钟之内即可完成。超高压力引起体系的体积变化，推动了化学平衡的移动，溶剂的渗透、溶质的溶解快速达到平衡。

（3）卸压阶段

卸压一般在几秒钟之内即可完成（一般卸压时间 < 2s），组织细胞的压力从几百兆帕的超高压迅速减小为常压。在反方向压力作用下，发生流体以及基质体积的爆破膨胀，对细胞壁、细胞膜、质膜、核膜、液泡、微管等形成强烈的冲击致使其发生变形。如果变形超过了其变形极限，导致细胞出现松散、空洞、破裂等结构变化，有效成分和溶剂充分接触，溶解了有效成分的溶液会向细胞外迅速扩散；如果在反方向压力作用下细胞壁的变形没有超过其变形极限（在高压作用下通透性增大），细胞内部已经溶解了有效成分的溶剂在高渗透压差下快速移到细胞外，达到提取的目的。

超高压提取技术在有效成分提取方面，具有提取时间短、溶剂消耗少、提取效率高、得率高、提取温度低、提取液稳定性好、应用范围广、节能、环保等特点，在多糖类、皂苷类、黄酮类、多酚类有效成分提取方面均有显著成效。

13.5　亚临界萃取方法

亚临界萃取方法（subcritical extraction technology）是将亚临界流体作为萃取剂，在密闭、无氧、低压的压力容器内，依据有机物相似相溶的原理，萃取物料与萃取剂在浸泡过程中发生分子扩散，使固体物料中的脂溶性成分转移到液态的萃取剂中，再通过减压蒸发的过程将萃取剂与目标产物分离，最终得到目标产物的一种新型萃取与分离技术。

亚临界流体萃取相比其他分离方法具有许多优点：无毒，无害，环保，无污染，非热加工，保留提取物的活性产品不破坏、不氧化，产能大，可进行工业化大规模生产，节能、运行成本低，易于和产物分离等。因此，亚临界流体萃取与分离技术在天然动植物有效成分的提取，中药（含复方）活性成分的提取与有害脂溶性成分的分离，昆虫提取物、动物提取物、天然色素、特种油脂的提取，各种植物粉的脱脂等领域具有广泛的应用。

亚临界萃取是一个物理过程，其萃取流程如图13-3所示。

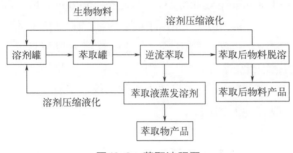

图13-3　萃取流程图

以玫瑰浸膏的制取为例，其亚临界萃取工艺的基本流程为：

① 将玫瑰花装入浸出罐，将溶剂（主要成分为丁烷和丙烷）注入浸出罐浸泡玫瑰花，并搅拌，从浸出罐抽出混合油打入暂存罐，将混合油打入沉降罐，去除水和杂质；

② 将混合油打入过滤罐过滤，将过滤好的混合油打入一次浓缩罐进行浓缩；

③ 将第一次浓缩油打入二次浓缩罐进行真空浓缩，浓缩完毕后，将玫瑰浸膏排出系统；

④ 联用二次浓缩罐与压缩机吸气口，使玫瑰花渣中的残留溶剂气化，进入压缩机，经压缩冷凝液化，循环利用，玫瑰花渣排出浸出系统。

亚临界萃取过程中各因素对玫瑰浸膏得率的影响大小依次为：萃取时间>萃取次数>萃取压力>萃取温度。

采用亚临界萃取工艺制取玫瑰浸膏，与常规水蒸气蒸馏、有机溶剂提取法相比，原料利用率大大提高，而且其操作温度低，不会影响热敏性物质的天然活性。最重要的是亚临界萃取所得的玫瑰浸膏经分子蒸馏设备纯化，最终出油率接近千分之一，大大超过了前两种提取工艺的得油率。与超临界CO_2萃取技术相比，亚临界萃取具有操作压力低、对设备要求较低、一次性投资费用少等优点，而两者所得的玫瑰浸膏经分子蒸馏设备纯化后的得油率相当。

13.6　低温连续相变萃取法

低温连续相变萃取技术（low-temperature continuous phase-transition extraction technology）以气－液连续相变的萃取溶剂在低温（45℃左右）和较低压力（0.2~2MPa）下进行萃取。与亚临界萃取技术相比，低温连续相变萃取技术的突出优点是可以对物料进行连续的逆流萃取，液相状态的萃取溶剂在低温下萃取目标成分后经减压蒸发气化分离，最终得到产品。整个萃取过程可以在室温或更低的温度下进行，不会对物料中的热敏性成分造成损害。

该技术的低温连续性体现在：萃取剂在低于其临界压力和临界温度（压力0.5~0.8MPa，温度40~50℃）条件下压缩成液体，流经萃取釜对物料进行萃取后，在解吸釜中相变为气体，实现溶剂和萃取物的分离，气态萃取剂再次经过压缩又成液体，二次流经萃取釜，对物料进行反复萃取。相对于其他工艺技术，连续相变工艺技术具有溶剂快速循环、洁净、损耗小，回收高效；萃取高效，得油率高；萃取全程低温，保护油脂，不产生有害物质；后续处理简易，整体生产成本低的综合优势，其在油脂分离工业上有巨大发展潜力。

目前，该技术成功在食用油、香辛料油、功能油脂等领域得到应用，包括陈皮油、鱼油、麦麸油、山奈油、孜然油、花椒油、辣椒油、五味子油等功能性油脂。类似山奈这类香辛料，其具有油脂含量较低且挥发性香气物质较多的特点，传统的压榨法和浸出法并不适用，而低温连续相变萃取提供一种安全、高效、便捷、稳定性高、可产业化的新技术，通过连续相变萃取装置，获得原香气保持天然完整、有效成分提取率高、加工过程安全稳定、品质符合标准的油脂产品。

采用低温连续相变萃取技术萃取山茶籽油、蓖麻籽油、佛手精油、蓝圆鲹鱼油的工艺参数见表13-1。

表13-1　低温连续相变萃取油脂实例

序号	研究对象	实验结果
1	山茶籽	山茶籽原料粉碎至 20 目，水分含量控制在 5% 内，萃取釜装入 7kg 山茶籽，通过溶剂高压泵使正丁烷通过换热器升温再加压流入萃取釜。萃取山茶籽油，萃取中溶剂温度为 45℃、压力为 0.5MPa，溶剂充分溶解茶油，并流入解析釜进行减压回收溶剂，解析温度设置为 55℃，解析釜回收的溶剂进入溶剂罐，通过高压泵再次进入萃取过程，整个过程周期为 50min，7kg 原料获得 1.94kg 油脂，提取回收率为 99.3%
2	蓖麻籽	称取 10kg 压榨蓖麻粕，粉碎至 20 目颗粒度，烘干水分，控制在 5% 内，在萃取釜内加压萃取，萃取压力设置为 1.0MPa，萃取温度设置为 80℃，丁烷溶剂解析压力为 0.3MPa、温度设置为 60℃，溶剂和蓖麻油得到分离，整个萃取时长为 150min，最后得到 1.97kg 蓖麻油，经验证，蓖麻油提取回收率为 98.5%
3	佛手	最优的佛手精油连续相变萃取工艺为：颗粒度大小为 30 目，萃取压力 0.6MPa、温度 60℃、时间 75min，该工艺参数下佛手油得率为 9.25‰。产品佛手油呈半固体膏状，具有浓郁的佛手特有香味，无异味，黄色至深棕色
4	蓝圆鲹鱼	蓝圆鲹鱼油最优萃取工艺为：蓝圆鲹鱼水分控制在 11% 内，萃取压力 0.6MPa、温度 52℃、时间 62min，丁烷解析温度 65℃，此工艺条件下鱼油得率为 21.56%。蓝圆鲹鱼油黄色至红棕色，具有清淡的鱼腥味，鱼油理化指标检测符合粗鱼油标准的一级要求（《鱼油》SC/T 3502—2016）

与目前报道的精油提取技术相比，低温连续相变萃取技术降低了萃取温度、压力和时间，更为高效安全，工艺操作更简单；该技术为含有热敏性成分的植物精油萃取提供了极好的条件，有利于保留挥发性组分，更好地保存了原料的风味。

13.7　同时蒸馏萃取法

同时蒸馏萃取（simultaneous distillation extraction，SDE）是由 Likens 和 Nickerson 于 1964 年首次设计发明的样品前处理技术，经历了常压同时蒸馏（atmospheric simultaneous distillation extraction，A-SDE）、真空同时蒸馏（vacuum simultaneous distillation extraction，

V-SDE）及改进的蒸馏方式的发展过程。SDE是一种传统的获取食品风味物质的方法，是通过同时加热样品和有机溶剂至沸腾，最后使风味物质溶入有机溶剂中，此法是一种集提取、分离和富集样品中挥发性、半挥发性物质于一体的处理技术。与顶空分离、溶剂萃取、固相微萃取等前处理方法相比，同时蒸馏萃取具有重复性好和萃取率较高的特点，且操作简单、定性定量效果好，特别是对中等及高沸点的挥发性、半挥发性成分具有较高的回收率。在连续萃取过程中样品的香气成分被浓缩，一些痕量物质可以被分离出来。同时蒸馏萃取结合GC、GC-MS在烟草、香料香精及食品的挥发性、半挥发性成分分析中已得到了广泛运用。

13.7.1　同时蒸馏萃取原理

同时蒸馏萃取的工作原理是使含有样品的水蒸气与萃取溶剂的蒸气在萃取装置中充分混合，两相充分接触后冷凝达到相转移的效果，且在反复萃取过程中达到高萃取率。其实验装置如图13-4所示，样品与水的混合液置于左边圆底烧瓶中，比水密度小的有机萃取溶剂（正戊烷或乙醚）置于右边圆底烧瓶中，如采用比水密度大的有机萃取溶剂（二氯甲烷），则样品瓶和溶剂瓶调换位置。先将样品瓶加热沸腾，待相分离U形管滴入一半水相后，迅速加热有机溶剂相，使得两相达到同时沸腾。含有样品组分的蒸气和萃取溶剂的蒸气沿导管上升至混合区域充分混合，在冷凝管中冷凝形成液膜，在沿冷凝管下流的过程中，冷凝的水相中的组分连续不断地被冷凝的有机溶剂所萃取，最后流入冷凝管下方的U形相分离器中后分层，密度小的有机溶剂相在上层，并且逐渐充满U形管的右臂后又流回装有有机溶剂的圆底烧瓶中。同样，沸腾样品中冷凝的水蒸气在下层，并逐渐充满U形管左臂后流回装有样品的圆底烧瓶中。这样反复循环蒸馏、萃取，样品中的挥发性、半挥发性组分随着水蒸气不断被转移到有机溶剂中，达到高萃取率的效果。同时蒸馏萃取将水蒸气蒸馏和溶剂萃取合二为一，通过连续、循环的蒸馏过程达到提取，分离，浓缩挥发性、半挥发性成分的目的。

传统的双热源同时蒸馏萃取器自身存在缺点，主要缺点在于占用的体积空间较大，操作不便，使用的萃取剂用量较大等。随着科学研究水平的提高，针对这些缺点研究人员对传统

彩图

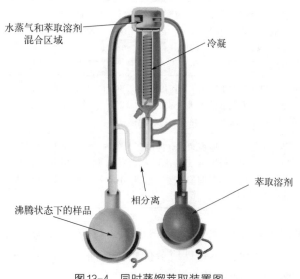

图13-4　同时蒸馏萃取装置图

的同时蒸馏萃取器进行了改进。为了解决传统双热源同时蒸馏萃取器的一系列问题，宋春满等人（2010）发明了紧凑型同时蒸馏萃取，将两个加热源合并为一个加热源，萃取溶剂通过水蒸气加热传输到水蒸气与有机溶剂蒸气混合腔内，从而达到萃取挥发性成分的目的。有研究人员将传统装置的冷凝系统及混合腔进行了改进，简化了操作步骤，减小了仪器所占用的空间，缩短操作时间，提高了萃取效率。

13.7.2　影响萃取效率因素

同时蒸馏萃取作为一种广泛的香气物质提取技术，提取条件的优化至关重要。关于同时蒸馏萃取条件的优化，研究人员对所用溶剂、萃取时间、pH、萃取温度、盐析作用的参数和选择原则做了阐述。

① 萃取溶剂首先取决于该组分在有机相和水相中的分配系数，而组分的分配系数与所使用的萃取溶剂沸点、密度、极性等方面都有关系。在对同时蒸馏萃取的研究中，常用萃取溶剂有二氯甲烷、正戊烷、异戊烷、乙醚、己烷、氯仿、乙酸乙酯等。最常用的萃取溶剂是二氯甲烷，无论从挥发性、半挥发性组分萃取效率还是溶剂本身的物理性质（如沸点、密度等）考虑，二氯甲烷都是一种较为理想的萃取溶剂。张晓等人（2007）采用二氯甲烷和乙醚与正己烷的混合物提取黑比诺葡萄酒香气成分，结果显示用二氯甲烷提取到34种香气物质，用乙醚与正己烷的混合物提取到25种，且二氯甲烷提取的葡萄酒香气成分总量高于乙醚与正己烷的混合物。此外，混合萃取溶剂在SDE中也有应用，有实验表明，按照一定比例混合的混合萃取溶剂可以在一定程度上提高萃取效率。SDE中常用的一种混合溶剂为正戊烷和乙醚的混合物。

② 萃取时间对萃取效率有较大影响。一般而言，较长的萃取时间能够提高高沸点物质的萃取效率，但是萃取时间过长会导致低沸点物质的萃取率降低，特别是随着萃取时间的延长，一些不稳定的化合物会发生副反应，实际采用的萃取时间一般在1~4h之间。

③ 萃取温度包括试样水溶液的蒸馏温度、溶剂的蒸馏温度、冷凝温度。一般而言，在保证有效组分不被分解的前提下，水溶液的蒸馏温度越高，蒸馏的速度越快。但是，蒸馏温度过高会导致不稳定组分发生副反应。据相关文献报道，水溶液蒸馏温度控制在水溶液刚好沸腾为最佳。

萃取溶剂的蒸馏温度与萃取效率呈正相关，萃取温度越高，溶剂蒸发的速度越快，与物质结合的速度越快，从而提高萃取效率。根据有关文献报道，二氯甲烷蒸馏温度一般在40~60℃。

冷凝温度对萃取效率也有很大的影响。冷凝速度慢时，有利于冷凝后两相的充分接触，进而有助于萃取，因此，冷凝速度不宜过快。由于SDE系统是敞开体系，冷却效率不高会使水蒸气、溶剂蒸气逸出系统，造成组分的损失。

④ 水溶液盐浓度的大小是影响萃取效率的一个重要参数，有实验证明，当烟草水溶液盐浓度达到饱和时，能明显提高萃取效率。但是值得注意的是，盐浓度太高，会提高水溶液的沸点，使一些不稳定的挥发性物质在蒸馏过程中分解。因此，在实验过程中应根据实验需要调整盐浓度的大小。

13.7.3　同时蒸馏萃取的应用

SDE技术自问世以来在食品分析中的应用取得了迅猛发展，涉及酒类、乳制品、谷物、蔬菜、水果、肉制品、果汁饮料等诸多食品行业。陈悦娇等人（2005）运用SDE技术对乌龙茶香气成分进行了提取及分析，SDE法对乌龙茶中的脂肪醛、脂肪醇、萜烯醇类、酯类、α-法尼烯和β-紫罗酮等提取量较高，适用于加热香气的研究。徐禾礼等人（2010）运用SDE技术对不同品种荔枝香气成分进行了对比研究，不同品种的荔枝采用SDE法提取具有较高的回收率。SDE技术作为一种获得食品中挥发性成分重要的前处理技术，可确定食品中的主体香味成分，并可为食品品质监控及制作工艺完善奠定基础。

SDE技术同时也被人们广泛运用于植物精油的提取及分析中，且通过SDE萃取后的香气物质可直接进行气相色谱–质谱分析（GC-MS）分析。有研究人员考察了SDE技术对树莓叶片中挥发油提取效果的影响，确定了同时蒸馏萃取树莓叶片中挥发性成分的最佳方案。李丽梅等人（2006）采用同时蒸馏萃取法提取洋葱精油，确定了提取洋葱精油的最佳温度，并获得了较高的提取率。这些研究都为以后香料香精工业提供了理论依据及参考。

SDE技术在烟草上也有着非常广泛的应用。烟草的香气是人们生理感官对烟叶气息的综合感受，是衡量烟草质量及品质的重要指标，与烟草的化学成分息息相关。人们通过吸食烟草燃烧后的香味物质来满足自己的需求。烟草香气物质含量和性质与烟叶的外观品质关系密切，据报道，目前在烟叶中发现的致香物质有3000余种，按照致香官能团不同可将烟草香气物质分为酸类、醇类、酮类、醛类、酯类，有些香气物质含量极低，很难对其进行分离鉴定。随着化学分析工作的进步，更多的烟草香气物质被发现，对烟叶品质的评价也更加科学。早在20世纪50年代之前，研究人员开始研究烟草的香气物质，但由于研究水平和条件的限制，并未对烟草香气物质进行深入探究。随着科学技术水平的提高，特别是色谱、质谱、核磁共振等技术的开发，20世纪50年代以后，人们对烟草香气物质的研究逐渐成熟。当前，采用GC-MS分析烟叶挥发性物质已得到广泛运用。由于烟叶挥发性物质种类多且复杂，在分析之前需要对烟叶香气物质进行提取、净化、浓缩等前处理。因此，选择合适的前处理技术尤为重要。

SDE法作为一种常用的挥发性成分前处理技术广泛应用于烟叶挥发性成分的提取中，且SDE法结合气相色谱–质谱联用技术成为烟叶挥发性成分分析的重要手段之一。有研究人员对SDE法结合GC-MS联用技术在烟草香气成分分析上应用的可行性进行了考察，结果显示该方法在烟草挥发性成分提取与定性定量分析上均具有良好的效果。钟科军等人（2005）对比了固相微萃取和同时蒸馏萃取提取烟草香气物质的结果，发现同时蒸馏萃取的提取率较高（同时蒸馏萃取，92.77%；固相微萃取，91.49%），更有利于烟草香气物质的分析。有研究者采用多种萃取方法对烟用香精香气成分进行了提取，通过GC-MS分析，同时以色谱指纹图谱中提取特征组分的数目、含量、表征香精指纹性的能力，以及提取方法的重复性为考察指标，比对发现同时蒸馏萃取法能最大程度提取烟用香精样品的风味并具有较好的重复性，能够满足建立指纹图谱的要求。李小福等人（2008）对SDE法与减压蒸馏萃取法提取的烟叶香气物质进行了对比研究，发现SDE法具有良好的重复性和较好的回收率，适用于烟叶香气成分的定量分析。徐子刚等人（2006）采用同时蒸馏萃取法和超临界萃取法对烟草挥发性、半挥发性成分进行了提取分析，发现两种方法互补，能够更好地分析烟草香气特征。有学者对比了水蒸气蒸馏萃取和同时蒸馏萃取所提取的烤烟烟叶中的挥发性成分差异，发现同时蒸馏萃取法能够提取更多的挥发性成分，具有较高的提取率。丁超等人（2014）采用单因素分析结合响应面分析对同时蒸馏萃取法提取烟丝中挥发性成分的萃取条件（料液比、蒸馏时间、NaCl与烟样质量比、CH_2Cl_2体积与烟样质量比、水浴锅温度）进行了优化，为SDE法在烟叶挥发性物质分析上的应用提供了理论参考。

13.8 低共熔溶剂萃取法

低共熔溶剂（deep eutectic solvents，DESs）是继离子液体之后，被Abbott于2003年首次引入的一种新型绿色溶剂。DESs主要由氢键受体（HBA，季铵盐、季磷盐、甜菜碱、咪唑类氨基酸类等）和氢键供体（HBD，胺、酰胺、羧酸、氨基酸、糖、醇或其它多元醇等）通过较强的分子间氢键作用相结合，具有特殊的物理化学性质，如可忽略的挥发性、黏度可调谐性等。该溶剂继承离子液体的大部分优点，在天然产物提取过程中，DESs因能与溶质间形成较强的分子间氢键，其萃取能力远高于传统溶剂，甚至对不稳定生物活性成分具有良好的增稳作用。此外，DESs具有低毒性、生物降解性、可回收性、价格低廉、易于制备和储存等优点，在代替传统有机试剂和离子液体用于天然产物提取方面具有很大的潜力。

13.9 冷等离子体辅助提取法

冷等离子体（cold plasma，CP）是一类温度约为30~60℃的等离子体。美国物理学家Langmuir于1928年首次提出了等离子体的概念，指出等离子体是电子和离子达到电荷平衡的一种电离气体。后来有学者将等离子体的概念进一步总结为由正负离子、自由电子、自由基、电磁辐射量子、激发态或非激发态粒子组成的电离气体，整体呈电中性。冷等离子体的产生过程可分为电子碰撞阶段和重粒子碰撞阶段。

冷等离子体的载气可使用一种或多种气体，如空气、氧气、氮气、氦气、氩气等，其中空气是最常用的气体。冷等离子体常见的产生方式有大气压等离子体射流（APPJ）、介质阻挡放电（DBD）、电晕放电（CD）、微波放电（MD），该4种等离子体的产生方式如图13-5所示。

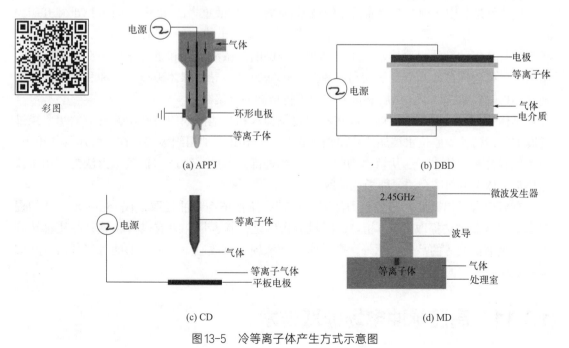

图13-5　冷等离子体产生方式示意图

冷等离子体在食品组分改性方面的主要研究对象是淀粉和蛋白质，气体电离产生的活性化学物质能够改变这些大分子物质的结构，促进分子间的交联与解聚以及新官能团的形成，从而达到改变功能特性的作用；冷等离子体可以使包装材料表面官能化，即在聚合物材料表面形成官能团（如含氧或含氮基团）进而优化包装性能。此外，还可用于提高食品包装的印刷效果和包装表面的杀菌效果；臭氧和羟自由基被认为是冷等离子体降解农药的主要活性成分，可通过氧化作用破坏与毒性有关的官能团或化学键使农药降解。

冷等离子体技术作为一种新兴的非热物理加工技术，能够在最大限度保持蛋白质营养价值的同时改变蛋白质的结构，优化蛋白质的功能特性，且在使用过程中无需额外添加化学试剂，无残留物、高效节能、环境友好，是传统蛋白质功能改性技术良好的替代方法。但目前冷等离子体技术在实际应用中并不十分成熟：① 缺乏与传统蛋白质功能改性方法的对比研究，冷等离子体技术虽然有着自身独特的优势，但要真正作为传统改性方法的替代技术就必须与酶法、化学法等技术进行全方面的对比研究，如效率、稳定性等；② 安全性研究不足，冷等离子体中的有效活性成分复杂，作用于食品蛋白质后的安全性需要大量的实验来验证；③ 技术条件不明确，设备、气体、电压、频率等这些因素都会影响到冷等离子体的工作效率，尤其是气体，电离后产生的化学活性成分在很大程度上取决于气体的类型，而且稀有气体的用量也会直接影响到使用成本。

13.10　微波水扩散重力法

研究表明微波提取是一种从植物原料中提取目标成分的有效技术手段并且优于传统的提取技术。主要表现为缩短了提取时间，使用更少的提取溶剂，甚至是无溶剂。伴随着CO_2减排等环境保护措施，研究人员也不断研发出新型的绿色环保的提取技术，微波水扩散重力法就是其中一种植物精油提取的技术。微波水扩散重力法（microwave hydrodiffusion and gravity, MHG），是Chemat和他的团队于2008年提出的一种新型的、绿色的、有效的、经济并且环保的精油提取技术，主要利用"颠倒的"微波加热和重力作用，在微波辐照的作用下，植物内部的水分受热使得细胞发生膨胀，进而导致腺体破裂，精油和水从植物细胞内部扩散到细胞外部，然后靠重力作用进行精油的收集。

具体地，将被提取植物直接放在不需要添加水和其他溶剂的特殊微波反应器里，经过微波加热，植物中原位水被加热致使细胞膨胀，后导致含油组织破裂，在大气压的作用下，使香气成分和原位水一起从植物细胞内转移到外部。因此，微波水扩散重力法是利用微波加热与地球引力相结合的一种绿色提取技术。

有研究者采用微波水扩散重力法对两种芳香草本植物精油提取，仅15min该方法的提取率就与水蒸馏法提取90min相当，经过分析鉴定，其含量、组成成分和感官品质都达到了与水蒸馏法同等的品质；此外，微波水扩散法提取有效避免了90%的能源消耗所导致的温室效应的气体的排放。

13.11　高压脉冲电场提取技术

高电压脉冲电场提取技术是指一种采用脉冲电场技术（high intensity pulsed electric

fields，PEF）对大豆油脂、苹果果胶等进行提取的技术，该技术主要基于 PEF 可以实现细胞膜的穿孔，对提取细胞内的成分具有很好的作用效果。高压脉冲电场的设置采用的是连续流动式处理装置，主要由高电压脉冲电源、PEF 处理室、示波器、蠕动泵、温度测量系统等组成（图 13-6）。通过示波器可见波形为近似三角波，可通过示波器获得电压极值和平均值，物料流经处理室是 PEF 作用的结果。物料通过泵的作用通过处理室，并被成品罐收集，在处理过程中，可以调整相应的 PEF 控制部分，获得不同的作用参数，如场强、脉冲数等。

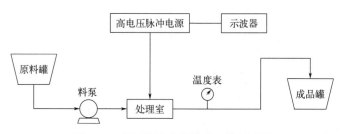

图 13-6　高压脉冲电场处理工艺原理图

目前已有学者利用 PEF 对中国林蛙多糖进行提取，并将其与碱提取法、酶提取法以及复合酶提取法进行了比较，结果表明，PEF 在增加细胞内物质溶出方面效果显著。用高电压脉冲电场技术处理胡萝卜碎块，胡萝卜汁的提取率提高了 50%。采用 PEF 作为辅助场提取大豆油脂，可以在常温下完成大豆油脂的浸提过程，缩短了浸提时间，并对油脂的热影响降至最低。将经过预处理的大豆和有机溶剂通过 PEF 处理装置，回收液经过分离有机溶剂而获得大豆油脂。通过引入 PEF 技术，实现了大豆油脂的常温提取，并为后续豆粕的再加工创造了条件，可以极大地提高企业的能动性，节省企业的流动资金，提高副产品的开发生产利用率。PEF 技术具有非热、作用时间短、效率高、操作简便、成本低等突出的优势，该技术适用范围极广，在工业、农业、医学以及许多基础学科研究方面的应用前景十分可观。

第14章

分离纯化技术

14.1 膜分离

膜分离法是指用天然或人工合成的、具有选择性透过能力的薄膜，以外界能量或化学位差为推动力，对双组分或多组分体系进行分离、分级、提纯或富集的过程。

膜分离技术发展历程大致分为三个阶段：1950年，主要进行膜分离科学的基础理论研究以及膜分离技术在分离富集微生物、微粒和元素方面的初步研究；1960~1970年，主要进行微滤、反渗透、超滤、渗透和气体分离等技术的研究，使多种膜分离技术广泛得到应用；1980年以后，主要进行新的薄膜材料和分离方法的开发。

膜的用途主要有以下四个方面：① 浓缩，目的产物以低浓度形式存在，因此需要除去溶剂（截留物为产物）；② 纯化，除去杂质；③ 分离，将混合物分为两种或多种目的产物；④ 反应促进，把化学反应或生化反应的产物连续取出，能提高反应速率或提高产品质量。

膜分离法的优点：分离效能高、选择性高，可在分离、浓缩的同时达到部分纯化；不发生相变，能耗低；工作温度在室温附近，适合热不稳定物质分离；设备体积小、占地少、结构紧凑、维修费用低、易于自动化；系统可密闭循环，防止外来污染；不外加化学物质，透过液可循环使用，降低了成本，减少环境污染。膜分离法的缺点：膜面会发生污染，膜性能降低；其耐药性、耐热性、耐溶剂能力都有限，使用范围受限；单独使用膜分离效果有限，往往将膜分离技术与其他分离技术结合使用。

膜分离主要依靠四种不同的推动

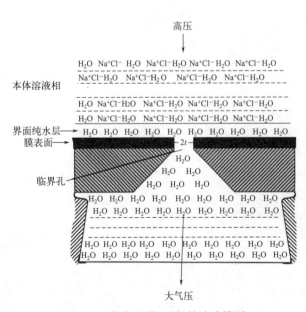

图14-1　优先吸附-毛细管流动模型

力，其中透析技术是以浓度差为推动力的过程；电透析、离子交换电渗析是以电场力为推动力的过程；微滤、超滤、反渗透是以静压力差为推动力的过程；膜蒸馏、渗透蒸馏是以蒸气压差为推动力的过程。

14.1.1 反渗透过滤

（1）反渗透过滤的发展

1953年美国加利福尼亚大学的Loeb和Sourirajan博士发现了醋酸纤维素（cellulose acetate，CA）优良的半透性；1960年，Loeb和Sourirajan博士首次制成了具有历史意义的高脱盐、高通量的非对称CA反渗透膜；1968年，美国孟山都和杜邦公司发现芳香聚酰胺膜的优良性能，并相继推出B-9和B-10中空纤维渗透器；1978年，Filmtech公司的Cadotte首先实现了以聚砜超滤膜为基膜，由界面聚合法制得交联芳香族聚酰胺复合膜；1980年，Filmtech公司推出性能优异、实用性强的FT-30复合膜；20世纪80年代末，高脱盐交联芳香聚酰胺复合膜实现工业化；20世纪90年代中，超低压高脱盐交联芳香聚酰胺复合膜也开始进入市场。而我国对于反渗透的研究始于1965年，尽管研究较早，但反渗透膜和组器件的整体技术和性能与国际先进水平相比仍有较大差距。目前，反渗透膜分离技术是在海水和苦咸水淡化方面最经济、应用最多的技术，是制备超纯水和纯水的优选技术；除此之外，还可以用于料液的分离、纯化、浓缩、废液再生回收利用，微生物、细菌分离控制等方面。

（2）反渗透过滤的原理

反渗透主要是包括两个部分：①半透膜，只允许溶剂分子通过，而不允许溶质分子通过的膜；②渗透，在相同外压下，溶液与纯溶剂被半透膜隔开时，纯溶剂会通过半透膜使溶液浓度降低的现象。

如果用一张只能透过水而不能透过溶质的半透膜将两种不同浓度的水溶液隔开，水会自然地透过半透膜从低浓度水溶液向高浓度水溶液一侧迁移，这一现象称渗透。这一过程的推动力是低浓度溶液中水的化学位与高浓度溶液中水的化学位之差，表现为水的渗透压。随着水的渗透，高浓度水溶液一侧的液面升高，压力增大。当渗透达到平衡，两侧的压力差就称为渗透压。渗透过程达到平衡后，水不再有渗透，渗透通量为零。如果在高浓度水溶液一侧加压，使高浓度水溶液侧与低浓度水溶液侧的压差大于渗透压，则高浓度水溶液中的水将通过半透膜流向低浓度水溶液侧，这一过程就称为反渗透。

反渗透膜分为非荷电膜和荷电膜。非荷电膜分离机理主要有毛细管流机理（氢键理论、筛网效应、选择吸附——毛细孔流机制）、溶解扩散理论、孔隙开闭机理等。荷电膜分离机理是库伦斥力作用。

关于反渗透膜的透过机理，自20世纪中期以来，诸多研究者先后提出了多种反渗透膜的透过机理和模型，其中主要包括以下四种理论模型。

① 优先吸附-毛细管流动模型（pre-adsorption-capillary flow model）（图14-1）

1970年，Sourirajan等人提出了优先吸附-毛细孔流动理论。当水溶液与亲水膜接触时，膜表面的水被（优先）吸附，溶质被排斥，因而在膜表面形成一层纯水层，这层水在外加压力作用下进入膜表面的毛细孔，并通过毛细孔而流出。

② 溶解-扩散理论（solution-diffusion theory）

1972年，Lonsdale和Riley等人提出了溶解扩散模型。该模型假设：反渗透膜的活性皮层是理想的无任何缺陷的致密无孔膜；溶质和溶剂都能溶解于均质膜表面（活性皮层）；以化学位差为推动力，通过分子扩散实现渗透过程，溶质和溶剂在膜中的扩散过程遵循Fick扩散定律。

③ 氢键理论（hydrogen bond theory）

1959年，Reid等人提出氢键理论，并通过醋酸纤维膜进行了解释。该理论认为，膜的表面很致密，其上有大量的活化点，键合一定数目的结合水，这种水已失去溶剂化能力，盐水中的盐不能溶于其中。进料液中的水分子在压力下可与膜上的活化点形成氢键而缔合，使该活化点上的其它结合水解缔下来。该解缔的结合水又与下面的活化点缔合，使该点原有的结合水解缔下来，该过程不断从膜面向下层进行，水分子从膜面进入膜内，最后从底层解脱下来成为产品水。

④ 自由体积理论（free volume theory）

1968年，Yasuda等人在自由体积的基础上提出了自由体积理论。该理论认为，膜的自由体积包括聚合物的自由体积和水的自由体积。聚合物的自由体积指的是无水溶胀的由无规则高分子线团堆积而成的膜中，未被高分子占据的空间。水的自由体积指的是在水溶胀的膜中纯水所占据的空间。水可以在膜的自由体积中迁移，而盐只能在水的自由体积中迁移，从而使得膜具有选择透过性。

（3）反渗透膜的类型

按膜的结构特点分类，反渗透膜主要有两种形式，即非对称反渗透膜和复合反渗透膜（图14-2）。工业化膜产品以复合反渗透膜为主。

复合反渗透膜与非对称反渗透膜相比，具有以下几个优点：

① 分离层和支撑层易于控制，满足不同使用要求；

② 复合反渗透膜中超薄分离层可用的聚合物种类较多；

③ 复合反渗透膜中的超薄分离层具有高亲水性，又有好的耐溶胀性，从而在高脱盐情况下，能保持较高的透水率。

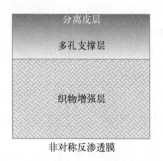

图14-2　反渗透膜结构

（4）反渗透膜在食品行业中的应用

反渗透技术在食品的精制、提纯与浓缩方面有着广泛的应用。纤维素反渗透膜常用来浓缩果蔬汁，它对醇和有机酸的分离率较低，可以使浓缩果汁有更好的芳香感与清凉感。例如，采用蒸发法浓缩的果汁，其中芳香成分几乎全部消失，而采用反渗透法，芳香成分可保留30%~60%，而且脂溶性部分比水溶性部分保留更多，同时反渗透浓缩与蒸发浓缩相比可以显著地降低能耗。Rektor等（2004）采用丹麦DDS公司生产的HR-30和ACM-2型

RO膜（反渗透膜）浓缩葡萄汁均取得较好效果，在操作温度35℃、操作压力5MPa、循环流量300L/h时，对花青素的截留率可达到99.5%。利用反渗透浓缩技术能将牛奶中低分子量组分如乳糖和盐分去除获得高蛋白质奶品。出于对健康的考虑，无醇啤酒的消费量有了显著提高，Jackowski等（2018）综述了反渗透技术在无醇啤酒生产中的应用。如图14-3所示为工业应用的反渗透装置，其膜组件之间的连接如图14-4所示。

彩图

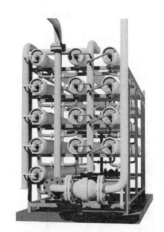

彩图

图14-3　工业应用的反渗透装置　　　图14-4　工业应用的反渗透装置的膜组件之间的连接

14.1.2　微滤

微滤又称"微孔过滤"，是以静压力差为推动力，利用膜的"筛分"作用进行分离的膜分离过程。微孔膜具有明显的孔道结构，主要用于截流高分子溶质或固体微粒。在静压力差的作用下，小于膜孔的粒子通过滤膜，粒径大于膜孔径的粒子则被阻拦在滤膜面上，使粒子大小不同的组分得以分离。微滤分离的离子大小范围如图14-5所示。

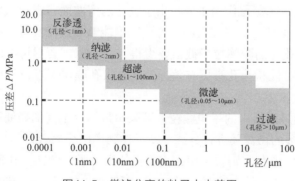

彩图

图14-5　微滤分离的粒子大小范围

（1）微孔膜的特点

微孔膜是均匀的多孔薄膜，厚度在90~150μm之间，过滤粒径在0.025~10μm之间，操作压力为0.01~0.2MPa。当前，国内外商品化的微孔膜约有13类，总计400多种。

微孔膜的主要优点为：孔径均匀，过滤精度高，能将液体中所有大于孔径的微粒全部截留；孔隙大，流速快。一般微孔膜的孔密度为107孔/cm²，微孔体积占膜总体积的

70%~80%。由于膜很薄，阻力小，其过滤速度较常规过滤介质快几十倍；无吸附或少吸附。微孔膜厚度一般在90~150μm之间，因而吸附量很少，可忽略不计，且无介质脱落。微孔膜为均一的高分子材料，过滤时没有纤维或碎屑脱落，因此能得到高纯度的滤液。

微孔膜的缺点：颗粒容量较小，易被堵塞；使用时必须有前过滤的配合，否则无法正常工作。

（2）微滤膜的截留作用机理

微滤分离机制复杂、影响因素较多，现有研究认为，微滤膜的分离机理多为筛孔分离过程，膜的结构对分离起决定性作用。此外，吸附、膜表面的化学性质和电性能等因素对分离也有影响，这些也是微滤膜及其分离技术研究的主要方向之一。对于固液分离的微滤过程，其截留作用主要有图14-6中所示的几种。

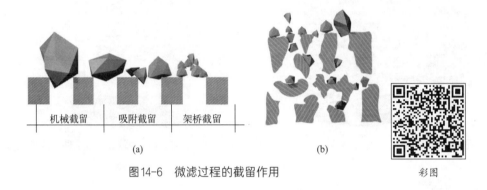

图14-6　微滤过程的截留作用　　　　　　　　　　　　彩图

① 机械截留作用：微滤膜将尺寸大于其孔径的固体颗粒或颗粒聚集体截留，而液体和尺寸小于膜孔径的组分可以透过膜，即筛分作用。

② 吸附截留作用：Pusch等（1982）认为，除了要考虑孔径因素外，还要考虑微滤膜表面通过物理或化学吸附作用，将尺寸小于其孔径的固体颗粒截留。

③ 架桥作用：固体颗粒在膜的微孔入口处因架桥作用而被截留。

④ 孔内部截留作用：孔内部截留作用主要是由于膜孔的弯曲而将微粒截留在膜的内部而不是在膜的表面。Davis等（1992）研究表明，弯曲孔膜能够截留比其标称孔径小得多的胶体，而柱状孔膜对小于其孔径的胶体粒子截留要少得多。所以需要尽可能除去悬浮液中的所有颗粒时，弯曲孔膜相对柱状孔孔膜更有效。但是柱状孔膜用于悬浮液中颗粒的分级时较弯曲孔膜更有效。

⑤ 静电截留：为了分离悬浮液中的带电颗粒，可采用带相反电荷的微滤膜，这样就可以用孔径比被分离尺寸大许多的微滤膜进行分离，既可达到预期分离效果，又可增加通量。通常情况下，很多颗粒带有负电荷，则宜采用带正电荷的微滤膜。例如：孔径为0.2μm带正电荷的尼龙微滤膜对水中的热原的去除率大于95%，而孔径0.22μm的不带电荷的醋酸纤维微孔膜对热原的去除效果则不理想。

（3）微滤操作模式

① 常规过滤（静态过滤或死端过滤）

原料液置于膜的上游，在压差推动下，溶剂和小于膜孔的颗粒透过膜，大于膜孔的颗粒则被膜截留，该压差可通过上游加压或下游侧抽真空产生。在操作中，随时间的增长，被截留颗粒会在膜表面形成污染层，使过滤阻力增加，随着过滤过程的进行，污染层将不断增厚和压实。微滤的过程如图14-7所示。

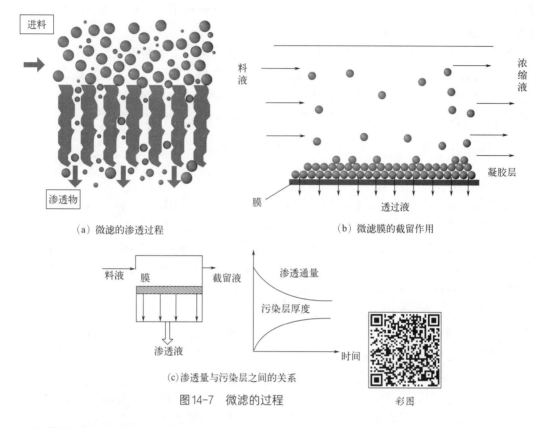

（a）微滤的渗透过程　　　　　（b）微滤膜的截留作用

（c）渗透量与污染层之间的关系

图14-7　微滤的过程

彩图

② 错流过滤（动态过滤）

原料液以切线方向流过膜表面。溶剂和小于膜孔的颗粒，在压力作用下透过膜，大于膜孔的颗粒则被膜截留而停留在膜表面形成一层污染层。与常规过滤不同的是，料液流经膜表面产生的高剪切力可使沉积在膜表面的颗粒扩散返回主体流，从而被带出微滤组件，使污染层不能无限增厚。错流过滤与常规过滤的对比如图14-8所示。

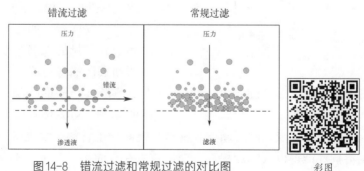

图14-8　错流过滤和常规过滤的对比图

彩图

（4）微滤技术的应用

微滤的膜过滤技术往往用于石油工业的废水处理中。由于石油工业废水处理往往会消耗大量的能耗，并且分离的效果不甚理想，所以工作人员可以利用膜过滤技术创新石油工业废水处理技术，以经济和有效的方式来实现石油工业废水的绿色过滤。这种微滤膜的过滤方式和传统的石油工业废水过滤方式相比更加温和，能够减少能源的消耗；同时膜过滤技术具有操作较为简洁，而且应用效率较高的优点，是一种十分值得大力推广的先进处理技术，在实际应用中能够比理论中获得更大的优势。

伊勇涛等（2016）考察了膜技术在茶香烟用香料分离、浓缩制备中的应用，发现将茶提取原液加入卷烟中，茶特征香韵及清甜感明显，香气量丰富、厚实，但整体烟气状态偏粗糙，口腔有涩感及残留。将微滤分离处理得到的茶提取液加入卷烟中，香烟的茶特征香韵明显，清甜韵增强，烟气状态改善，口腔的舒适度略有提升。

14.1.3 超滤

（1）超滤的原理

超滤是以压力为推动力，利用超滤膜的不同孔径对液体中溶质进行分离的物理筛分过程，主要用于液相物质中大分子化合物、胶体分散液和乳液等物质的分离，不能截留无机离子。一般来说，超滤膜的孔径在1~20nm之间，操作压力为0.1~0.5MPa。我国超滤技术开始于20世纪70年代，研制出了管式超滤膜及组器，80年代快速发展，90年代研制了不同结构的超滤膜及装置，获得广泛应用并取得显著效益。

（2）超滤膜的筛孔分离过程

原料液中溶剂和小粒子从高压的料液侧透过膜到低压侧，大分子组分被膜阻拦，超滤膜具有选择透过性的原因是膜具有一定大小和形状的孔的表层，而且聚合物的化学性质对膜的分离也有影响，超滤膜的过滤原理见图14-9。

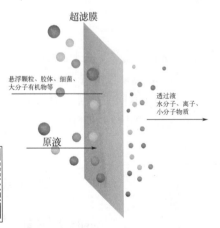

彩图　图14-9　超滤膜的过滤原理示意图

大分子溶质不能透过膜，一部分被吸附在膜的表面上和孔中（基本吸附）；一部分被保留在孔内或从孔内被排出（堵塞）；另一部分机械地被截留在过滤膜表面（筛分）。

（3）超滤的应用

超滤技术广泛用于食品工业、电子工业、水处理工程、医药、化工等领域，并在快速发展着，如牛奶或乳清中蛋白质和低分子量的乳糖与水的分离；果汁澄清和去菌消毒；酒中有色蛋白、多糖及其它胶体杂质的去除；酱油、醋中细菌的脱除。超滤技术较传统方法显示出经济、可靠、保证质量等优点。随着新型膜材料功能高分子材料、无机材料的开发，膜的耐温、耐压、耐溶剂性能得以大幅度提高，超滤技术在石油化工、化学工业以及更多领域的应用将更为广泛。

14.1.4 纳滤

纳滤膜是二十世纪八十年代在反渗透复合膜基础上开发出来的，是超低压反渗透技术的延续和发展分支，早期被称作低压反渗透膜或松散反渗透膜。目前，纳滤膜已从反渗透技术中分离出来，成为独立的分离技术。纳滤膜主要用于截留粒径在0.1~1nm，分子质量为1000Da左右的物质，可以使一价盐和小分子物质透过，具有较小的操作压力（0.5~1MPa）。其被分离物质的尺寸介于反渗透膜和超滤膜之间，但与上述两种膜有所交叉。目前关于纳滤膜的研究多集中在应用方面，而有关纳滤膜的制备、性能表征、传质机理等的研究还不够系统、全面。进一步改进纳滤膜的制作工艺，研究膜材料改性，将可极大提高纳滤膜的分离效果，并延长其清洗周期。

14.1.5 集成膜技术

（1）集成膜的原理

集成膜技术是由微滤、超滤、纳滤、反渗透、电渗析和渗透蒸发法等单元操作中某两个或两个以上操作单元集成的优化组合。集成膜系统是应用集成膜技术开发出来的，应用在生产中不同环节，是浓缩，大孔树脂、活性炭吸附和冷却结晶等传统工艺的有效替代和补充。与传统分离方法相比，膜技术具有成本低、能耗低、效率高、无污染并可回收有用物质的特点，特别适合于热敏性组分、生物质组分等混合物的分离，在处理低浓度、低含盐量的溶液时其优势更明显。

（2）集成膜在香精行业的应用

精细化工产品（染料、农药、医药、香料、食品添加剂、涂料等）分子质量大都在200~100000Da，生产过程耗水量大，且产生的废水中含有有用物质以及高浓度杂质，色度高，化学需氧量（chemical oxygen demand，COD）高，酸碱度高。超滤和纳滤所截留的物质分子质量范围分别为2000~100000Da和100~2000Da，因而可以利用膜元件的选择透过性来处理精细化工产品生产过程中的废水，回收废水中的有用产品，对其进行资源化利用，为企业增加效益。

将纳滤膜与超滤膜联合应用技术用于天然香料的浓缩与分段处理，利用其在常温下操作无相变、能耗低的特点，适用于热敏性物质和生物活性物质的处理，解决传统香料提取生产中香料受热时间过长、提取过程能耗高等关键共性问题，提高了天然香料品质和实现清洁生产，从而促进香料行业的技术升级改造。

有研究人员设计了一种无损耗膜分离香料提取装置（图14-10），包括底板，底板的上

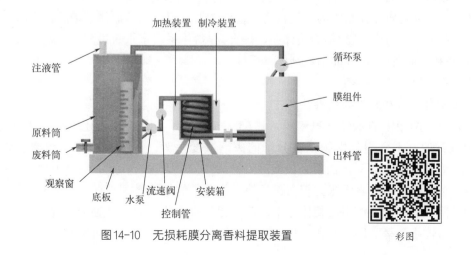

图14-10 无损耗膜分离香料提取装置

彩图

侧壁固定连接有原料筒，原料筒的侧壁固定连接有水泵，水泵的进水端与原料筒的侧壁固定连通，底板的上侧壁固定连接有安装箱，安装箱的左右两侧的侧壁分别固定连接有加热装置和制冷装置，安装箱的内部固定连接有控制管，水泵的出水端固定连通有连接管。该提取装置能够过滤料液中因为冷热交替而脱落的颗粒物，避免颗粒物对产品质量的影响且能够便于拆装清理，提高了操作人员的工作效率，在运输液料的过程中也保证了液料温度的合适，提高了提取香料的质量。

14.2 双水相萃取分离技术

（1）双水相萃取技术的发展

双水相萃取技术是利用被提取物质在不同的两相系统间分配行为的差异进行分离的，具有较高的选择性和专一性，能有效分离细胞匀浆中的极微小碎片，提取醛、酮、醇等弱极性至无极性香味成分，提取过程不需加热和相变，分相时间短，能耗低，应用于挥发油的提取颇有前景。现许多研究者将其运用于挥发油的分离提纯中，如生姜中姜油树脂的双水相萃取。

双水相体系（aqueous two-phase system，ATPS）最初是由两种聚合物［如聚乙二醇（PEG）和葡聚糖（DEX）、PEG和羟丙基淀粉（PES）］或一种聚合物与一种盐（如PEG和硫酸铵、PEG和磷酸钾）在水中以一定浓度混合时，可形成互不相溶且含水量高的两相，其中一相富含一种聚合物，另一相富含另一种聚合物或盐的两相体系。这种现象最早是1896年Beijerinck将某一浓度的琼脂水溶液与可溶性淀粉或明胶混合时发现的。但是直到1955年，此现象首次被Albertsson成功地应用在叶绿体的分离。同时，Albertsson还发现了PEG、磷酸钾和水，以及PEG、葡聚糖和水可以形成两相，也意识到此类体系可作为生物物质下游工程中一项重要分离技术的潜在用途。70年代中期，Kula和Kroner等采用双水相体系从细胞匀浆液中提取酶和蛋白质，使胞内酶的提取效果大为改善，这为生物分子的分离纯化提供了一条新的途径。80年代末，Diamond等以Flory-Huggins理论为基础，推导出双水相体系的热力学模型及生物分子在体系中的分配模型，初步解释了双水相体系的分相机理。近年来，该技术的研究发展很快，已经广泛应用于生物工程、药物工业和发酵工程等各个领域。尽管如此，迄今为止还没有比较完善的理论来解释和预测双水相体系的分相机理以及目标物质在体系中的分配行为。目前，根据双水相萃取体系中成相物质的不同，双水相体系主要分为聚合物/聚合物体系、聚合物/盐体系、亲水有机溶剂/盐体系、离子液体/盐体系和表面活性剂/表面活性剂体系五种。

（2）双水相萃取的特点

① 萃取环境温和，生物相容性高

一方面，两相中的水分含量一般可达65%~90%，萃取是在接近生物分子生理环境的体系中进行的，不会引起生物活性分子的失活或变性等。另外，一些成相物质如PEG、Dextran（右旋糖酐）等对蛋白质、核酸等生物活性分子无毒害作用。另一方面，传统疏水有机溶剂萃取体系不仅表面张力较大，易使生物分子的结构遭到破坏，而且有机溶剂往往对生物活性分子有变性作用。相比之下，双水相萃取在此方面有其独到的优越之处，其相间界面张力较小，萃取环境温和，且一些成相聚合物所特有的结构对生物大分子不但不会进行破坏，反而有稳定保护的作用。

② 传质速率快，操作时间短

双水相体系中两相的含水量大，界面张力小，具有较快的传质过程和平衡过程，因此相对于某些分离纯化过程，其能耗较小，两相可以实现快速分离，一般自然分相时间只需5~15min。

③ 操作条件温和，所需设备简便

整个操作过程可以在常温常压下进行，与传统固/液分离方法相比，双水相萃取技术在萃取的同时，细胞碎片等固体杂质会富集于两相界面，直接实现与目标物质的快速分离，这样可以减少后续的分离步骤，使整个分离过程更优化，更经济。

④ 影响因素复杂，可以采取多种方法提高目标物质的选择性或者回收率

目标物质的选择性和回收率受到与体系性质相关的一系列参数（如成相物质的种类和浓度、pH值以及温度）和目标物质（如电荷、疏水性和分子量）以及二者之间相互作用的影响。正是由于分配过程中化学和物理作用的复杂性，仅仅通过调节体系的性质，就可以使双水相萃取技术成为一种强大的、高选择性或者高收率的分离技术。

⑤ 可进行萃取性生物转化

一方面，生物细胞转化反应与所生成的反应产物分别富集于不同相，这样不仅使生物反应和生物产物的分离同时进行，而且避免了产物反馈抑制作用造成反应效率低及副反应发生等问题。另外，二者的集成，有利于生物催化剂的重复利用以及产物的进一步纯化。另一方面，与不含聚合物的培养基或缓冲溶液相比，催化剂、细胞以及产物在双水相体系中都有类似的活性和稳定性。因此，该技术尤其适用于连续生产。

⑥ 易于连续化操作和工艺放大

化学工业中，双水相萃取工艺的放大可以采用工业中传统萃取所使用的设备进行；具体操作可运用化学工程中的萃取原理进行放大，各种操作参数可以按相应比例放大，而产物的回收率几乎不受影响。Albertson证明，分配系数（K）主要由体系和目标物质的性质和体系的温度决定，和目标物质的浓度以及两相的体积比没有关系，这是其他过程所不能比拟的，而且该体系易于与后续提纯工序直接相连。

（3）双水相萃取的应用

李文良（2013）将双水相萃取技术应用于天然烟用香料的开发，采用该技术对六种天然植物（甘草、无花果、苹果汁、可可、咖啡和葫芦巴）的浸膏进行了分离纯化，并对分离后乙醇相、盐相的加香评吸效果进行评价，结果显示无花果、甘草、苹果汁和可可的双水相提取液具有作为烟用香料的明显优势，该研究表明双水相萃取技术在烟用香料的开发中具有重要的应用价值；另外，研究结果也暗示着传统的分离萃取方法（如乙酸乙酯、正丁醇萃取）以及产品安全性的限制可能错过了很多有价值的天然植物，而双水相萃取技术可以弥补这些缺憾，为开发新的烟用香料提供新的思路。王全泽等（2019）采用该方法对罗汉松松枝叶挥发油提取工艺进行了研究，经过筛选确认了以β-环糊精-硫酸钠为体系，通过实验得出罗汉松枝叶挥发油的最佳工艺条件为：萃取时间35min，β-环糊精浓度40%，硫酸钠浓度15%，萃取温度30℃，在此条件下罗汉松枝叶挥发油得率为1.372%。王娣等（2019）利用β-环糊精/硫酸钠双水相从百里香中提取精油成分，在β-环糊精0.45g/mL、硫酸钠0.20g/mL、萃取温度45℃等条件下，精油平均萃取收率达95%。

精油的芳香气味由多种芳香味的挥发性成分形成，不同芳香性成分的芳香效果差异较大。利用双水相萃取，可针对其中一种或一类芳香性化合物，探讨具有专一性或选择性的提取工艺。

14.3 微胶囊技术

（1）微胶囊的发展

微胶囊化是指采用天然或者人工的高分子材料通过膜技术对微量颗粒、液滴或者气体物质进行包封的技术。在20世纪50年代，由于对粒度更小胶囊的需求，微胶囊技术应运而生，并逐渐成为学术界和工业领域的研究热点，在70年代中期的发展速度迅猛。目前，该技术已在医药、食品、生活用品等领域得到广泛应用。微胶囊化技术具有颇多优点，不仅可以阻挡所处的环境因素对被包封的芯材的影响，例如香料香精大多易于挥发，易与其他组分发生反应，对高温、湿度大的环境因素敏感等，将香料香精进行微胶囊包封后可以较好地保护易挥发的成分，提高其热稳定性和加工性，还能改进其缓释性，起到延长留香时间的作用，在潜香产品方面具有十分广阔的应用前景。

微胶囊通常包括芯材与壁材两部分。芯材为活性物或者有效填充物，可以是亲水性或者疏水性的固体、液体、气体物质，主要包括染料和颜料等色素、薄荷油等香料香精、油等调味品、阿司匹林等药物、杀虫剂等农用化学品。壁材分为无机材料和有机材料，例如有机聚合物、无机氧化物、水溶胶、多糖类等。最重要的是，对于壁材的选择，取决于被包埋芯材的物理性质。如果是包埋疏水性的芯材，壁材宜选择亲水性的聚合物；如果是亲水性的芯材，则应选择非水溶性的高分子材料来包埋，表14-1列出了可用作微胶囊壁材的聚合物的性质，分为食用价值、壳的形成能力、纤维的形成能力以及凝胶的形成能力。

表14-1 可用作微胶囊壁材的聚合物的性质

壁材聚合物		食用价值	壳的形成能力	纤维的形成能力	凝胶的形成能力
天然高分子材料	明胶	×	× ×	×	× × ×
	阿拉伯树胶	×	×		× × ×
	海藻酸及其盐	×	×	×	× × ×
	淀粉	×			×
半合成高分子材料	醋酸纤维素	×	× ×	× ×	
	乙基纤维素	×	×		×
	硝酸纤维素	×	× ×	× ×	
全合成高分子材料	聚谷氨酸及其共聚物	×	×		
	聚乳酸及其共聚物	×	×		
	聚乙烯醇	×		× ×	×
	乙烯-醋酸乙烯共聚物	×	×		

注：×，× ×，× × ×表示所列性质的性能相似度，"×"的数量越多表示相似度越高。

选用的壁材以及制备方法的不同均会影响微胶囊的形状、结构和粒径大小。单油滴或者单核（芯）的微胶囊呈现的是连续的芯材被连续的壁材包埋的状态；多核或无定型的多核微胶囊、微胶囊簇、复合的微胶囊等的芯材都被分成多个部分嵌于壁材中；双壁微胶囊则为连续的芯材被多层壁材包埋的状态。

微胶囊按照粒径大小可以分为毫米级胶囊（大于1000μm）、微米级胶囊（1~1000μm）和纳米级胶囊（小于1μm）。

微胶囊按照用途可分为以下几种类型：

① 缓释微胶囊：采用具有缓释性能的天然或者合成的高分子材料作为壁材，可分为生物降解型和非生物降解型，相当于半透膜，在一定条件时芯材才可透过，起到延长芯材的释放时间的作用；

② 压敏型微胶囊：施以微胶囊一定压力，胶囊壁材破裂后流出待反应的芯材，芯材在环境改变下发生化学反应而呈现颜色变化等现象；

③ 热敏型微胶囊：升温微胶囊使得壁材受热软化或者破裂，释放出芯材；

④ 光敏型微胶囊：一般包裹光敏芯材物质，壁材破裂后，芯材选择性地吸收特定波长的光后，由于感光或者分子能量的跃迁，发生相应的反应；

⑤ 膨胀型微胶囊：利用热塑性的高气密性的壁材来包裹挥发性高的低沸点溶剂，当升高胶囊的温度超过芯材的沸点时，溶剂蒸发使胶囊逐渐膨胀，同时当胶囊冷却后，其依旧能保持膨胀前的状态。

随着食品工业不断发展壮大，人们对香精的要求越来越高，制备香料微胶囊能够弥补香料香精易于挥发、溶解性差等不足。香料微胶囊化可以使包埋的香料在特定条件下缓慢释放香气，能够减少外界环境对香料分子的影响，有效阻止风味物质的挥发，还可以使液态香精固体化，便于贮存与使用，为香料香精的多方面、宽领域、深层次的开发利用提供了切实可行的技术指导，极具研究价值。

（2）微胶囊在香料中的应用

吴艳丽等（2013）采用γ-聚谷氨酸和壳聚糖作为壁材、吐温-80作为乳化剂、乙醇为溶剂，通过聚电解质自组装法，制备出茉莉香精微胶囊，平均粒径大小为153nm，且在室温下具有缓释能力，可用于香精缓释。Siow等（2013）选用明胶和阿拉伯胶（两种相反电荷的聚合物），通过复凝聚法来包裹大蒜油，制得的大蒜油微胶囊在45℃下贮存12天形态保持良好，未出现氧化现象。吴珺（2014）选取明胶和阿拉伯胶作为壁材，制得生姜精油微胶囊，与未经包埋的生姜精油相比较，稳定性提高。热重分析结果表明，采用微胶囊包埋后生姜精油热稳定性大大提高，且其挥发性显著降低。对洗漱用品中所要添加的芳香植物精油进行纳米微胶囊化，可以避免其在贮存和使用时与其他组分反应而影响去污和加香效果。化妆品和护肤品的活性组分进行纳米微胶囊化，可以将其浓度控制在理想范围内，留香时间也得到延长，从而减少涂抹次数，避免对敏感皮肤造成刺激。邓凌云等（2017）以二氧化硅作为壁材，通过硬模板法制备出中空的介孔二氧化硅材料以负载柠檬精油，并用于棉织物，再进一步进行疏水处理，制得超疏水芳香棉织物，结果表明该棉织物能够缓慢释放芳香气味。王潮霞等（2005）选取β-环糊精作为壁材，通过包结络合法，制得具有缓释性的檀香微胶囊。徐迎波等（2018）选取羟丙基-β-环糊精作为壁材，包埋焦甜香香精，对比未包埋香精和胶囊香精的热重图可知，胶囊香精能够有效降低香气的损失，延长

天然香料学

留香时间。

目前，香料纳米微胶囊技术是药品、食品等多个领域的研究重点，香料微胶囊也得到广泛应用，但是该技术本身的发展还有待研究，优化纳米微胶囊的制备工艺，积极寻找低价且绿色安全的壁材，建立完整且可操作的性能评价体系，以制备出理想的高价值香料微胶囊产品。

（3）双水相萃取技术和微胶囊技术相结合应用

近年来，将双水相萃取技术和微胶囊技术相结合作为一种新兴技术来提取植物精油已成为一种趋势。微胶囊-双水相萃取法就是将微胶囊技术与双水相萃取技术有效结合起来的新技术，它集中了这两种技术的优点，既可以提高精油的提取率和纯度，又能很好地保护精油中的组分，防止提取过程中发生氧化、聚合；且该过程在低温常压下进行，为全水体系，安全无毒，囊壁材料可以再生利用。刘品华（2000）提出的微胶囊-双水相法，将微胶囊技术和双水相萃取技术相结合用于提取植物精油，有效保护了精油的天然组分，避免了提取过程中的高温、氧化、聚合等情况发生，通过调整精油和盐的用量改变分配比，可控制囊化萃取物中精油的各种成分比，达到有目的、最有效的、最佳分配比的囊化萃取。郭丽等采用该方法从新鲜的柑橘皮中提取柑橘油时，以β-环糊精作为包裹柑橘油的材料，通过调整β-环糊精与硫酸钠水体系之间的浓度比，得出最佳提取工艺为：温度30℃，硫酸钠浓度15%，β-环糊精浓度40%，萃取时间30min，该条件下柑橘油的总收率高达96%。

14.4 色谱分离技术

色谱法根据其分离方法可分为：纸色谱法、薄层色谱法、柱色谱法、气相色谱法、高效液相色谱法等。

天然香料中的组分可以按照其沸点高低大概分为挥发性组分和非挥发性组分。根据香料组分挥发性上的差异，可采用适宜的分离方法。

14.4.1 毛细管电色谱法

毛细管电色谱法（capillary electrochro matography，CEC）是在毛细管中填充或在毛细管壁涂布、键合色谱固定相，依靠电渗流（或电渗流与压力流结合）推动流动相，使溶质分子依据它们在固定相和流动相中的分配平衡常数不同和电泳速度不同而达到分离目的的一种电分离模式。CEC结合了色谱和电泳的优点，其分离效率比高效液相色谱法（HPLC）高、分析速度快、分析结果重现性好、可实现样品的富集和预浓缩。此外，该方法取代了传统HPLC的高压液相泵驱动流动相向前移动，对带电、中性物质都可以进行分离。CEC包括电分离和色谱分离两种模式，而在电分离系统中，能够产生适当稳定的电渗流和有效的热传导是高效分离和分析方法重现性的保证。

与传统HPLC中流动相的抛物线流形不同，CEC的流形近似于塞形，使得样品扩散作用小，柱效高。CEC除了依靠物质各组分电泳淌度的差异进行拆分，主要依靠溶质在流动相和固定相之间的分配系数的差异进行拆分。

1987年，Olivares等首次提出了毛细管电泳-质谱联用（CE-MS）技术，毛细管电泳（CE）与质谱（MS）的耦合拓宽了可分析物的范围，明显改善了检测的局限性，可快速实

188

现样品中多种成分的定性、定量分析，在分离分析应用领域显示出广阔的前景。CE可以与各种类型的MS检测器联用，包括离子阱（IT）、飞行时间（TOF）、三重四极杆（TQ）、四极杆-飞行时间（Q-TOF）和傅里叶变换离子回旋共振（FT-ICR）仪器。与紫外检测器相比，CE-MS可实现高分辨率分离，并提供详细的结构信息和较低的检测限。将CE与MS结合使用时，需要合适的接口，将样品分子有效地传递到质谱仪中进行检测，而不降低分离效率。近年来，CE-MS联用技术不断完善和发展，已广泛应用于生物组学、药物分析、食品分析和环境分析等领域。

14.4.2　高速逆流色谱法

（1）高速逆流色谱法简介

1982年，美国国立卫生院Yiochiro Ito博士发明了一种新型液-液萃取和分配色谱分离法，即高速逆流色谱法（high speed countercurrent chromatography，HSCCC）。HSCCC建立在一种特殊的流体动力学平衡基础上，利用螺旋管的方向性及其特定的高速行星式运动产生的不对称离心力场，实现两相溶剂体系的充分保留和有效混合及分配，从而使物质在两相溶剂中高效分离。由于HSCCC不使用固体固定相，可广泛选择不同的溶剂体系，这样就解决了样品分离过程的不可逆吸附、分解、损失、变性等问题。样品可通过多种洗脱方式完全回收，回收的样品更能反映其本来的特性。由于样品预处理要求较低，所以适合粗提取物的分离。同时被分离物质与液态固定相充分接触，无论是一次制备的量，还是制备纯度均得到极大的提高。与传统的柱色谱技术相比HSCCC具有费用低、操作简单灵活、回收率高、适用范围广等优点。因此，HSCCC近年来逐渐发展成为一项备受关注的制备性色谱分离纯化技术，并广泛应用于生物科学、医药和化工等领域，尤其在天然产物分离纯化等方面显示出强大的优势。

作为一种色谱技术，HSCCC分离系统可以理解为以螺旋管式离心分离仪代替HPLC的柱色谱系统。螺旋管式离心分离仪中的两相由互不混溶的液体构成，其中一相作为固定相，另一相作为流动相，根据物质在两相中分配系数的不同而实现分离。利用HSCCC分离化合物时，一般包括样品制备、分配系数K测定及溶剂体系筛选等主要步骤。分离流程如图14-11所示。

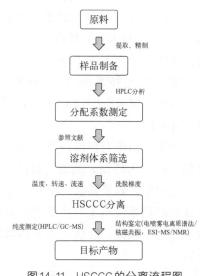

图14-11　HSCCC的分离流程图

与传统的液相色谱法相比较，HSCCC对样品的预处理要求非常低，仅需简单的提取，甚至不用前处理都可达到很好的分离效果。然而由于天然产物成分的复杂性，加上其中大部分的有效成分含量极少，因而我们有必要在样品制备上优化提取方法的同时，利用现代分离技术手段对预分离产物进行富集，尽可能实现HSCCC的一次分离以提高效率。Peng等人（2006）采用超临界CO_2流体萃取技术与HSCCC相结合从白花败酱草中分离3种黄酮类成分；Wang等人（2011）采用超声波提取、硅胶柱色谱富集等技术手段，利用HSCCC分离了3种姜酚；Peng等人（2006）很好地将大孔吸附树脂引入到HSCCC的样品制备中，从白花败酱草提取物中分离出四种新化合物和两种黄酮成分。

溶剂体系是所有逆流色谱分离的心脏。它构成了逆流色谱柱的固定相和流动相。合适的溶剂体系，必须满足以下四点：一是不造成样品的分解与变性；二是足够高的样品溶解度；三是样品在系统中有合适的分配系数值；四是固定相能实现足够高的保留。溶剂体系的选择方法，目前较为常用的有两种，一种是参考已知文献的HSCCC分离实例，再结合目标分离物的极性和溶解性做一些调整和试验，即可选定一个符合实际需要的溶剂分离系统。该方法是目前寻找溶剂体系最快捷的方法，但仅仅适用于已知类似化合物的分离。对于一些未曾利用HSCCC分离的化合物，则需要通过测定分配系数（K）来选择合适的溶剂体系。

$$K = C_S / C_M \text{ 或 } C_U / C_L$$

式中，C_S指溶质在固定相中的浓度；C_M指溶质在流动相中的浓度；C_U指溶质在上相中的浓度；C_L指溶质在下相中的浓度。

一般而言，对HSCCC最合适的K值范围为0.5~2。目前测定分配系数的常规方法有薄层色谱法和HPLC法。然而，由于HSCCC的理论体系尚未完善，而薄层色谱法和HPLC法测定的分配系数是在体系完全静止的状态下得出的参数，大多数情况下并不能够反映出HSCCC系统真实的高速运转的工作状态。因此具有合适分配系数的体系常常并不是最佳溶剂体系。分析型HSCCC具有柱体积小、分离速度快、溶剂消耗量小等优点，可以在溶剂体系的快速优化方面得到很好的应用。Zhou等人（2014）首次提出将传统的分配系数测定法与分析型HSCCC技术相结合，首先根据分配系数对溶剂体系进行初步筛选，然后将筛选出的溶剂体系采用分析型HSCCC进行进一步优化，最后通过对优化出的体系进行微调放大到制备型HSCCC。

近年来，由于有机溶剂体系存在破坏样品的可能性及溶剂回收不完全等问题，国外学者开始利用更为环保、高效、对样品无损耗的超临界二氧化碳以及制冷剂R134a作为溶剂体系的流动相，效果显著。HSCCC的分离是一种较为复杂的动态高速分配过程，其分离效率不仅和溶剂系统有关，还受分离温度、螺旋管转速、流动相流速及梯度洗脱模式等系统参数的影响。因此，在优化溶剂体系的同时，还需要综合考察其他因素，以求达到最佳分离效果。

（2）HSCCC分离纯化天然香料的应用

HSCCC可采用不同物化特性的溶剂体系和多样性的操作条件，具有较强的适应性，为从复杂的天然产物粗制品中提取不同特性（如不同极性）的有效成分提供了有利条件。20世纪80年代后期开始，HSCCC被大量用于天然产物化学成分的分析和制备分离。近年来，利用HSCCC分离天然香料的文献报道也逐渐增多，目前主要集中在姜科、伞形科、胡椒科、茄科、豆科等12科香料植物的分离纯化上。利用HSCCC技术还成功分离了桃金娘科等7科植物中的天然香料单体，如表14-2所示。

表14-2　采用HSCCC技术分离纯化的部分天然香料

香料植物	化合物	溶剂体系（体积比）
丁香（桃金娘科）	丁香酚	正己烷：乙酸乙酯：水 =1：0.5：0.5
柠檬（芸香科）	异茴芹内酯、氧化前胡素	正己烷：乙醇：水 =10：8：2
葡萄柚（芸香科）	橙皮油内酯、诺卡酮	正己烷：乙酸乙酯：甲醇：水 =6：4：5：5 正己烷：乙酸乙酯：甲醇：水 =6：4：6：4
香附（莎草科）	香附烯酮	正己烷：乙酸乙酯：甲醇：水 =1：0.2：1.1：0.2
荆条（马鞭草科）	β-石竹烯	正己烷：二氯甲烷：乙腈 =10：3：7
广木香（菊科）	木香内酯、去氢木香内酯	石油醚：甲醇：水 =5：6.5：3.5
百里香（唇形科）	7-羟基香豆素、西瑞香素	正己烷：乙酸乙酯：甲醇：水 =4：6：4：6
沉香（瑞香科）	沉香四醇、4-甲氧基沉香四醇	氯仿：甲醇：水 =4：2.6：2.4

　　HSCCC具有分离物质高回收率以及不用固体支撑体等优点，是一种理想的制备性色谱分离技术，特别是在天然香料的分离纯化方面已经显示出巨大的应用前景。但该技术的广泛应用仍受到一些因素的制约。首先在溶剂体系的选择上缺乏系统、成熟的理论指导，在实际应用时选择一种可达到理想分离效果的溶剂体系还需要具备相当的经验。此外，国内高速逆流色谱仪的生产厂家只有少数几家，实验室规模的HSCCC制备量可以从几毫克到几十克，但HSCCC的真正工业化应用还有很多的问题需要解决，特别是现有仪器设备在放大过程中的一些关键技术问题，如逆流色谱仪的稳定性、放大工艺参数等。近年来英国布鲁内尔大学教授Ian Sutherland在逆流色谱的工业化放大领域开展了持续深入的研究。相信在不久的将来，HSCCC在天然香料领域的应用会日趋广泛，并发展成为一种更加成熟的可产业化应用的高效分离纯化技术。

14.5　分子印迹分离技术

14.5.1　分子印迹分离技术概述

　　分子印迹（molecular imprinting technique，MIT），是高分子化学、生物化学和材料科学互相渗透与结合所形成的一门新型的交叉学科。分子印迹技术是指为获得在空间结构和结合位点上与一分子（印迹分子）完全匹配的聚合物的实验制备技术。

　　分子印迹的出现源于免疫学中抗原-抗体模型结构，Pauling提出的抗原抗体理论认为，当外来抗原进入生物体内时，体内蛋白质或多肽链会以抗原为模板，通过分子自组装和折叠形成抗体。这预示着生物体所释放的物质与外来抗原之间有相应的作用基团或结合位点，而且它们在空间位置上是相互匹配的，这就是分子印迹技术的理论基础。

　　分子印迹技术自20世纪70年代以来发展十分迅速，特别是1993年Vlatakis在《自然》（Nature）上发表有关茶碱分子的印迹聚合物的报道后，发表的相关论文数逐年递增。目前主要从事MIT研究工作的国家有瑞典、日本、德国、美国、英国、中国等。国内主要研究单位有中科院大连化物所、南开大学、中科院兰州化物所、上海大学、军事医学科学院毒物药物研究所、湖南大学、东南大学、军事科学院防化研究院等。

因具有类似锁和钥匙的识别关系，分子印迹分离技术是以具有目标分子识别作用的印迹聚合物为固定相的色谱分离技术。分子印迹分离技术首先是将要分离的目标分子、交联剂、聚合物单体、合适的溶剂以及引发剂等，在适当反应条件下进行聚合，得到一种高分子材料，然后经洗脱除去包埋于聚合物材料中的模板分子，得到具有印迹位点的印迹高聚物，此聚合物可以将目标分子的空间结构保持，留下印迹，当将此印迹高聚物作为分离介质使用时，混合物样品中的目标分子或其结构类似物能够被此聚合物识别，从而达到高选择性、特异识别分离的目的。

14.5.2　分子印迹聚合物

分子印迹聚合物（molecular imprinted polymer，MIP）是一类内部具有固定大小和形状的孔穴并具有确定排列功能基团的交联高聚物。根据功能单体与印迹分子之间形成的作用力，分为共价聚合法和非共价聚合法，在共价键中，印迹分子与单体通过共价键结合，加入交联剂聚合后，印迹分子通过化学手段从聚合物网络上断开，制备及分子识别过程都依赖于单体与印迹分子之间可逆的共价键。在非共价键中，印迹分子与功能单体之间通过分子间的非共价作用预先自组装排列，以非共价键形成多重作用位点，这种分子间的相互作用通过交联聚合后保留下来制备分离过程如图14-12所示。

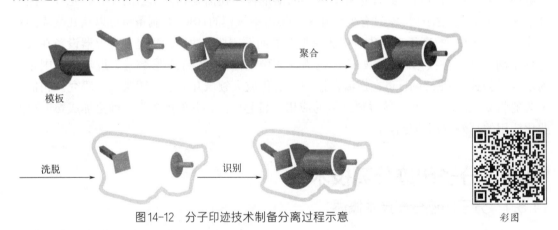

图14-12　分子印迹技术制备分离过程示意

彩图

14.5.3　分子印迹分离技术的应用

分子印迹聚合物是制备色谱固定相，特别是制备手性固定相的良好的功能因子，可以用来制备高效液相色谱（HPLC）、毛细管电色谱（CEC）和薄层色谱（TLC）的固定相，主要用来进行手性异构体的拆分。这种将分子印迹技术用于色谱分离的方法被称作分子印迹色谱法（MIC），它是分子印迹聚合物在分离科学领域的最重要的应用。

制备分子印迹聚合物色谱固定相时，除了模板分子、功能单体和关联剂外，还需要引发剂和致孔剂。分子印迹技术在色谱手性分离中已取得了较大进展，所研究的拆分对象包括羧酸、胺、氨基酸及其衍生物、肽等手性化合物。Zander等人（1998）以尼古丁作为模板制备的分子印迹聚合物，分析口香糖中所含的尼古丁及其氧化物时有良好的回收率和重现性，在选择性上明显优于C_{18}吸附剂和没经印迹反应的聚合物。清华大学颜流水等人

（2004）以咖啡因为模板分子，经紫外光引发原位聚合制备了分子印迹毛细管整体柱，该柱对咖啡因具有高度选择性。

14.6　大孔树脂分离技术

14.6.1　大孔树脂分离技术的原理

大孔树脂是一种不溶于酸、碱及各种有机溶剂的有机高分子材料。应用大孔树脂进行分离的技术是20世纪60年代末发展起来的继离子交换树脂后的分离新技术之一。大孔树脂内部具有三维空间立体孔结构，孔径与比表面积较大。由于具有物理化学稳定性高、比表面积大、吸附容量大、选择性好、吸附速度快、解吸条件温和、再生处理方便、使用周期长、宜于构成闭路循环、节省费用等诸多优点，近年来在广泛用于天然产物的提取分离工作中得到了普遍认可和重视。

大孔吸附树脂为吸附性和筛选性原理相结合的分离材料，是以苯乙烯和丙烯酸酯为单体，加入二乙烯苯为交联剂，甲苯、二甲苯为致孔剂，它们相互交联聚合形成了多孔骨架结构。一般为白色的球状颗粒，直径一般在0.3~1.25mm之间，是一类不含离子交换基团的交联聚合物。它不溶于酸、碱及有机溶剂，不受无机盐类及强离子低分子化合物的影响。与以往使用的离子交换树脂分离原理不同。它本身具有的吸附性是由于范德瓦耳斯力或产生氢键的结果，通过它巨大的比表面进行物理吸附而工作，有机化合物根据吸附力及其分子量大小可以经一定溶剂洗脱而分开达到分离、纯化、除杂、浓缩等不同目的。

14.6.2　大孔树脂分离技术的应用

赵玉平等人（2013）发现大孔树脂能够从低浓度的乙醇水溶液中和水溶液中吸附分离酒中的香气物质，这为应用大孔树脂吸附分离茶香气的研究提供了依据。前期何理琴（2020）从12种极性和非极性大孔树脂中筛选出吸附效果最好的LX-8作为吸附材料，夏云敏（2019）选择大孔树脂LX-8作为吸附材料，以正山小种红茶作为原料，减压旋蒸制备茶香气水，对大孔树脂LX-8动态吸附分离正山小种香气的条件进行优化：大孔树脂LX-8装柱体积5mL，装柱径高比为1∶4.7，上样流速400mL/h，上样体积2000mL，上样结束后，去离子水冲洗残留在柱中的香气水，再以无水乙醇洗脱2.5h，洗脱流速为2BV/h，每管1BV分5管收集。在此优化条件下，茶香精油的最高浓缩倍数为189.75倍，与静态吸附效果相比，极大地提高了茶香精的浓缩倍数。以正山小种红茶作为原料，减压旋蒸制备茶香气水，对大孔树脂LX-8动态吸附分离正山小种香气的条件进行优化，制备茶香精，分析茶香精油成分、抗氧化和抑菌性等，为大孔树脂分离茶香气的工业化应用提供一定的理论依据。

参考文献

白乐宜，颜振敏，冯梦茹，等，2020. 四种芝麻香型白酒中香气活性成分分析［J］. 食品与发酵工业，46（02）：272-276.

白亚蒙，张峰升，李皓，等，2023. 基于GC-MS对顶空固相萃取法和微波辅助法获得的花椒挥发油香气成分分析［J］. 中国调味品，48（03）：187-190.

白羽嘉，陶永霞，张莉，等，2013. 阿魏对阿魏菇氨基酸及挥发性成分的影响［J］. 食品科学，34（14）：198-204.

白雨佳，张丽荣，黄佳琪，等，2015. 压榨法制备甜橙油的研究［J］. 食品工业，36（07）：87-90.

班明辉，韩富军，金光辉，等，2023. 嫁接'无刺大红袍'花椒基本品质与挥发性香气组分比较分析［J］. 经济林研究，41（01）：265-272.

包秀萍，刘煜宇，孙军，等，2018. 2种萃取所得小茴香籽油及其在卷烟中应用效果［J］. 食品工业，39（09）：20-22.

鲍辰卿，顾文博，杨程，等，2023. 气相色谱-质谱-嗅辨法辨析4种芹菜籽油树脂中关键香气成分［J］. 食品安全质量检测学报，14（01）：204-210.

毕寒，阎峰，2017. 我国植物性天然香料提取技术的发展现状及趋势［J］. 辽宁化工，46（07）：714-716+738.

蔡炳彪，张凤梅，吴亿勤，等，2021. 基于GC-MS和GC-O法分析两种芫荽籽精油特征性香气成分［J］. 香料香精化妆品，（01）：15-18+21.

蔡波，杨清，杨蕾，等，2013. 香根草净油挥发性成分分析及其作为烟草香料的应用评价［J］. 云南大学学报（自然科学版），35（S2）：323-331.

蔡锦文，2018. 调香手记：55种天然香料萃取实录［M］. 北京：华夏出版社：07.

曹博雅，蒲丹丹，郑瑞仪，等，2024. SAFE-GC-MS结合GC-O法分析20种辛香型香辛料香气活性成分［J］，食品科学，45（14）：121-132.

曹佳，侯芳菲，刘悦，等，2019. 章丘大葱香气成分的提取及GC-MS检测［J］. 中国果菜，39（07）：29-32.

曹孟德，李家儒，秦东春，等，2002. 吸附剂及培养基组成对香荚兰细胞悬浮培养产生香兰素的影响［J］. 植物研究，（01）：65-67.

曹琪祯，黄凤娟，李秋红，等，2022. 四数九里香叶精油提取工艺的优化研究［J］. 化工技术与开发，51（06）：6-9.

陈海涛，孙丰义，王丹，等，2017. 梯度稀释法结合气相色谱-嗅闻-质谱联用仪鉴定炸花椒油中关键性香气活性化合物［J］. 食品与发酵工业，43（03）：191-198.

陈海燕，李桂珍，梁忠云，等，2017. 天然苯甲醛合成新工艺［J］. 广西林业科学，46（01）：93-97.

陈佳莹，2018. 两种天然产物（小茴香精油和橙子）的风味分析［D］. 上海：上海应用技术大学.

陈建华，2018. 不同肉桂原料比较及其精油香气成分的对比分析［J］. 中国调味品，43（12）：160-163.

陈珏锡，张俊丰，李源栋，等，2021. 无溶剂微波萃取肉桂精油及成分分析［J］. 现代食品科技，37（08）：258-265+167.

陈丽兰，杨心怡，乔明锋，等，2023. 基于GC-IMS、GC-MS和OAV法分析花椒粉颗粒度对花椒油挥发性香气成分的影响［J］. 食品工业科技，44（08）：301-310.

陈敏，粟桂娇，马丽，等，2008. 茴香醛和茴香酸紫外光谱吸收特性的研究及其定量分析［J］. 日用化学工业，（02）：128-131.

陈茜，陶兴宝，黄永亮，等，2018. 花椒香气研究进展［J］. 中国调味品，43（01）：189-194.

陈晓龙，陈光静，柳中，等，2017. 海南黑、白胡椒有效成分的检测及其分析［J］. 中国调味品，42（11）：98-102.

陈旭，刘畅，马宁辉，2018，等. 肉桂的化学成分、药理作用及综合应用研究进展［J］. 中国药房，29（18）：2581-2584.

陈悦娇，王冬梅，邓炜强，等，2005. SDRP和SDE法提取乌龙茶香气成分的比较研究［J］. 中山大学学报（自然科学版），（S1）：275-278.

陈志雄，李友霞，赵世兴，等，2016. 丁香花蕾油的分子蒸馏分离及GC-MS分析［J］. 香料香精化妆品，（02）：21-25.

迟秋池，李晓雯，何家今，等，2016. 高效液相色谱法同时测定豆浆中麦芽酚、乙基麦芽酚、香兰素、甲基香兰素和乙基香兰素5种香料［J］. 食品安全质量检测学报，7（07）：2690-2695.

丛赢，张琳，祖元刚，等，2016. 油樟（Cinnamomum longepaniculatum）精油的抗炎及抗氧化活性初步研究［J］. 植物研究，36（06）：949-954+960.

邓凌云，2017.缓释芳香纳米微胶囊的制备及其应用研究［D］.西安：陕西科技大学.

邓永飞，何惠欢，马瑞佳，等，2020.植物精油在食品行业中的应用［J］.中国调味品，45（06）：181-184+200.

翟硕莉，2011.辣椒红色素提取工艺研究［J］.农业科技与装备，（7）：30-31.

丁旭光，侯冬岩，李铁纯，等，2021.4种辛香料精油中茴香精含量的比较分析［J］.中国调味品，46（03）：162-165.

丁超，张洪召，严静，等，2014.响应面法优化烟丝中挥发性香味成分的同时蒸馏萃取条件［J］.分析仪器，（01）：93-100.

董红竹，2017.功能性发酵饮料的制备及抗氧化活性与香气组成研究［D］.广州：华南理工大学.

董竞，杨婉秋，王曼，等，2013.云南玉溪香椿果特征香气成分分析［J］.食品科学，34（04）：217-220.

董平，任珊珊，吕秋冰，等，2022.小茴香茶的炒制工艺及挥发性风味物质研究［J］.四川旅游学院学报，（06）：31-35.

董殊廷，聂加贤，徐怀德，等，2022.辣椒皮与籽在辣椒油香气中的贡献研究［J］.中国调味品，47（04）：26-31.

董天宇，齐楠，刘芮嘉，等，2023.青花椒与红花椒关键风味物质的对比分析［J］.精细化工，40（04）：869-877.

董远航，2022.茴香叶花色苷生物合成与香气物质积累的分子调控机理［D］.郑州：郑州大学.

董钟，2017.木姜子精油成分分析及生物活性研究［D］.武汉：武汉轻工大学.

杜勃峰，李达，肖仕芸，等，2019.基于HS-SPME-GC-MS及主成分分析综合评价贵州典型辣椒品种香气品质［J］.食品研究与开发，40（07）：149-155.

范海洲，2016.浅谈杏仁的药性及功效［J］.湖北中医杂志，38（05）：67-68.

范培军，张镜澄，郭振德，等，1995.芫荽子的超临界CO_2流体萃取研究［J］.天然产物研究与开发，（03）：33-36.

范睿，周利萍，伍宝朵，等，2020.六个杂交品种白胡椒精油香气成分GC-MS分析［J］.热带作物学报，41（08）：1683-1692.

冯涛，柳倩，叶茜，等，2022.欧美食品用香料香精监管及安全评价体系研究［J］.食品科学技术学报，40（05）：28-35.

付晓，王莹，兰卫，2022.超声辅助水蒸气蒸馏提取硬尖神香草精油的工艺优化［J］.化学与生物工程，39（02）：19-22.

符史良，周江，黄茂芳，等，2002.温度压力对超临界CO_2萃取香兰素的影响［J］.香料香精化妆品，（03）：1-4.

高凤芹，刘斌，孙启忠，2011.以草本植物为原料的稀酸预处理及发酵研究［J］.西南农业学报，24（01）：105-109.

高莉，斯拉甫·艾白，韩阳花，2007.小茴香挥发油化学成分及抑菌作用的研究［J］.中国民族医药杂志，（12）：67-68.

高宏建，张献忠，钟建军，等，2011.水蒸气蒸馏法提取烟草精油的研究［J］.食品工业科技，（10）：388-390.

高锐，杨威，宋鹏飞，等，2017.微生物制备烟用香料的研究进展［J］.安徽农业科学，45（02）：92-96.

高夏洁，高海燕，赵镭，等，2022.SPME-GC-MS结合OAV分析不同产区花椒炸花椒油的关键香气物质［J］.食品科学，43（04）：208-214.

高玉萍，唐德松，龚淑英，2013.茶提取物抗氧化活性与茶多酚、儿茶素关系探究［J］.中国食品学报，13（06）：40-47.

郭佳，魁永忠，夏泱斌，等，2019.不同品种小茴香果实挥发性成分、多酚、黄酮含量及抗氧化性比较分析［J］.食品与发酵工业，45（08）：215-224.

郭丽，朱林，杜先锋，2007.微胶囊双水相提取柑橘精油的工艺优化［J］.农业工程学报，（01）：229-233.

郭添荣，张鉴，吴文林，等，2021.油酥干辣椒中特征挥发性香气成分分析［J］.中国调味品，46（04）：148-152.

郭卫芸，李光辉，张珍珍，等，2021.香椿中特征性香气成分定量分析及其在热风干燥过程中的变化规律［J］.食品研究与开发，42（03）：14-19.

郭孝武，1999.超声提取黄芩苷成分的实验研究［J］.中国现代应用药学，（03）：18-20.

郭向阳，2013.八角茴香油化学成分、香气性能及活性研究［D］.杭州：浙江工业大学.

国家市场监督管理总局，中华人民共和国国家卫生健康委员会.食品安全国家标准　食品用香精：GB/T 30616—2020［S］.北京：中国标准出版社.

国家市场监督管理总局，中华人民共和国国家卫生健康委员会.食品安全国家标准　食品添加剂　丁香酚：GB 1886.129—2022［S］.北京：中国标准出版社.

国家卫生和计划生育委员会.食品安全国家标准　食品添加剂　香兰素：GB 1886.16—2015［S］.北京：中国标准出版社.

国家卫生和计划生育委员会.食品安全国家标准　食品添加剂　叶醇（顺式-3-己烯-1-醇）：GB 29985—2013［S］.北京：中国标准出版社.

韩林宏，2018. 八角茴香挥发油提取方法与药理研究进展［J］. 中南药学，（11）：1594-1597.

郝金玉，黄若华，王平艳，等，2000. 微波萃取鸢尾香根的研究［J］. 香料香精化妆品，（04）：12-17.

郝金玉，黄若华，邓修，等，2001. 微波萃取西番莲籽的研究［J］. 华东理工大学学报，（02）：117-120.

郝瑞芬，贾会玲，钱骅，等，2017. 不同生长期留兰香精油含量与品质评价［J］. 中国食品添加剂，（09）：55-60.

郝旭东，张盛贵，王倩文，等，2021. 四个不同地区大红袍花椒主体风味物质分析研究及香气评价［J］. 食品与发酵科技，57（04）：63-74.

何理琴，王彩楠，刘志彬，等，2020. 正山小种精油大孔树脂吸附工艺优化及其抗氧化活性分析［J］. 食品与机械，36（06）：170-175.

胡静，徐若夷，邓维钧，2022. 食用精油提取技术研究及应用进展［J］. 中国调味品，47（09）：209-213+220.

胡文杰，高捍东，江香梅，等，2012. 樟树油樟、脑樟和异樟化学型的叶精油成分及含量分析［J］. 中南林业科技大学学报，32（11）：186-194.

胡文杰，高捍东，江香梅，2013. 响应面法优化樟树叶精油水蒸气蒸馏提取工艺［J］. 江西农业大学学报，35（01）：144-151.

胡武，孙胜南，黄艳，等，2018. 莳萝油和莳萝籽油的挥发性成分分析及卷烟应用效果比较［J］. 山东化工，47（13）：70-72+74.

黄豆，曹烙文，岑延相，等，2021. 顶空固相微萃取-全二维气相色谱/飞行时间质谱测定三种芒果香气成分［J］. 食品工业科技，42（15）：218-226.

黄丽贞，谢滟，姜露，等，2015. 八角茴香化学与药理研究进展［J］. 辽宁中医药大学学报，17（02）：83-85.

黄梅英，李攻科，胡玉玲，2015. 表面增强拉曼光谱法定量检测食品中香豆素［J］. 分析化学，43（08）：1218-1223.

黄娜娜，2016. 柑橘精油抗氧化特性及对皮肤细胞氧化损伤的保护作用研究［D］. 武汉：华中农业大学.

黄秋容，粟桂娇，梁敏，等，2022. 两相体系中生物转化肉桂醇生成天然2-苯乙醇［J］. 精细化工，39（06）：1184-1189.

黄若华，郝金玉，王平艳，2000. 微波萃取鸢尾的研究［J］. 精细化工，（11）：640-642.

黄诗娅，黄卫萍，林婧，2022. 超声波辅助水蒸气蒸馏法对八角茴香精油提取的影响［J］. 大众科技，24（10）：52-55.

黄雪琳，刘淑君，平庆杰，等，2013. 香精香料安全性研究进展［J］. 粮油食品科技，21（03）：90-94.

黄毅彪，林燕萍，刘宝顺，等，2021. 武夷岩茶"肉桂"与其副产品黄片香气品质差异分析［J］. 食品研究与开发，42（06）：155-161.

黄子豪，2018. 利用基因工程改造的大肠杆菌合成蒎烯［D］. 合肥：安徽大学.

霍归国，2022. 艾叶挥发油抗氧化活性及其抑菌机制研究［D］. 兰州：西北师范大学.

纪红兵，肖作兵，牛云蔚，2017. 天然香料健康图典［M］. 广州：广东旅游出版社.

贾玮，黄峻榕，凌云，等，2012. 食品中香精香料检测前处理技术研究进展［J］. 食品与机械，28（02）：245-249.

蒋梦宇，费泓浩，于欣蕊，等，2022. 薄荷活性成分及其提取技术的研究进展［J］. 化工技术与开发，51（Z1）：57-59.

金波，张镜澄，饶励，等，1990. 超临界CO_2提取栀子花头香成分的研究［J］. 天然产物研究与开发，（04）：23-28.

金丽，夏文水，陈德新，2002. 香荚兰酶促生香及超临界CO_2萃取香气成分的研究［J］. 香料香精化妆品，（01）：21-25.

金如月，2019. 柑橘精油的优化提取及活性研究［D］. 上海：上海应用技术大学.

金晓芳，孙月娥，2011. 超声波辅助提取杏仁油工艺的研究［J］. 农业机械，（26）：39-41.

景正义，2023. 胡椒精油挥发性风味物质分析与应用研究［D］. 邯郸：河北工程大学.

赖普辉，侯敏娜，2019. 药用植物精油应用研究［M］. 天津：天津大学出版社.

雷华平，刘威，张辉，等，2022. 分子蒸馏从山苍子油中制备高纯柠檬醛［J］. 湘南学院学报，43（02）：6-11.

李爱玲，翟文俊，2012. 从木瓜中提取天然香料的工艺研究［J］. 陕西农业科学，58（2）：9-10.

李彬，王龙，2018. 同时蒸馏萃取刺果枸挥发性香味成分分析［J］. 河北农业科学，22（03）：78-82.

李长凤，冉春霞，谭思远，等，2022. 分子蒸馏脱除核桃油中塑化剂工艺优化［J］. 中国油脂，47（05）：78-81+87.

李春艳，冯爱国，2014. 食用天然香料的应用及研究进展［J］. 农业工程，4（03）：55-57.

李丛民，尚军，任云辉，等，2001. 来凤芫荽子油化学成分分析［J］. 香料香精化妆品，（06）：1-2.

李丹，周子衿，钱骁，等，2012. 不同采摘期及不同解冻方式对香椿香气含量的影响［J］. 中国食物与营养，18（02）：34-37.

李德国，冯黎，奚安，2014. 祁门红茶烟用香料的制备［J］. 香料香精化妆品，（6）：22-25.

李大强，张忠，毕阳，等，2012. 甘肃和新疆产区孜然精油成分的比较［J］. 食品工业科技，33（11）：141-143.

李福琳，2019.中国主要香料资源植物分布的研究［D］.新乡：河南师范大学.

李国鹏，静玮，林丽静，等，2014.番石榴香气影响因素研究［J］.中国果菜，34（10）：12-15.

李欢欢，2022.柚叶精油提取工艺与成分研究［D］.长沙：中南林业科技大学.

李会晓，2016.芝麻油及其脂肪酸对脱脂芝麻粕热反应挥发性香气成分的影响［D］.南昌：南昌大学.

李建强，罗朝丹，任二芳，等，2023.备长炭辅助干燥对原果风味芒果脯色泽和香气成分的影响［J］.南方农业学报，54（02）：376-386.

李锦，2020.花椒及花椒籽风味油的制取及品质研究［D］.郑州：河南工业大学.

李婧媛，王健敏，高波，等，2019.云南省天然香料产业发展分析与展望［J］.农业展望，15（07）：49-52+57.

李娟，李顺祥，麻晓雪，等，2013.水菖蒲化学成分与药理作用的研究进展［J］.中成药，35（08）：1741-1745.

李莉梅，静玮，袁源，等，2014.不同果肉类型番石榴果实香气比较［J］.广东农业科学，41（15）：89-92+106.

李丽梅，李景明，孙亚青，等，2006.不同因素对同时蒸馏-萃取法（SDE）提取洋葱精油的影响［J］.食品科学，（02）：212-215.

李麟洲，张桢炎，刘建卓，等，2021.胡椒梗精油的提取条件优化及其成分分析［J］.现代食品科技，37（10）：126-135+86.

李明明，罗静，钟永科，2014.固相微萃取-气质联用对小茴香茎中挥发性成分的分析［J］.安徽农业科学，42（27）：9322-9323+9360.

李沛虹，呼丽丽，2010.浅谈分子蒸馏技术［J］.硅谷，（14）：43.

李倩，蒲彪，2012.响应面法优化花椒香气成分的HS-SPME萃取条件的研究［J］.食品工业科技，33（02）：334-337+341.

李权，2022.膜分离技术的研究进展及应用展望［J］.化学工程与装备，307（08）：247-248.

李涛，李昀哲，冯翰杰，等，2023.不同发酵工艺对石榴酒香气质量的影响［J］.食品与发酵工业，49（08）：137-147.

李伟，2021.花椒中香气成分分析研究进展［J］.中国食品添加剂，32（12）：192-196.

李文良，2013.双水相萃取分离天然产物及其在卷烟上的应用［D］.武汉：华中科技大学.

李小东，2018.堆积发酵条件对芝麻香型白酒香气品质的影响［D］.无锡：江南大学.

李小福，殷全玉，2008.同时蒸馏萃取和减压蒸馏萃取方法提取烟叶香气成分的比较［J］.中国科技论文在线，（09）：672-676.

李小龙，段树生，胡增辉，等，2023.GC-MS测定四种石榴香气成分［J］.中国果菜，43（04）：44-48.

李晓斌，2021.高效毛细管电泳用于化妆品及食品分析的方法研究［D］.烟台：烟台大学.

李鑫，2021.香料的微胶囊化及潜香的合成、表征与制备［D］.南京：东南大学.

李洋，高波，2019.云南省高原特色天然香料产业发展的问题与对策［J］.中国发展，19（03）：76-80.

李益福，张美玲，2000.超声技术在四物汤提取工艺中的应用［J］.中国中医药信息杂志，（02）：37-41.

李宇邦，吴军林，李曼莎，2019.微生物发酵处理药食同源植物研究进展［J］.生物技术进展，9（05）：461-466.

李源栋，刘秀明，冒德寿，等，2016.GC/MS法分析甘牛至油中香味成分［J］.粮油食品科技，24（01）：72-76.

李兆祺，2022.百里香不同器官组织及花期挥发物质成分及相关基因挖掘［D］.太原：山西农业大学.

李志华，吴彦，杨凯，等，2014.大果木姜子茎挥发油化学成分分析及在卷烟中的应用［J］.香料香精化妆品（05）：25-28+32.

梁呈元，李维林，汪泓江，等，2004.薄荷油超临界二氧化碳萃取技术研究［C］//中国植物学会药用植物及植物药专业委员会.药用植物研究与中药现代化——第四届全国药用植物学与植物药学术研讨会论文集.江苏：中国科学院植物研究所：4.

梁娟，2014.湖南省发酵碎鲜辣椒香气成分的检测与分析［D］.长沙：湖南农业大学.

梁森，杨艳，石嘉悦，等，2020.酶/酸水解毛叶木姜子中键合态香味成分的比较［J］.精细化工，37（05）：989-996.

梁敏华，苏新国，梁瑞进，等，2020.芒果果实采后香气物质合成代谢调控研究进展［J］.农产品加工（18）：61-64+69.

梁森，房子林，李培，等，2022.噻唑类食品香料的研究进展［J］.食品科学技术学报，40（6）：26-36.

梁晓静，2021.著名香料肉桂［J］.生命世界，（09）：12-15.

廖欣怡，2017.洋葱葡萄酒的调制工艺优化研究［D］.杨凌：西北农林科技大学.

廖耀华，2016.香根草油的提取、成分分析及超临界CO_2萃取动力学研究［D］.郑州：郑州大学.

林翠英，张岩，年长凤，等，1999.提制白头翁总皂甙的新方法［J］.天津药学，（02）：31.

林妙玲，刘大槐，2013.纯天然水果香精调配研究进展［J］.中国食品添加剂，（S1）：153-158.

林旭辉，2010.食品香精香料及加香技术［M］.北京：中国轻工业出版社，03.

刘传和，刘岩，2016. 4种芒果香气品质分析［J］. 广东农业科学，43（10）：123-127.

刘芳，2018. 香精香料制备工艺及其应用研究［M］. 北京：中国纺织出版社，10.

刘贺，肖隽霏，周晨晨，等，2021. 热反应骨汤风味猪肉香精酶解工艺的优化［J］. 食品科技，46（02）：272-280.

刘华南，江虹锐，陆雄伟，等，2021. 顶空固相微萃取-气质联用分析不同芒果品种香气成分差异［J］. 食品工业科技，42（11）：211-217.

刘欢，赵巨堂，邓丽娟，等，2021. 柑橘类植物精油的提取及其应用研究进展［J］. 食品研究与开发，42（20）：173-179.

刘环宇，2017. 香料香精实验［M］. 北京：科学出版社，06.

刘慧勤，2021. 八角籽油成分、香气成分及氧化稳定性研究［D］. 南宁：广西大学.

刘姜汝，邵景东，朱雨琪，等，2022. 芸香科植物精油对食源性致病菌作用效果研究进展［J］. 工业微生物，52（05）：52-58.

刘军鸽，田梅，吴卫国，2013. 不同固相微萃取头-GC/MS联用测定干辣椒中香气组分的比较［J］. 中国调味品，38（07）：110-112+120.

刘昆言，禹双双，刘琪龙，等，2020. 小茴香研究进展［J］. 农产品加工（17）：67-73.

刘琨毅，王琪，兰小艳，等，2023. 响应面优化木姜子中式香肠加工工艺及风味分析［J］. 中国调味品，48（07）：155-161.

刘品华，2000. 微胶囊双水相提取精油的工艺研究［J］. 曲靖师专学报，（06）：40-42.

刘润润，孙爱清，于小钧，等，2023. 肉豆蔻化学成分和药理作用研究进展及其质量标志物（Q-Marker）预测分析［J］. 中草药，54（14）：4682-4700.

刘双双，梁淼，谢雅婷，等，2023. 毛叶木姜子嫩果香气成分不同萃取方法的比较［J］. 中国调味品，48（02）：156-162.

刘晓庚，陈梅梅，陈学恒，等，2001. 微波法从山苍子中提取柠檬醛及其测定研究（英文）［J］. 林产化学与工业，（03）：87-90.

刘细祥，兰翠玲，史兵方，等，2013. 食品中甲醛的超声快速提取方法研究［J］. 河南工业大学学报（自然科学版），34（04）：56-58+62.

刘香荣，2013. 芫荽香味成分分析及稳定性研究［D］. 长沙：中南林业科技大学.

刘心悦，肖立平，张胜，等，2022. 低共熔溶剂提取孜然精油工艺优化、成分分析及其抗氧化活性［J］. 食品科技，47（06）：249-256.

刘鑫，肖永银，杜超，等，2022. 丁香花蕾和果实热裂解成分分析及应用［J］. 食品工业，43（11）：305-310.

刘星杉，王振辉，冷迎慧，等，2019. 青海西宁暴马丁香盛花期香气成分研究［J］. 青海科技，26（06）：10-14.

刘璇，赖必辉，毕金峰，等，2013. 不同干燥方式芒果脆片香气成分分析［J］. 食品科学，34（22）：179-184.

刘洋，2019. 川白芷抑菌机理研究及香豆素生物合成关键基因的挖掘［D］. 成都：四川农业大学.

柳中，阚建全，李银聪，等，2012. 不同方法提取的海南黑、白胡椒香气物质GC-MS比较分析［J］. 食品工业科技，33（02）：175-179+198.

卢可可，2016. 辣椒籽油的亚临界萃取工艺及其挥发性香气物质研究［D］. 郑州：郑州大学.

卢彦坪，2020. 解脂耶氏酵母合成β-紫罗兰酮的代谢工程研究［D］. 广州：华南理工大学.

鲁玉侠，李香莉，卢六美，2014. 不同制备方法对粉末香精香气成分影响研究［J］. 中国食品添加剂（8）：80-84.

陆韩涛，程玉镜，1993. 芳香油的分子蒸馏提纯［J］. 精细化工，（03）：44-47.

陆胜民，施迎春，杨颖，2012. 柑橘类精油的粗提及浓缩精制研究进展［J］. 食品与发酵科技，48（1）：1-6.

陆秀云，2018. 苦水玫瑰精油提取后废水中多酚类化合物研究—分离与抗氧化性［D］. 兰州：西北师范大学.

罗凯，张琴，李美东，等，2020. 不同贮藏条件下花椒香气成分及代谢关键酶活性的变化规律［J］. 中国食品学报，20（08）：216-222.

梅长松，张海永，董国君，等，2001. 酶法提取松针中的天然香料［J］. 应用科技，28（1）：32-33.

马可，南星梅，赵婧，等，2022. 肉豆蔻的药理和毒理作用研究进展［J］. 中药药理与临床，38（01）：218-224.

马明娟，王丹，谢恬，等，2017. 新鲜芫荽关键性香气成分的鉴定与分析［J］. 精细化工，34（08）：893-899.

马铃，郭川川，胡涛，2023. 辣椒籽精油超临界CO_2萃取工艺优化及挥发性香气成分分析［J］. 中国酿造，42（02）：163-168.

马铃，郭川川，2021. 天然香辛料风味物质提取技术与应用开发研究进展［J］. 现代食品（07）：60-64，67.

马胜涛，2015. 分子蒸馏技术分离提纯烟草浸膏的研究［D］. 上海：上海应用技术学院.

马烁，刘瑾，赵华，2023. 青芒果调味液的工艺优化研究及香气成分分析［J］. 中国调味品，48（05）：170-174.

马雪停，尹文婷，李诗佳，等，2021. 炒籽温度对芝麻油香气活性组分和感官品质的影响［J］. 中国油脂，46（08）：

6-11.

马玉华，马小卫，武红霞，等，2015. 不同类型芒果果肉类胡萝卜素、香气和糖酸品质分析［J］. 热带作物学报，36（12）：2283-2290.

孟根其其格，刘建军，2013. 侧柏叶精油提取工艺优化及其成分分析［J］. 食品工业，34（12）：89-93.

孟金明，樊爱萍，川琦，等，2020. 芒果、胡萝卜复合果酒发酵过程中理化成分和香气物质的变化［J］. 食品工业科技，41（12）：7-13.

穆旻，刘华，梁彦会，等，2022. 我国食品用香料香精管理现状、问题与对策［J］. 食品科学技术学报，40（05）：36-42.

南海珍，黄磊，蔡谨，等，2020. 鸢尾生香菌的分离鉴定及鸢尾酮的生物合成［J］. 高校化学工程学报，34（01）：149-156.

倪瑞洁，2022. 花椒调味油特征香气物质解析及其呈香属性效应机制研究［D］. 西安：陕西师范大学.

倪跃新，梁俪恩，孙胜南，等，2012. 枇杷叶中致香成分的提取分离及其在卷烟加香中的应用［J］. 香料香精化妆品，（02）：17-19.

牛文婧，田洪磊，詹萍，2019. 基于主成分分析的花椒油香气质量评价模型的构建［J］. 食品工业科技，40（17）：263-269+275.

潘葳，刘文静，韦航，等，2019. 不同品种百香果果汁营养与香气成分的比较［J］. 食品科学，40（22）：277-286.

潘文洁，黄晓东，张玲，2008. 咖啡渣提取物抗氧化性及其协同效应的研究［J］. 食品工业科技，（11）：130-132.

庞登红，朱巍，黄龙，张辉，熊国玺，2012. 芹菜籽净油的制备、成分分析及应用［J］. 香料香精化妆品（02）：20-24.

蒲丹丹，陕怡萌，张玉玉，2022. 木姜子香气成分与生物活性及其代谢途径的研究进展［J］. 食品工业科技，43（17）：435-448.

蒲丹丹，孟瑞馨，曹博雅，等，2024. SAFE-GC-MS/O法比较18种浓香型天然香辛料香气活性成分差异分析［J］. 精细化工，41（06）：1328-1344+1392.

蒲丹丹，孟瑞馨，曹博雅，等，2024. SAFE结合GC-MS/O分离分析29种淡香型天然香辛料香气活性成分［J/OL］. 精细化工：1-17.

蒲凤琳，孙伟峰，车振明，等，2017. 水蒸气蒸馏结合GC-MS法分析比较四川汉源青、红花椒挥发性香气成分［J］. 中国调味品，42（01）：23-27.

权春梅，曹帅，周光姣，等，2016. 超临界CO_2流体萃取法提取芍花精油的工艺研究［J］. 皖西学院学报，32（05）：68-71.

饶建平，王文成，张远志，等，2017. 水蒸气蒸馏法提取柚子花精油工艺研究及其成分分析［J］. 食品工业科技，38（04）：278-282+299.

饶先立，郭宏霞，孙胜南，2019. 巴西苦橙精油和苦橙花精油的挥发性成分分析及卷烟应用效果［J］. 化工技术与开发，48（04）：34-39.

彤霖，朱巍，谢超，等，2011. 刺梨提取物在卷烟中的应用及其致香成分的双柱分析［J］. 氨基酸和生物资源，33（3）：10-15.

邵言蹊，2023. 生姜中功能活性成分对人体健康的影响［J］. 农产品加工，（13）：79-83+86.

申艳红，李志祥，赵占强，等，2022. 亚临界萃取与分子蒸馏结合提取艾叶精油及其成分分析［J］. 河南师范大学学报（自然科学版），50（01）：91-97.

沈丹彤，李黎明，薛慧君，等，2017. 酶解辅助水蒸气蒸馏法提取紫枝玫瑰精油工艺研究［J］. 生物技术进展，7（02）：161-165.

盛君益，易封萍，邵子懿，2022. 高等学校规划教材 香精调配和应用［M］. 北京：化学工业出版社.

盛晓婧，2021. 薄荷挥发性物质构成及香气品质解析［D］. 青岛：中国农业科学院.

石经玮，2020. 花椒果实发育过程中香气成分变化及其相关基因表达水平研究［D］. 杨凌：西北农林科技大学.

石双妮，2013. 玫瑰精油提取后副产物的功效成分分析及利用［D］. 杭州：浙江工商大学.

史娟，2011. 香樟叶中精油的提取［J］. 江苏调味副食品，28（02）：16-19.

宋春满，方敦煌，卢秀萍，等. 紧凑型同时蒸馏萃取装置：CN201010251251.9［P］.

苏发，2019. 现代生物技术在农业中的应用［J］. 广东蚕业，53（12）：39-40.

孙宝国，陈海涛，2017. 食用调香术［M］. 3版. 北京：化学工业出版社.

孙宝国，何坚，2004a. 香料化学与工艺学［M］. 2版. 北京：化学工业出版社.

孙宝国，刘玉平，2004b. 食用香料手册［M］. 北京：中国石化出版社.

孙洁雯，杨克玉，李燕敏，等，2015. 固相微萃取结合气-质联用分析不同花期的紫丁香花香气成分［J］. 中国酿造，

34（07）：151-155.

孙伟，肖家祁，2005. 中草药精油对细菌生长抑制的实验研究［J］. 上海中医药杂志，（10）：56-57.

孙晓健，于鹏飞，李晨晨，等，2019. HS-SPME结合GC-MS分析真空冷冻干燥香椿中挥发性成分［J］. 食品工业科技，40（16）：196-200.

檀业维，刘帅民，冯春梅，等，2023. 不同成熟度'桂热82号'芒果加工成原味果干前后关键香气成分变化［J］. 食品工业科技，44（01）：316-322.

汤逸飞，张婷，陈诚，等，2021. 丁香挥发化学成分与药理活性研究进展［J］. 亚太传统医药，17（07）：200-204.

唐开明，2021. 苯甲醛生产工艺研究与改进［J］. 中国石油和化工标准与质量，41（10）：194-195.

唐柯，王茜，周霞，等，2019. 石榴酒发酵过程中香气动态变化规律［J］. 食品与发酵工业，45（06）：197-202+214.

唐丽薇，郝梦，刘金文，等，2022. 新疆部分香料植物资源现状及应用研究［J］. 新疆中医药，40（04）：113-116.

唐裕芳，张妙玲，黄白飞，2006. 肉桂油的提取及其抑菌活性研究［J］. 天然产物研究与开发，（03）：432-434.

陶一荻，李春林，吴薇，等，2012. 分子蒸馏技术及其在食品行业中的应用［J］. 食品工业科技，33（03）：429-432.

田红玉，陈海涛，孙宝国，2018. 食品香料香精发展趋势［J］. 食品科学技术学报，36（02）：1-11.

田书霞，白若石，杨振民，等，2015. 薄荷-茶香型卷烟香气风格的应用研究［J］. 香料香精化妆品（01）：23-27.

田卫环，张蓓，2017. 4种不同产地青、红花椒挥发油成分及香气特征研究［J］. 香料香精化妆品（02）：7-11.

万清徽，谢圣凯，高大禹，等，2017. 两种堆积醅对芝麻香型白酒发酵特性和香气品质的影响［J］. 食品与发酵工业，43（11）：9-15.

万茵，宋莹蕾，白丽霞，等，2016. 基于香气强度的芝麻油特征香气成分分析［J］. 粮食与油脂，29（11）：31-34.

汪秋安，2008. 香料香精生产技术及其应用［M］. 北京：中国纺织出版社.

王成财，2021. 芒果挥发性化合物的测定及热烫对其挥发性成分的影响［D］. 南宁：广西大学.

王冲，周镇，孔德龙，等，2017. 香椿和红椿叶片的挥发性有机物成分分析［J］. 河北林业科技，（02）：44-47.

王聪慧，任娜，魏微，等，2019. 天然产物分离纯化新技术［J］. 应用化工，48（08）：1940-1943.

王超，王星，季美琴，2006. 气相色谱-质谱法分析化妆品中16种香精香料［J］. 分析试验室，（11）：118-122.

王潮霞，陈水林，2005. β-环糊精精香精微胶囊微观形态和包合机理［J］. 纺织学报，（06）：26-28.

王丹，李伟，芮昕，等，2015. 马克斯克鲁维酵母Y51-6发酵稀奶油工艺优化及挥发性风味成分分析［J］. 食品科学，36（15）：112-117.

王丹，谢小丽，胡璇，等，2013. 天然香料在化妆品中的应用现状［J］. 现代生物医学进展，13（31）：6189-6193.

王娣，程柏，丁莉，等，2019. 百里香精油的提取工艺及化学成分分析［J］. 中国调味品，44（07）：76-80+94.

王东营，董颖，孟雨东，等，2022. 响应面法优化水蒸气蒸馏提取芫荽精油的工艺研究［J］. 中国调味品，47（05）：183-186+196.

王芳，2019. 几种植物精油成分分析、抑菌及其应用工艺优化［D］. 天津：天津科技大学.

王海英，崔莹，刘志明，等，2016. 欧丁香鲜花、叶、果实香气的提取及感官评价［J］. 中国野生植物资源，35（03）：8-12.

王浩宇，2016. 香椿特征性香气成分前体物含硫寡肽的纯化与结构鉴定［D］. 天津：天津科技大学.

王花俊，王军，楚首道，等，2019. 莳萝籽中挥发性香味成分的分析研究［J］. 中国调味品，44（11）：141-142+156.

王娟，杜静怡，贾雪颖，等，2021. 花椒精油及其水提物的香气活性成分分析［J］. 食品工业科技，42（20）：229-241.

王俊鹏，贺稚非，李敏涵，等，2021. 冷等离子体技术在蛋白质改性中的应用研究进展［J］. 食品科学，42（21）：299-307.

王利利，顾晶晶，葛笑兰，等，2021. 超声辅助水蒸气蒸馏法提取野香花精油及其抗菌活性分析［J］. 武汉轻工大学学报，40（02）：8-13.

王琳，2014. 氢氧化锂和活性炭对天然苯甲醛合成的优化研究［D］. 南宁：广西大学.

王萍，喻世涛，杨俊，等，2017. 分子蒸馏技术分离纯化亚临界芫荽籽油芳樟醇工艺优化［J］. 南方农业学报，48（08）：1483-1487.

王平艳，黄若华，郝金玉，2000. 微波萃取葵花籽油的研究［J］. 中国油脂，（06）：207-208.

王琴，关建山，刘文根，2002. 微波法萃取芝麻油的工艺研究［J］. 中国油脂，（04）：11-12.

王全泽，袁堂丰，瞿利民，等，2019. 微胶囊双水相法提取罗汉松挥发油及成分分析［J］. 精细化工，36（04）：684-690+729.

王思思，2019. 我国不同产地红花椒挥发性物质及香气特征分析［D］. 成都：西南交通大学.

王晓霞，魏杰，刘劲芸，等，2011.云南食用玫瑰精油化学成分的GC/MS分析及其应用研究［J］.云南大学学报（自然科学版），33（S2）：414-417+421.

王旭彤，王海英，马丽娜，等，2015.花椒精油的挥发性化学成分及其香气进展［J］.广东化工，42（06）：84-85.

王雪迪，许朵霞，王蓓，等，2021.三种提取方法对红花椒挥发性成分的影响［J］.食品工业科技，42（02）：241-249.

王一彤，2021.苍术挥发油对糖尿病胃轻瘫大鼠的干预研究及其微囊的制备［D］.青岛：青岛科技大学.

王永晓，詹萍，田洪磊，等，2019.基于GC-MS结合化学计量学方法探究特征清香味辣椒粉的香气特点［J］.食品科学，40（08）：162-168.

王有江，2019.天然香料市场现状及发展趋势分析［J］.中国化妆品（04）：26-31.

王喆，蒋圆婷，靳羽含，等，2020.苍术挥发油杀菌活性评价及抑菌机制［J］.食品与生物技术学报，39（12）：21-27.

王珍，易封萍，2013.天然香料分离提纯的研究进展［J］.上海应用技术学院学报（自然科学版），13（01）：43-48+53.

王忠宾，刘灿玉，徐坤，2012.不同生长期生姜精油含量及成分分析［J］.山东农业科学，44（10）：44-47.

魏泉增，胡旭阳，2018.不同产地小茴香香气成分差异分析［J］.中国调味品，43（05）：74-79.

魏永阳，杨志莹，邱玉宾，等，2015.4种丁香香气成分的比较研究［J］.中国农学通报，31（25）：139-144.

吴春森，张妍，康吉平，等，2022.麦芽三糖酶酶解大米淀粉产物的回生性质研究［J］.食品安全质量检测学报，13（23）：7654-7659.

吴芳，李雄山，陈乐斌，2018.超临界流体萃取技术及其应用［J］.广州化工，46（02）：19-20+23.

吴珺，2014.复合凝聚法可控制备生姜精油微/纳米胶囊［D］.无锡：江南大学.

吴丽君，段佳，李春子，等，2012.同时蒸馏萃取-气相色谱/质谱法分析烟草中挥发性成分［J］.分析科学学报，28（06）：807-810.

吴晓菊，和文娟，杨清香，等，2016.水蒸气蒸馏法提取神香草精油的工艺研究［J］.食品研究与开发，37（14）：39-41.

吴艳丽，鞠蕾，马霞，2013. γ-聚谷氨酸/壳聚糖纳米胶囊在香精缓释中的应用研究［J］.香料香精化妆品，（01）：1-4+10.

吴怡，李玉红，姚雷，2017.LED补光对亚洲薄荷自然香气成分的影响［J］.上海交通大学学报（农业科学版），35（02）：82-88.

武晓剑，李琼，费玠，等，2008.高效液相色谱法测定反应香精中的3，4-苯并芘［J］.食品科技，（04）：192-194.

武瑜，樊明涛，2012.葡萄籽油的超声波辅助提取工艺研究［J］.中国油脂，37（11）：11-14.

夏云敏，2019.树脂吸附和渗透汽化富集红茶香气的研究［D］.福州：福州大学.

向杰，程锴，2021.香料香精应用技术基础［M］.北京：化学工业出版社.

向章敏，刘恩刚，2022.基于全二维气相色谱-四级杆飞行时间质谱高通量检测青花椒挥发性香气成分［J］.中国调味品，47（11）：158-163.

项攀，2020.芒果香气化合物协同作用研究［D］.上海：上海应用技术大学.

肖影，刘丽杰，陈庆红，等，2018.对植物性天然香料及其提取技术的相关分析［J］.现代园艺（22）：224.

肖作兵，牛云蔚，2019.香精制备技术［M］.北京：中国轻工业出版社.

肖作兵，孙佳，2009.电子鼻在牛肉香精识别中的应用［J］.食品工业，30（04）：63-65.

谢清桃，李建军，王坤波，等，2013.铁观音茶梗浸膏挥发性成分GC/MS分析及在卷烟中的应用［J］.烟草科技（07）：48-50+54.

谢田伟，2012.枇杷花黄酮与精油的提取及其性质分析研究［D］.厦门：集美大学.

谢芷晴，2022.利用高良姜改善鲣鱼肽风味与营养品质的研究［D］.广州：华南理工大学.

徐禾礼，余小林，胡卓炎，等，2010.七个荔枝品种果实香气成分的提取与分析研究［J］.食品与机械，26（02）：23-26+39.

徐建忠.新型压榨法提取辣椒精油［P］.天津市，天津市天联调味制品有限公司，2013-11-09.

徐杨斌，王凯，刘强，等，2015.香精香料中芳香化合物的分析方法研究进展［J］.化学与生物工程，32（06）：6-11.

徐杨斌，2015.几种烟用天然香料的成分剖析研究［D］.昆明：昆明理工大学.

徐子刚，郑琳，2006.超临界CO_2萃取-气相色谱/质谱分析烟丝化学成分［J］.浙江大学学报（理学版），（02）：192-195+199.

徐迎波，徐志强，田振峰，等，2018.焦甜香胶囊香精的制备研究［J］.食品工业，39（01）：16-18.

许春平，肖源，赵亚奇，等，2013.金钱菇香料的制备及其在卷烟中的应用研究［J］.农产品加工（学刊）（01）：34-37+44.

薛小辉，蒲彪，2013.花椒风味成分研究与产品开发现状［J］.核农学报，27（11）：1724-1728.

颜流水，王宗花，罗国安，等，2004.分子印迹毛细管整体柱液相色谱法测定咖啡因［J］.分析化学，（02）：148-152.

闫新焕，刘畅，潘少香，等，2023.5个番石榴品种果实食用品质和香气特征分析［J］.热带亚热带植物学报，31（03）：408-416.

严汉彬，韩珍，徐艳，等，2021.水蒸气蒸馏法提取山苍子精油的工艺研究［J］.安徽农业科学，49（21）：200-201+222.

严群，2014.焙炒芝麻香气成分研究［J］.食品工业，35（03）：245-247.

严伟，高豪，蒋羽佳，等，2021.2-苯乙醇生物合成的研究进展［J］.合成生物学，2（06）：1030-1045.

杨海宽，温世钫，邱凤英，等，2022.浸渍前处理对水蒸气蒸馏提取樟树叶精油影响研究［J］.精细化工中间体，52（02）：54-58.

杨慧，周爱梅，夏旭，等，2015.低温连续相变萃取广佛手精油及其组成分析［J］.食品工业科技，36（16）：289-293.

杨继敏，2016.胡椒鲜果调味酱制备工艺的研究［D］.大庆：黑龙江八一农垦大学.

杨静，赵镭，史波林，等，2015.青花椒香气快速气相电子鼻响应特征及GC-MS物质基础分析［J］.食品科学，36（22）：69-74.

杨丽萍，云琦，高晓黎，2015.小茴香挥发性成分GC指纹图谱研究［J］.新疆医科大学学报，38（05）：578-580+585.

杨柳，江连洲，李杨，等，2019.超声波辅助水酶法提取大豆油的研究［J］.大豆科技，（S1）：108-111.

杨柳天壹，周容，丁玉，等，2022.天然香料精加工技术研究［J］.农产品加工，（20）：91-92+96.

杨倩，2017.薄荷挥发油的化学型分析及抑菌、抗炎活性研究［D］.镇江：江苏大学.

杨上莺，王佳丽，2022.不同提取方法所得香根草精油的香气成分分析［J］.中国新技术新产品（10）：50-52.

杨素华，黎贵卿，陆顺忠，等，2022.不同化学型樟树叶挥发油及纯露对微生物的抑菌活性［J］.广西林业科学，51（02）：271-279.

杨小斌，周爱梅，王爽，等，2016.低温连续相变萃取蓝圆鲹鱼油及其脂肪酸组成分析［J］.食品工业科技，37（23）：291-297.

杨永胜，2021.植物精油的主要提取技术、应用及研究进展［J］.当代化工研究，（04）：153-154.

杨峥，公敬欣，张玲，等，2014.汉源红花椒和金阳青花椒香气活性成分研究［J］.中国食品学报，14（05）：226-230.

杨志刚，2019.解析中国香精香料进化发展史［J］.中国化妆品，（04）：82-86.

叶小红，谈文诗，李理，2018.高良姜露酒与姜黄露酒的研制及感官品质分析［J］.食品与机械，34（07）：183-185+220.

伊勇涛，谢金栋，向晨，等，2016.膜技术在茶香烟用香料分离、浓缩制备中的应用［J］.轻工学报，31（05）：15-19.

易封萍，盛君益，邵子懿，2022.香料香精概论［M］.北京：化学工业出版社.

奕志英，冯涛，李晓贝，等，2017.石榴汁糖苷键合态香气前体物质的初步研究［J］.现代食品科技，33（01）：221-227.

尹文婷，马雪停，汪学德，2019.不同工艺芝麻油的挥发性成分分析和感官评价［J］.中国油脂，44（12）：8-13.

尹小庆，汤艳燕，杜木英，等，2019.两种鲊辣椒发酵过程中香气特征及其差异分析［J］.食品与发酵工业，45（16）：266-274+285.

由业诚，郭明，张晓辉，1999.微波辅助萃取大蒜有效成分方法的研究［J］.大连大学学报，（04）：6-8+32.

于海莲，胡震，2009.超声波辐射萃取洋葱精油［J］.食品研究与开发，30（01）：18-21.

于文峰，王海鸥，2011.琯溪蜜柚皮精油的提取工艺及化学成分研究［J］.食品工业科技，32（04）：280-282+286.

于亚敏，2018.发酵型洋葱葡萄酒的工艺优化及品质分析研究［D］.杨凌：西北农林科技大学.

余佳红，柳正良，2000.SFE-HPLC测定银杏叶粗提中黄酮类化合物的含量［J］.中草药，（02）：23-25.

曾自珍，钟倪俊，李晓燕，等，2021.HS-SPME-GC-MS联用分析广东刺芫荽挥发性成分［J］.中国医药导报，18（16）：46-51.

詹宝珍，吴志锋，马春华，等，2022.焙火时间对武夷岩茶肉桂香气品质的影响［J］.食品安全质量检测学报，13（03）：811-819.

张蓓，马晓华，朱智志，等，2021.芫荽籽挥发性成分的分析研究［J］.中国调味品，46（02）：139-141.

张晨，2020.肉桂醇生物合成关键酶的筛选和肉桂醇制备［D］.南京：南京林业大学.

张飞，2017.小茴香油树脂的亚临界萃取及其特性和应用研究［D］.郑州：郑州大学.

张凤兰，贾利霞，杨忠仁，等，2021. 沙芥果实精油提取工艺优化及GC-MS分析［J］. 食品研究与开发，42（15）：40-46.

张国琳，2014. 基于风味成分的花椒品质评价研究［D］. 南京：南京农业大学.

张海艳，蒋宾，王琪，等，2020. 固态生料酿造花椒籽复合米酒工艺优化及关键香气成分分析［J］. 安徽农业大学学报，47（05）：697-706.

张坚，2006. 桂花精油的提取与成分分析的研究［D］. 杭州：浙江工业大学.

张建斌，2018. 香兰素制备技术研究进展及前景展望［J］. 广东化工，45（12）：163-166.

张萍，魏佳佳，杨永建，等，2022. 索氏法提取艾叶精油的化学组成及其抑菌活性［J］. 连云港职业技术学院学报，35（01）：1-5.

张倩，李沁娅，黄明泉，等，2019. 2种芝麻香型白酒中香气活性成分分析［J］. 食品科学，40（14）：214-222.

张胜，李红霞，黄星，2014. 顶空分析亚临界萃取贡菊净油及其在卷烟中的应用［J］. 食品工业，35（3）：216-218.

张思，谢红旗，刘雪辉，等，2016. 超临界及亚临界萃取澳洲薄荷挥发性成分的对比［J］. 食品与机械，32（10）：137-139.

张巍巍，赵玉靖，安进军，等，2017. 大葱矿质元素与脂质成分的测定与分析［J］. 食品工业，38（09）：282-284.

张晓，张振文，2007. 黑比诺干红葡萄酒芳香物质的定性分析［J］. 西北农业学报，（05）：214-217.

张欣瑶，2018. 不同包装方式对薄荷香气成分影响的研究［J］. 现代食品，（22）：155-161.

张旭，2020. 不同种源香椿风味分析及香气指纹图谱的构建［D］. 天津：天津科技大学.

张雪松，裴建军，赵林果，等，2017. 不同酶处理对桂花浸膏及精油成分的影响［J］. 现代食品科技，33（04）：254-263.

张永涛，赵净沙，蒋雁冰，等，2022. 代谢工程改造酵母生产香料的研究进展［J］. 日用化学工业，52（06）：645-655.

张玉霖，周亮，陈莉，等，2019. 顶空固相微萃取结合GC-MS分析花椒油香气成分［J］. 食品研究与开发，40（01）：173-178.

张玉玉，2019. 肉类风味食品用香精的制备与分析［M］. 北京：中国农业出版社.

张郁松，2014. 花椒风味物质超临界萃取与有机溶剂萃取的比较［J］. 中国调味品，39（02）：25-27.

张云飞，李坚斌，魏群舒，等，2020. HS-SPME/GC-MS测定石榴酒中香气组分的条件优化［J］. 食品研究与开发，41（09）：151-157.

张宗燊，张萍，许又凯，2019. 西双版纳12种食用香料植物精油抑制炎症因子NO活性研究［J］. 食品工业科技，40（04）：43-50.

赵华，张金生，李丽华，等，2005. 微波辅助萃取洋葱精油的研究［J］. 香料香精化妆品，（03）：1-4.

赵华杰，郭宁，杨凌霄，等，2017. 木姜子干果挥发性成分的提取与分析［J］. 香料香精化妆品，（05）：1-5.

赵凯，2018. 脐橙果皮精油与果胶的联产工艺研究［D］. 杭州：浙江大学.

赵丽丽，史冠莹，蒋鹏飞，等，2022. 基于OAV和GC-O-MS法鉴定香椿中的关键香气成分［J］. 现代食品科技，38（11）：264-275.

赵庆柱，杨志莹，邱玉宾，等，2015. 5种欧丁香鲜花香气成分的比较研究［J］. 中国农学通报，31（07）：131-137.

赵修华，郭华，万超越，等，2022. 哈尔滨市丁香辛香香韵的资源利用［J］. 国土与自然资源研究，（03）：72-74.

赵艳芬，徐明，杨磊，等，2022. 微波辅助水蒸气蒸馏法提取番石榴叶精油［J］. 四川林业科技，43（03）：100-103.

赵玉平，宋继萍，孙祖莉，等，2013. 降低山楂汁有机酸的树脂筛选［J］. 食品研究与开发，34（04）：57-60.

甄润英，沈文娇，何新益，等，2018. 提取工艺对辣椒籽油品质及香气成分的影响［J］. 食品与机械，34（02）：159-165+180.

郑红富，廖圣良，范国荣，等，2019. 水蒸气蒸馏提取芳樟精油及其抑菌活性研究［J］. 林产化学与工业，39（03）：108-114.

郑琳，陈微，刘煜宇，等，2014. 甜罗勒香气成分分析及正交法优化香料制备工艺［J］. 食品研究与开发，25（12）：66-68.

郑亭亭，2016. 金花茶叶中精油提取及化学组成的研究［D］. 长沙：中南林业科技大学.

郑杨，2017. 芝麻香型白酒关键香气成分研究［D］. 广州：华南理工大学.

郑作略，周叶燕，王学娟，等，2017. 超临界CO_2萃取及水蒸气蒸馏得到的丁香花蕾油GC-MS分析及其在卷烟中的应用［J］. 香料香精化妆品，（05）：6-10.

中华人民共和国卫生部. 食品安全国家标准　食品添加剂　苯甲醛：GB 28320—2012［S］. 北京：中国标准出版社.

中华人民共和国卫生部. 食品安全国家标准　食品添加剂　二甲基硫醚：GB 28339—2012［S］. 北京：中国标准出版社.

中华人民共和国卫生部.食品安全国家标准　食品添加剂　肉桂醛：GB 28346—2012［S］.北京：中国标准出版社,.

中华人民共和国卫生部.食品安全国家标准　食品添加剂　水杨酸甲酯（柳酸甲酯）：GB 28355—2012［S］.北京：中国标准出版社.

中华人民共和国国家卫生和计划生育委员会.食品安全国家标准　食品添加剂　2-己烯醛（叶醛）：GB 29978—2013［S］.北京：中国标准出版社.

中华人民共和国国家卫生和计划生育委员会.食品安全国家标准　食品添加剂　α-紫罗兰酮：GB 1886.142—2015［S］.北京：中国标准出版社.

中华人民共和国国家卫生和计划生育委员会.食品安全国家标准　食品添加剂　百里香酚：GB 1886.139—2015［S］.北京：中国标准出版社.

中华人民共和国国家卫生和计划生育委员会.食品安全国家标准　食品添加剂　苯甲醇：GB 1886.135—2015［S］.北京：中国标准出版社.

中华人民共和国国家卫生和计划生育委员会.食品安全国家标准　食品添加剂　苯乙醇：GB 1886.192—2016［S］.北京：中国标准出版社.

中华人民共和国国家卫生和计划生育委员会.食品安全国家标准　食品添加剂标识通则：GB 29924—2013［S］.北京：中国标准出版社.

中华人民共和国国家卫生和计划生育委员会.食品安全国家标准　食品添加剂　大茴香脑：GB 1886.167—2015［S］.北京：中国标准出版社.

中华人民共和国国家卫生和计划生育委员会.食品安全国家标准　食品添加剂　二氢-β-紫罗兰酮：GB 29957—2013［S］.北京：中国标准出版社.

中华人民共和国国家卫生和计划生育委员会.食品安全国家标准　食品添加剂　肉桂醇：GB 1886.125—2015［S］.北京：中国标准出版社.

中华人民共和国国家卫生健康委员会，国家市场监督管理总局.食品安全国家标准　食品添加剂使用标准：GB 2760—2024［S］.北京：中国标准出版社.

中华人民共和国国家卫生和计划生育委员会.食品安全国家标准　食品添加剂　正癸醛（又名癸醛）：GB 1886.160—2015［S］.北京：中国标准出版社.

钟科军，2005.几种电分析技术及烟用香精色谱指纹图谱的理论与应用［D］.长沙：湖南大学.

周龙龙，邓可，高超，等，2022.植物油脱臭馏出物中天然活性物质分析方法研究进展［J］.粮食与油脂，35（12）：22-25.

周敏，刘福权，吕远平，等，2022.花椒的超临界CO_2萃取和水蒸气蒸馏工艺对比研究［J］.中国调味品，47（08）：101-105.

周娜，张玲，易翠平，等，2015.芫荽籽精油的超临界CO_2萃取工艺研究及其成分解析［J］.粮食与食品工业，22（6）：13-17.

周庆云，范文来，徐岩，2015.景芝芝麻香型白酒重要挥发性香气成分研究［J］.食品工业科技，36（16）：62-67.

周天姣，刘军锋，陈林霖，等，2020.顶空固相微萃取-气相色谱-质谱联用法分析丁香与肉桂子的香气成分［J］.食品安全质量检测学报，11（19）：7045-7051.

周艳平，2021.水蒸气蒸馏法提取香樟叶精油工艺优化研究［J］.林业勘察设计，41（01）：70-72.

周叶燕，2011.香辛料的微波提取工艺及应用技术研究［D］.广州：广州大学.

周志帅，2022.青花椒残渣品质分析及青花椒风味酱的工艺研究［D］.成都：四川农业大学.

朱佳敏，顾珂如，赵琳静，等，2023.天竺葵属植物挥发性成分和生物活性的研究进展［J］.食品与发酵工业，49（15）：326-335.

朱亚杰，于豪杰，谷令彪，等，2018.不同方法所得小茴香籽净油成分的比较分析［J］.食品科技，43（08）：248-253.

邹雪莲，莫文凤，蒙佑婵，等，2022.精油的提取及其在食品抗菌中的应用［J］.海南师范大学学报（自然科学版），35（04）：419-424+431.

左旗，柳斌，张俊梅，2020.刮膜式分子蒸馏设备研究现状［J］.石油化工设备，49（01）：45-51.

左青，左晖，2022.分子蒸馏技术在油脂深加工中的应用［J］.中国油脂，47（03）：143-147.

Abbott A P, Capper G, Davies D L, et al. 2003. Novel solvent properties of choline chloride/urea mixtures[J]. Chemical Communications, (1), 70-71.

Ahmed A, Mdegela R H, 2022. The essential oil from the spices and herbs have antimicrobial activity against milk spoilage bacteria［J］. African Journal of Agriculture and Food Science, 5（1）: 54-62.

Arias J, Mejía J, Córdoba Y, et al, 2020. Optimization of flavonoids extraction from Lippia graveolens and Lippia origanoides chemotypes with ethanol-modified supercritical CO_2 after steam distillation［J］. Industrial Crops and Products,

146: 112170.

Ashokkumar K, Murugan M, Dhanya M K, et al, 2020. Botany, traditional uses, phytochemistry and biological activities of cardamom [*Elettaria cardamomum* (L.) Maton] -A critical review [J] . Journal of ethnopharmacology, 246: 112244.

Auguste S, Yan B, Guo M, 2023. Induction of mitophagy by green tea extracts and tea polyphenols: A potential anti-aging mechanism of tea [J] . Food Bioscience, 55: 102983.

Azizi A, Ardalani H, Honermeier B, 2016. Statistical analysis of the associations between phenolic monoterpenes and molecular markers, AFLPs and SAMPLs in the spice plant Oregano [J] . Herba Polonica, 62 (2): 42-56.

Bisergaeva R A, Takaeva M A, Sirieva Y N, 2021. Extraction of eugenol, a natural product, and the preparation of eugenol benzoate [C] //Journal of Physics: Conference Series. IOP Publishing, 1889 (2): 022085.

Bureau S, Razungles A, Baumes R, et al, 1996. Glycosylated flavor precursor extraction by microwaves from grape juice and grapes. Journal of Food Science, 61 (3): 557-560.

Cerdá-Bernad D, Baixinho J P, Fernández N, et al, 2022. Evaluation of microwave-assisted extraction as a potential green technology for the isolation of bioactive compounds from saffron (*Crocus sativus* L.) floral by-products [J] . Foods, 11 (15): 2335.

Constabel F, Gamborg O L, Kurz W W, et al, 1974. Production of secondary metabolites in plant cell cultures [J] . Planta Medica, 25: 158-165.

Cordoba N, Fernandez-Alduenda M, Moreno F L, et al, 2020. Coffee extraction: a review of parameters and their influence on the physicochemical characteristics and flavour of coffee brews [J] . Trends in Food Science & Technology, 96, 45-60.

da Silva C E, Vandenabeele P, Edwards H G M, et al, 2008. NIR-FT-Raman spectroscopic analytical characterization of the fruits, seeds, and phytotherapeutic oils from rosehips [J] . Analytical and bioanalytical chemistry, 392: 1489-1496.

Davis R H, 1992. Modeling of fouling of crossflow microfiltration membranes [J] . Separation and purification methods, 21 (2): 75-126.

de Andrade D P, Ferreira Carvalho B, Freitas Schwan R, et al, 2017. Production of γ-decalactone by yeast strains under different conditions [J] . Food Technology and Biotechnology, 55 (2): 225-230.

de Man, J.M. 1999. Herbs and Spices. In *Principles of Food Chemistry (3rd ed)*[M]. New York: Springer, 457-481.

Di Gioia D, Luziatelli F, Negroni A, et al, 2011. Metabolic engineering of Pseudomonas fluorescens for the production of vanillin from ferulic acid[J] . Journal of Biotechnology, 156 (4): 309-316.

Díaz-Hernández G C, Alvarez-Fitz P, Maldonado-Astudillo Y I, et al, 2022. Antibacterial, antiradical and antiproliferative potential of green, roasted, and spent coffee extracts [J] . Applied Sciences, 12 (4): 1938.

Diniz do Nascimento L, Moraes A A B, Costa K S D, et al, 2020. Bioactive natural compounds and antioxidant activity of essential oils from spice plants: New findings and potential applications [J] . Biomolecules, 10 (7): 988.

Du Y P, Zhou H, Yang L Y, et al, 2022. Advances in biosynthesis and pharmacological effects of *Cinnamomum camphora* (L.) Presl essential oil [J] . Forests, 13 (7): 1020.

Embuscado M E, 2015. Spices and herbs: Natural sources of antioxidants-a mini review [J] . Journal of functional foods, 18: 811-819.

Fleige C, Hansen G, Kroll J, et al, 2013. Investigation of the *Amycolatopsis* sp. strain ATCC 39116 vanillin dehydrogenase and its impact on the biotechnical production of vanillin [J] . Applied and Environmental Microbiology, 79 (1): 81 -90.

Gavahian M, Chu Y H, 2018. Ohmic accelerated steam distillation of essential oil from lavender in comparison with conventional steam distillation [J] . Innovative food science & emerging technologies, 50: 34-41.

Gottardi D, Bukvicki D, Prasad S, et al, 2016. Beneficial effects of spices in food preservation and safety [J] . Frontiers in microbiology, 7: 1394.

Graf N, Altenbuchner J, 2014. Genetic engineering of Pseudomonas putida KT2440 for rapid and high-yield production of vanillin from ferulic acid [J] . Applied Microbiology and Biotechnology, 98: 137-149.

Hanif M A, Nisar S, Khan G S, et al, 2019. Essential oils [J] . Essential Oil Research: Trends in Biosynthesis, Analytics, Industrial Applications and Biotechnological Production: 3-17.

Hao Y P, Li J Y, Shi L, 2021. A carvacrol-rich essential oil extracted from oregano (*Origanum vulgare* "Hot & Spicy") exerts potent antibacterial effects against *Staphylococcus aureus* [J] . Frontiers in Microbiology, 12: 741861.

Hartady T, Balia R L, Adipurna Syamsunarno M A S R A, et al, 2021. Extraction Methods of Amomum compactum: A

Review [J] . International Journal of Pharmaceutical Research(09752366), 13 (1): 3835-3840.

Hassan A, Redha A A, Adel Z, 2020. Extraction, antioxidant activity and characterization of essential oils of different spices [J] . Extraction, 7 (4): 21-29.

Huang L H, Ho C T, Wang Y, 2021. Biosynthetic pathways and metabolic engineering of spice flavors [J] . Critical Reviews in Food Science and Nutrition, 61 (12): 2047-2060.

Idowu S, Adekoya A E, Igiehon O O, et al, 2021. Clove (*Syzygium aromaticum*) spices: a review on their bioactivities, current use, and potential application in dairy products [J] . Journal of Food Measurement and Characterization, 15: 3419-3435.

Jackowski M, Trusek A, 2018. Non-alcoholic beer production—an overview [J] . Polish Journal of Chemical Technology, 20 (4), 32-38.

Jessica Elizabeth D L T, Gassara F, Kouassi A P, et al, 2017. Spice use in food: Properties and benefits [J] . Critical reviews in food science and nutrition, 57 (6): 1078-1088.

Kao D, Chaintreau A, Lepoittevin J P, et al, 2011. Synthesis of allylic hydroperoxides and EPR spin-trap studies on the formation of radicals in iron systems as potential initiators of the sensitizing pathway [J] . The Journal of Organic Chemistry, 76 (15): 6188-6200.

Khazdair M R, Anaeigoudari A, Hashemzehi M, et al, 2019. Neuroprotective potency of some spice herbs, a literature review [J] . Journal of traditional and complementary medicine, 9 (2): 98-105.

Langmuir I, 1928. Oscillations in ionized gases [J] . Proceedings of the National Academy of Sciences of the United States of America, 14 (8): 627-637.

Liang J Q, Xu N, Nedele A K, et al, 2023. Upcycling of Soy Whey with *Ischnoderma benzoinum* toward Production of Bioflavors and Mycoprotein [J] . Journal of Agricultural and Food Chemistry 71 (23): 9070-9079.

Ma T F, Zong H, Lu X Y, et al, 2022. Synthesis of pinene in the industrial strain Candida glycerinogenes by modification of its mevalonate pathway [J] . Journal of Microbiology, 60(12): 1191-1200.

Macwan S R, Dabhi B K, Aparnathi K D, et al, 2016. Essential oils of herbs and spices: their antimicrobial activity and application in preservation of food [J] . International Journal of Current Microbiology and Applied Sciences, 5 (5): 885-901.

Mishra A, Rawat S, Singh V P, et al, 2021. Spices obtained from forest and other resources [J] . Non-Timber Forest Products: Food, Healthcare and Industrial Applications: 301-323.

Mishra S, Mishra S, Singh V, et al, 2020. Spices As Her [J] . Science, 25: 2313-2323.

Muhammad D R A, 2022. Nanoencapsulation: A new way of using herbs and spices in food and its related products [J] . Reviews in Agricultural Science, 10: 288-303.

Namal Senanayake, S P J, 2013. Green tea extract: chemistry, antioxidant properties and food applications-a review [J] . Journal of Functional Foods, 5 (4), 1529-1541.

Nooshkam M, Varidi M, Bashash M, 2019. The Maillard reaction products as food-born antioxidant and antibrowning agents in model and real food systems [J] . Food Chemistry, 275: 644-660.

Peng J Y, Fan G R, Chai Y F, et al, 2006. Efficient new method for extraction and isolation of three flavonoids from *Patrinia villosa* Juss. by supercritical fluid extraction and high-speed counter-current chromatography [J] . Journal of Chromatography A, 1102 (1-2): 44-50.

Peng J Y, Jiang Y Y, Fan G R, et al, 2006. Optimization suitable conditions for preparative isolation and separation of curculigoside and curculigoside B from *Curculigo orchioides* by high-speed counter-current chromatography [J] . Separation and purification technology, 52 (1): 22-28.

Pusch W, Walch A, 1982. Membrane structure and its correlation with membrane permeability [J] . Journal of Membrane Science, 10 (2-3): 325-360.

Ragab T I M, El Gendy A N G, Saleh I A, et al, 2019. Chemical composition and evaluation of antimicrobial activity of the Origanum majorana essential oil extracted by microwave-assisted extraction, conventional hydro-distillation and steam distillation [J] . Journal of Essential Oil Bearing Plants, 22 (2): 563-573.

Rao M V, Sengar A S, Sunil C K, et al, 2021. Ultrasonication-A green technology extraction technique for spices: A review [J] . Trends in Food Science & Technology, 116: 975-991.

Ravindran P N, 2017. The encyclopedia of herbs and spices [M] . Wallingford: CABI, Wallingford, UK, 926-928.

Řebíčková K, Bajer T, Šilha D, et al, 2020. Comparison of chemical composition and biological properties of essential oils obtained by hydrodistillation and steam distillation of *Laurus nobilis* L. [J] . Plant Foods for Human Nutrition, 75 (4): 495-504.

Rektor A, Vatai G, 2004. Application of membrane filtration methods for must processing and preservation [J]. Desalination, 162: 271-277.

Regulation (EC) No 1333/2008 of the European Parliament and of the Council of 16 December 2008 on food additives. Official Journal of the European Union. 2008.

Regulation (EC) No 1334/2008 of the European Parliament and of the Council of 16 December 2008 on flavourings and certain food ingredients with flavouring properties for use in and on foods. Official Journal of the European Union. 2008.

Ribeiro-Santos R, Andrade M, Madella D, et al, 2017. Revisiting an ancient spice with medicinal purposes: Cinnamon [J]. Trends in Food Science & Technology, 62: 154-169.

Rodsamran P, Sothornvit R, 2019. Extraction of phenolic compounds from lime peel waste using ultrasonic-assisted and microwave-assisted extractions [J]. Food Bioscience, 28: 66-73.

Rudnitskaya A, Delgadillo I, Legin A, et al, 2007. Prediction of the Port wine age using an electronic tongue [J]. Chemometrics and Intelligent Laboratory Systems, 88 (1): 125-131.

Sakkaravarthy A, Bhavadharani P V, Pushparaj P, et al, 2023. A review of processing novelties of extraction of essential oil from cardamom [J]. Lampyrid: The Journal of Bioluminescent Beetle Research, 13: 73-82.

Sánchez-Camargo A P, Montero L, Mendiola J A, et al, 2020. Novel extraction techniques for bioactive compounds from herbs and spices [J]. Herbs, Spices and Medicinal Plants: Processing, Health Benefits and Safety: 95-128.

Sarrade S, Guizard C, Rios G M, 2003. New applications of supercritical fluids and supercritical fluids processes in separation [J]. Separation and Purification Technology, 32 (1-3): 57-63.

Sasi S, Sharmila T B, Chandra C J, et al, 2023. Organic Chemical Compounds from Biomass. In Handbook of Biomass[M]. Singapore: Springer Nature Singapore: 1-41.

Selmar D, Kleinwächter M, Abouzeid S, et al, 2017. The impact of drought stress on the quality of spice and medicinal plants [J]. Medicinal plants and environmental challenges: 159-175.

Siddique M A B, Tzima K, Rai D K, et al, 2020. Conventional extraction techniques for bioactive compounds from herbs and spices [J]. Herbs, Spices and Medicinal Plants: Processing, Health Benefits and Safety: 69-93.

Sharanyakanth P S, Lokeswari R, Mahendran R, 2021. Plasma bubbling effect on essential oil yield, extraction efficiency, and flavor compound of *Cuminum cyminum* L. seeds [J]. Journal of Food Process Engineering, 44 (7): e13730.

Siow L F, Ong C S, 2013. Effect of pH on garlic oil encapsulation by complex coacervation [J]. Journal of Food Processing & Technology, 4 (1): 199.

Soh S H, Jain A, Lee L Y, et al, 2020. Optimized extraction of patchouli essential oil from Pogostemon cablin Benth. with supercritical carbon dioxide [J]. Journal of Applied Research on Medicinal and Aromatic Plants, 19: 100272.

Sontakke M D, Syed H M, Sawate A R, 2018. Studies on extraction of essential oils from spices (*Cardamom* and *Cinnamon*) [J]. Int J Chem Stu, 6 (2): 2787-2789.

Stephan A, Bücking M, Steinhart H, 2000. Novel analytical tools for food flavours [J]. Food Research International, 33: 199-209.

Sun W L, Shahrajabian M H, Cheng Q, 2019. Anise (*Pimpinella anisum* L.), a dominant spice and traditional medicinal herb for both food and medicinal purposes [J]. Cogent Biology, 5 (1): 1673688.

Tavakolizadeh M, Hadian G, Khoshayand M R, et al, 2018. Effect of powder sizes, pH of water, ultrasound and method of distillation on extraction of fennel essential oil [J]. Iranian Journal of Pharmaceutical Sciences, 14 (1): 35-44.

Teng X X, Zhang M, Devahastin S, 2019. New developments on ultrasound-assisted processing and flavor detection of spices: A review [J]. Ultrasonics sonochemistry, 55: 297-307.

Teshika J D, Zakariyyah A M, Zaynab T, et al, 2019. Traditional and modern uses of onion bulb (*Allium cepa* L.): a systematic review [J]. Critical reviews in food science and nutrition, 59: S39-S70.

Thanushree M P, Sailendri D, Yoha K S, et al, 2019. Mycotoxin contamination in food: An exposition on spices [J]. Trends in Food Science & Technology, 93: 69-80.

Tiwari R K, Mittal T C, Sharma S R, et al, 2022. Effect of the distillation methods on the chemical properties of the Turmeric essential oil [J]. Journal of Food Processing and Preservation, 46 (12): e17247.

Valderrama F, Ruiz F, 2018. An optimal control approach to steam distillation of essential oils from aromatic plants [J]. Computers & Chemical Engineering, 117: 25-31.

Vargas R M F, da Silva G F, Lucas A M, et al, 2023. Investigation of essential oil and water-soluble extract obtained by steam distillation from Acacia mearnsii flowers [J]. Journal of Essential Oil Research, 35 (1): 71-81.

Vian M A, Fernandez X, Visinoni F, et al, 2008. Microwave hydrodiffusion and gravity, a new technique for extraction of essential oils [J]. Journal of Chromatography A, 1190 (1-2), 14-17.

Waché Y, Dijon A, 2013. Microbial production of food flavours. In *Microbial production of food ingredients, enzymes and nutraceuticals* [M]. the United Kingdom: Woodhead Publishing, 175-193.

Wang X, Zheng Z J, Guo X F, et al, 2011. Preparative separation of gingerols from *Zingiber officinale* by high-speed counter-current chromatography using stepwise elution [J]. Food chemistry, 125 (4): 1476-1480.

Yoon S H, Li C, Kim J E, et al, 2005. Production of vanillin by metabolically engineered Escherichia coli [J]. Biotechnology Letters, 27 (22): 1829-1832.

Yokoyama M, 2020. Industrial application of biotransformations using plant cell cultures. In *Plant Cell Culture Secondary MetabolismToward Industrial Application* [M]. Florida: CRC Press, 79-121.

Yoon S H, Li C, Lee Y M, et al, 2005. Production of vanillin from ferulic acid using recombinant strains of Escherichia coli [J]. Biotechnology Bioprocess Engineering, 10 (4): 378-384.

Yu H, Ren X N, Liu Y L, et al, 2019. Extraction of Cinnamomum camphora chvar. Borneol essential oil using neutral cellulase assisted-steam distillation: optimization of extraction, and analysis of chemical constituents [J]. Industrial Crops and Products, 141: 111794.

Zander Å, Findlay P, Renner T, et al, 1998. Analysis of nicotine and its oxidation products in nicotine chewing gum by a molecularly imprinted solid-phase extraction [J]. Analytical chemistry, 70 (15): 3304-3314.

Zhang H X, Huang T, Liao X N, et al, 2022. Extraction of camphor tree essential oil by steam distillation and supercritical CO_2 extraction [J]. Molecules, 27 (17): 5385.

Zhang J, Zhang M, Ju R H, et al, 2022. Advances in efficient extraction of essential oils from spices and its application in food industry: A critical review [J]. Critical Reviews in Food Science and Nutrition: 1-22.

Zhou X Y, Zhang J, Xu R P, et al, 2014. Aqueous biphasic system based on low-molecular-weight polyethylene glycol for one-step separation of crude polysaccharides from Pericarpium granati using high-speed countercurrent chromatography [J]. Journal of Chromatography A, 1362: 129-134.